互联网+珠宝系列教材

高等教育珠宝类专业精品教材

宝石鉴定仪器与鉴定方法

（第三版）

BAOSHI JIANDING YIQI YU JIANDING FANGFA

主　编　赵建刚　李孔亮

副主编　徐　勤　徐光理

中国地质大学出版社

ZHONGGUO DIZHI DAXUE CHUBANSHE

图书在版编目(CIP)数据

宝石鉴定仪器与鉴定方法/赵建刚,李孔亮主编. —3 版.—武汉:中国地质大学出版社,2021.1(2025.1 重印)
ISBN 978-7-5625-4901-7

Ⅰ.①宝…　Ⅱ.①赵…②李…　Ⅲ.①宝石-鉴定-高等职业教育-教材　Ⅳ.①TS933

中国版本图书馆 CIP 数据核字(2020)第 239167 号

宝石鉴定仪器与鉴定方法(第三版)

赵建刚　李孔亮　**主　编**
徐　勤　徐光理　**副主编**

责任编辑:张玉洁　选题策划:张　琰　张玉洁　责任校对:徐蕾蕾

出版发行:中国地质大学出版社(武汉市洪山区鲁磨路 388 号)　邮政编码:430074
电话:(027)67883511　传真:(027)67883580　E-mail:cbb@cug.edu.cn
经　销:全国新华书店　https://cugp.cug.edu.cn

开本:787 毫米×1092 毫米 1/16　字数:333 千字　印张:13　图版:4
版次:2007 年 9 月第 1 版　2012 年 7 月第 2 版　2021 年 1 月第 3 版　印次:2025 年 1 月第 3 次印刷
印刷:武汉市籍缘印刷厂　印数:6001—9000 册

ISBN 978-7-5625-4901-7　定价:42.00 元

前　言

随着我国职业教育的发展，很多高等、中等职业技术院校相继开设了宝玉石类专业。由于新的成果和资料不断出现，为了适应现代高职高专类院校宝石学教育的发展趋势，《宝石鉴定仪器与鉴定方法（第三版）》在保持实用性的基础上，对第二版内容进行了修订补充。互联网技术的普及，使得运用智能设备获取多媒体立体资源成为学生学习的常用手段。在深圳飞博尔珠宝科技有限公司的大力协助下，本书新增了部分仪器的操作视频，以二维码的形式出现在内文中，扫码可观看，生动直观的演示有助于提高学生的学习效率。

天然宝玉石绝大部分都是自然界产出的矿物或矿物集合体。每一种矿物都有一定的化学成分、晶体结构、晶体形态、物理性质和化学性质。从理论上讲，任何鉴定矿物的方法和手段都可以用于宝石的鉴定工作，但事实上宝石鉴定有其特殊性。因为宝石是珍贵的，不能随意刻划、破坏、侵蚀，必须保证检测的无损性。再者，在宝石鉴定中还必须依据其内在特征判别该宝石是天然的，还是经人工优化处理的或者是人工生产的。这是宝石鉴定工作所独有的特点。

宝石学现已发展为一门多学科相互交叉、渗透的新兴综合性学科。高职高专类院校宝石学类专业教育在长期的摸索和不断完善的过程中，逐步建立了具有自身特色的课程体系，其重点从对理论知识的学习和研究转移到对应用知识的学习和实践上来。由于近年来珠宝行业发展迅速，行业的产业链延伸较快，之前学生单一从事珠宝商贸和营销的格局已被打破，用人单位对学生的综合素质要求越来越高。另外，随着人造宝石技术的飞速发展和作伪水平的提高，宝石鉴定工作难度越来越大。在常规宝石鉴定方法遇到困难时，会经常用到现代大型仪器如电子探针、红外光谱仪、X射线荧光光谱仪等。然而对宝石学类职业教育而言，学生熟练地掌握常规的宝石鉴定仪器的使用和鉴定方法，仍然是最基本的教学要求。

在我们开展宝石学教育和在本教材的编写修订过程中，得到了天津商业大学、河北地质大学、金陵科技学院、上海工商职业技术学院、武汉市财贸学校、北京商贸学校等院校的大力支持和帮助，其中一些院校参加了部分章节的编写和修订；得到了中国地质大学朱勤文教授、杨明星教授、陈美华教授、李立平教授、尹作为教授、薛秦芳教授、李娅莉教授，南京地质矿产研究所张丛森教授等专家和学者的大力支持和帮助，笔者参考和引用了他们的相关研究成果和文献资料；在本书的修订出版过程中，中国地质大学出版社给予了鼎力支持，在此一并致以衷心的感谢。

本书可作为职业教育院校宝玉石专业的教材使用，也适合珠宝爱好者阅读自学。

由于编者水平有限，不当之处在所难免，欢迎读者批评指正。

编　者
2020 年 11 月于合肥

目 录

第一章　宝石的结晶学性质

第一节　晶体与非晶质体

我们常见的宝石，例如钻石、红宝石、祖母绿、石英等，它们是由什么构成的呢？它们内部又是以什么规律形成的呢？要了解宝石，要正确地鉴定宝石，首先要知道什么是晶体，什么是非晶质体。

1.晶体的概念

在大多数人的印象中，晶体是一种相当罕见的物质，其实晶体是十分常见的。自然界的冰、雪及土壤，沙和岩石中的各种矿物，甚至我们吃的食盐、冰糖，用的金属材料和一些固体化学药品等，都是晶体。在宝石的大家族中，有的宝石是晶体，有的宝石却不是晶体。

人们最初把具有天然几何多面体外形的矿物（如水晶）称为晶体（图1－1），这是狭义概念的晶体。

图1－1　呈几何多面体外形的水晶晶体

广义的晶体是指内部原子或离子在三维空间呈周期性平移重复排列的固体，或者说晶体是具有格子构造的固体。

是否具有规则的几何多面体外形，并不是晶体的本质，而只是一种外部现象。只要生长环境条件允许，任何一个晶体都可以形成具有规则几何多面体外形的完美形态。

图1－2为氯化钠的晶体结构。可以看出，无论是氯离子还是钠离子，在晶体结构的任一方向上，都是每隔一定的距离重复出现一次。为了进一步揭示这种重复规律，我们在其结构中任意选择一个几何点，如选在氯离子与钠离子相接触的某一点上，然后在整个结构中把所有这样的等同点都找出来。所谓等同点，就是在晶体结构中占据相同位置且具有相同环境的点。显然，这一系列等同点的重复规律，必定也是在三维空间呈周期性平移重复排列的。

大球表示氯离子；小球表示钠离子

图1－2　氯化钠的晶体结构

这样一系列在三维空间呈周期性平移重复排列的几何点（即等同点），称为结点。

分布在同一直线上的结点，构成一个行列。任意两个结点可决定一个行列。行列上两个相邻结点间的距离，称为结点间距。相互平行的行列，其结点间距必定相等;不相平行的行列,其结点间距一般不相等。

连接分布在同一平面内的结点,构成一个面网。任意两个相交的行列可决定一个面网。面网上单位面积内的结点数,称为面网相对密度。两相邻面网间的垂直距离,称为面网间距。相互平行的面网,其面网相对密度和面网间距必定相等;不相平行的面网,一般来说,它们的面网相对密度和面网间距都不相等。并且,面网相对密度大,其面网间距也大;反之,面网相对密度小,间距也小。

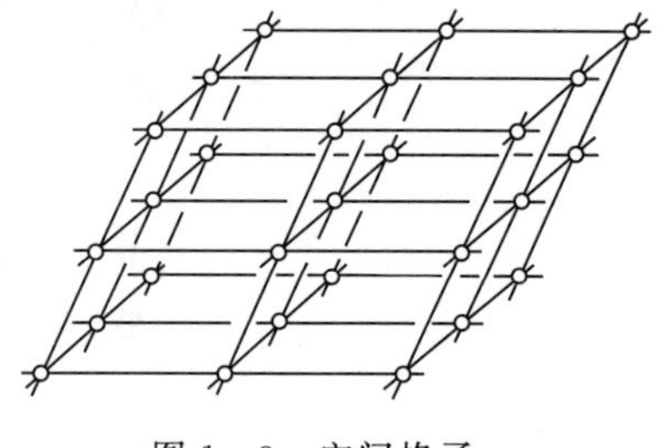

图 1-3　空间格子

用三组不共面的直线把结点连接起来,就构成了空间格子(图 1-3)。三个不共面的行列可决定一个空间格子。此时,空间格子本身将被这三组相交行列划分成一系列平行叠置的平行六面体,结点就分布在平行六面体的角顶。

应当强调指出,结点只是几何点,并不等于实在的质点;空间格子也只是一个几何图形,并不等于晶体内部包含了具体原子或离子的格子构造。但是,格子构造中具体原子或离子在空间分布的规律性,可由空间格子中结点在空间分布的规律性来表征。

2. 非晶质体的概念

非晶质体是指内部原子或离子在三维空间不呈规律性重复排列的固体,或者当加热非晶质体时,它不像晶体那样表现出有确定的熔点,而是随着温度的升高逐渐软化,最后成为流体。

晶体与非晶质体在一定的条件下是可以相互转化的,由晶体转变成非晶质体称为非晶化或玻璃化,由非晶质体转变成晶体称为晶化或脱玻化。

第二节　晶体的基本性质

晶体是具有格子构造的固体,因此,凡是晶体,都具备一些共有的、由格子构造所决定的基本性质。在同一晶体的各个不同部位,其内部质点(原子或离子)的分布是一样的,即具有完全相同的内部结构。所以,同一晶体的任何部位都具有相同的性质,从而表现出晶体的结晶均一性。晶体的格子构造中,内部质点(原子或离子)在不同方向上的排列一般是不一样的,因此,晶体的性质因方向不同而表现出差异,这种特性称为各向异性。解理就是晶体各向异性最明显的例子。例如蓝晶石,其硬度随方向不同表现出显著的差异,故蓝晶石又名二硬石。

晶体外形上的相同晶面、晶棱或性质,能够在不同的方向或位置上有规律地重复出现,这种特性称为对称性。晶体外形和性质上的对称,是晶体内部结构(格子构造)对称性的外在反映。

晶体具有能自发地形成封闭的几何多面体外形的特性。晶体表面自发生成的平面称为晶面,它是晶体格子构造中最外层的面网。晶面的交棱称为晶棱,它对应于最外层面网相交的公共行列。所以,晶体必然能自发地形成几何多面体外形,将自身封闭起来。一些晶体经常呈不规则粒状,不具几何多面体外形,这是由于晶体生长时受到空间限制造成的。

在相同的热力学条件下,较之于同种化学成分的气体、液体及非晶质固体而言,晶体的内能最小,这是因为晶体具有格子构造,其内部原子或离子之间的引力和斥力达到了平衡状态。

晶体的最小内能性，决定了晶体具有稳定性。对于化学组成相同但处于不同物态下的物体而言，晶体最稳定。

非晶质体能自发地向晶体转变，并释放出多余的内部能量，但晶体不可能自发地转变为其他物态，这表明晶体具有稳定性。

1.面角守恒定律

理想的生长环境可使晶体自发地形成完美的晶体形态。由于受到生长环境的制约，所形成的晶体形态往往发生畸变，例如立方体晶形常畸变为三向不等长的长方体，有些晶体甚至缺失部分晶面。

这种偏离本身理想晶形的晶体称为歪晶，相应的晶形称为歪形。绝大多数晶体都是歪形，只是畸变程度不同罢了。

不管晶形如何畸变，同种晶体之间，对应晶面间的夹角恒等，这就是面角守恒定律。

所谓面角，是指晶面法线间的夹角，其数值等于相应晶面实际夹角的补角（即 180°减去晶面实际夹角）。

2.晶体的对称要素

对称性是晶体的基本性质之一。所谓对称，是指物体（或图形）的相同部分有规律地重复。对称现象在自然界广泛存在，如花朵上的花瓣、人的左右手、风扇的叶片等。

欲使物体中的相同部分重复，必须通过一定的操作，而且还必须凭借面、线、点等几何要素才能完成。这种操作称为对称操作，所凭借的几何要素称为对称要素。

对称要素包括对称中心、对称面和对称轴。

(1)对称中心（符号 C）：是一个假想的几何点，相应的对称操作是对于这个点的倒反（反伸），由对称中心联系起来的两个相同部分，互为上下、左右、前后均颠倒相反的关系。晶体具有对称中心时，晶体上的任一晶面，都必定有与之成反向平行的另一相同晶面存在，并且对称中心必定位于晶体的几何中心。

(2)对称面（符号 P）：是一个假想的平面，相应的对称操作是对于该平面的反映。对称面像一面镜子，它将晶体平分为互呈镜像反映的两个相同部分。

晶体中可以没有对称面，也可以有一个或几个对称面，如果有对称面，则对称面必通过晶体的几何中心。当对称面多于一个时，则将数目写在 P 的前面加以表示，如 $3P$、$6P$ 等。

(3)对称轴（符号 L^n）：是一条假想的直线，相应的对称操作是围绕该直线旋转，每转过一定角度，晶体的各个相同部分就重复一次，即晶体复原一次。旋转一周，相同部分重复的次数，称为该对称轴的轴次，若轴次为 4，就写作 L^4。使相同部分重复所需要旋转的最小角度，称为基转角（符号 α）。

由于任一晶体旋转一周后，相同部分必然重复，所以，轴次 n 必为正整数，而基转角必须要能整除 360°，且有 $n=360°/\alpha$。

晶体内部结构的空间格子规律，决定了在晶体中只可能出现 L^1、L^2、L^3、L^4 和 L^6，不可能有 5 次和高于 6 次的对称轴出现，这就是晶体对称定律。

一次对称轴无实际意义，因为任何物体围绕任一轴线旋转一周后，必然恢复原状。这样一来，晶体中对称轴的轴次也就只有 2 次、3 次、4 次和 6 次 4 种。轴次高于 2 次的对称轴（即 L^3、L^4 和 L^6）统称为高次轴。

一个晶体中,可以没有对称轴,可以只有一个对称轴,也可以有几个同轴次或不同轴次的对称轴。例如尖晶石有 3 个 L^4、4 个 L^3、6 个 L^2、9 个 P 和 1 个 C,可表示为 $3L^4 4L^3 6L^2 9PC$。

还有一种倒转轴（符号 L_i^n）,可参阅相关书籍,这里不再作介绍。

3. 对称型

前面讲了对称要素,绝大多数晶体的对称要素都多于一个,它们按一定的规律组合在一起而共同存在。

对称型是指单个晶体中全部对称要素的集合,如前面所举尖晶石的例子,其对称型即为 $3L^4 4L^3 6L^2 9PC$。

根据晶体中可能出现的对称要素种类以及对称要素间的组合规律,最后得出:在所有晶体中,总共只能有 32 种不同的对称要素组合方式,即 32 种对称型(表 1－1)。

表 1－1　晶体的 32 种对称型及对称分类

序号	对称型	对称特点		晶系	晶族
1 2	L^1 **C	无 L^2 和 P	无高次轴	三斜晶系	低级晶族
3 4 5	L^2 P **L^2PC	L^2 和 P 均不多于1个		单斜晶系	
6 7 8	$3L^2$ $L^2 2P$ **$3L^2 3PC$	L^2 和 P 的总数不少于3个		斜方晶系 (正交晶系)	
9 10 11 12 13	L^3 *L^3C *$L^3 3L^2$ $L^3 3P$ **$L^3 3L^2 3PC$	唯一的高次轴为3次轴	必定有且只有1个高次轴	三方晶系	中级晶族
14 15 16 17 18 19 20	L^4 L_i^4 *L^4PC $L^4 4L^2$ $L^4 4P$ $L_i^4 2L^2 2P$ **$L^4 4L^2 5PC$	唯一的高次轴为4次轴		四方晶系 (正方晶系)	
21 22 23 24 25 26 27	L^6 L_i^6 *L^6PC $L^6 6L^2$ $L^6 6P$ $L_i^6 3L^2 3P$ **$L^6 6L^2 7PC$	唯一的高次轴为6次轴		六方晶系	
28 29 30 31 32	$3L^2 4L^3$ *$3L^2 4L^3 3PC$ $3L^4 4L^3 6L^2$ *$3L_i^4 4L^3 6P$ **$3L^4 4L^3 6L^2 9PC$	必定有4个 L^3	高次轴多于1个	等轴晶系 (立方晶系)	高级晶族

注:**为矿物中常见,*为矿物中较常见。

4. 晶体的对称分类

对称型是反映宏观晶体对称性的基本形式，在此基础上，可对晶体进行科学的分类。

在晶体的对称分类中，首先根据有无高次轴及高次轴的多少，将晶体划分为三个晶族，即高级晶族、中级晶族和低级晶族。晶族是晶体分类中的第一级对称类别。晶族之下的对称类别是晶系，共划分为如下七个晶系：等轴晶系（又称立方晶系）、六方晶系、四方晶系（又称正方晶系）、三方晶系、斜方晶系（又称正交晶系）、单斜晶系和三斜晶系。每个晶系又包含有若干个对称型（表 1-1）。

5. 晶体定向

结晶学坐标系是指在晶体中按一定法则所选定的一个三维坐标系。

晶体定向就是选定具体晶体中的结晶学坐标轴——结晶轴，并确定各轴的方向和它们的轴单位的比值。

晶体定向有三轴定向和四轴定向两种。

三轴定向选择三根结晶轴，通常将它们标记为 a 轴、b 轴、c 轴（或 X 轴、Y 轴、Z 轴）。三个结晶轴的交点安置在晶体中心。c 轴上下直立，正端朝上；b 轴为左右方向，正端朝右；a 轴为前后方向，正端朝前。每两个结晶轴正端之间的夹角称为轴角。如图 1-4 所示：$\alpha = b$ 轴 $\wedge c$ 轴，$\beta = c$ 轴 $\wedge a$ 轴，$\gamma = a$ 轴 $\wedge b$ 轴。在结晶轴上度量距离时，用作计量单位的那段长度，称为轴单位，它等于格子构造中平行于结晶轴的行列的结点间距。a 轴、b 轴、c 轴各自的轴单位分别以 a、b、c 表示。

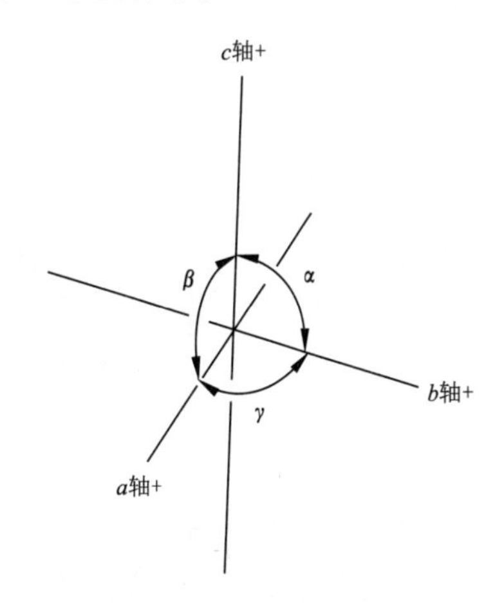

图 1-4 结晶轴与轴角

晶面在三个结晶轴上的截距，分别与相应的轴单位之比值，即是该晶面在三个结晶轴上的截距系数。

四轴定向适用于三方晶系和六方晶系的晶体，与三轴定向不同的是，除一个直立结晶轴外，还有三个水平结晶轴，即增加了一个 d 轴（或称 U 轴）。四个轴的具体安置是：c 轴上下直立，正端朝上；三个水平轴中 b 轴左右水平，正端朝右；a 轴左前、右后水平，正端朝前偏左 30°；d 轴左后、右前水平，正端朝后偏左 30°；三个水平轴正端之间的夹角均为 120°（图 1-5）。

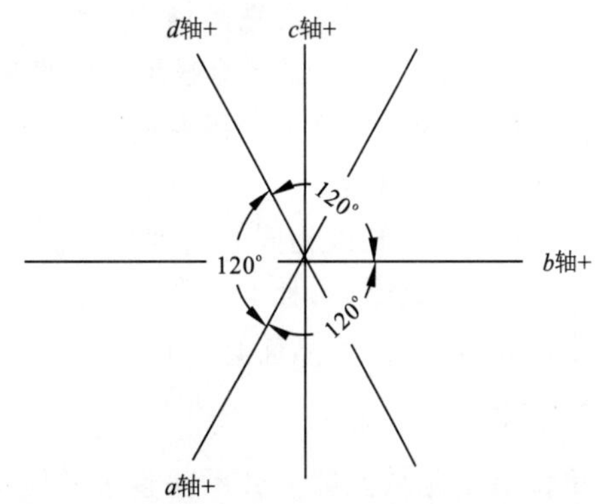

图 1-5 四轴定向中三个水平结晶轴的安置

各个晶系中结晶轴的安置及晶体几何常数特征见表 1-2。

6. 晶面符号

晶面符号是一种用来表示晶面在晶体空间中取向关系的数字符号。通常所说的晶面符号是指国际上通用的米氏符号。

表 1-2　各个晶系结晶轴的安置及晶体几何常数特征

晶系	结晶轴的方向	轴角	轴单位
等轴	a 轴前后水平，b 轴左右水平，c 轴直立	$\alpha=\beta=\gamma=90°$	$a=b=c$
四方	a 轴前后水平，b 轴左右水平，c 轴直立	$\alpha=\beta=\gamma=90°$	$a=b\neq c$
三方、六方	c 轴直立，b 轴左右水平，a 轴水平朝前偏左 30°，d 轴水平朝后偏左 30°	$\alpha=\beta=90°\gamma=120°$	$a=b\neq c$
斜方	c 轴直立，a 轴前后水平，b 轴左右水平	$\alpha=\beta=\gamma=90°$	$a\neq b\neq c$
单斜	c 轴直立，b 轴左右水平，a 轴前后朝前下方倾	$\alpha=\gamma=90°,\beta>90°$	$a\neq b\neq c$
三斜	c 轴直立，b 轴左右朝右下方倾，a 轴大致前后朝前下方倾	$\alpha\neq\beta\neq\gamma,\alpha>90°,\beta>90°,\gamma\neq 90°$	$a\neq b\neq c$

三轴定向的晶面符号写成(hkl)的形式。h、k、l 称为晶面指数(是截距系数的倒数)，指数的排列顺序必须依次与 a 轴、b 轴、c 轴相对应，不得颠倒。当某个指数为负值时，就把负号写于该指数的上方，如 h 指数为负值时，则写成 ($\bar{h}kl$)。

四轴定向的晶体，每个晶面有四个晶面指数 h、k、i、l，晶面符号写成($hkil$)，指数的排列顺序依次与 a 轴、b 轴、d 轴、c 轴相对应，不得颠倒。

在实际应用上，一般来说，主要的问题不在于如何具体测算晶面符号，而是看到一个晶面符号后，能够明白它的含义，想象出它在晶体上的方位。以下几点结论很有实用价值。

(1)晶面符号中某个指数为 0 时，表示该晶面与相应的结晶轴平行。第一个指数为 0，表示晶面平行于 a 轴；第二个指数为 0，表示晶面平行于 b 轴；最后一个指数为 0，表示晶面平行于 c 轴。

(2)同一晶面符号中，指数的绝对值越大，表示晶面在相应结晶轴上的截距系数绝对值越小；在轴单位相等的情况下，还表示相应截距的绝对长度也越短，而晶面本身与该结晶轴之间的夹角则越大。如四方晶系晶体中，晶面(231)在 a 轴上的截距较长，在 b 轴上的截距较短，长短比为 3∶2，但与 c 轴上的截距不能直接比较，因为彼此的轴单位不相等。

(3)同一晶面符号中，如果有两个指数的绝对值相等，而且与它们相对应的那两个结晶轴的轴单位也相等，则晶面与两个结晶轴以等角度相交。如等轴晶系和四方晶系晶体中，晶面(221)与 a 轴和 b 轴以相同的角度相交。

(4)在同一晶体中，如果有两个晶面，它们对应的三组晶面指数的绝对值全都相等，正负号恰好全都相反，这两个晶面必定相互平行。如($\bar{1}30$)和 ($1\bar{3}0$)就代表一对相互平行的晶面。

7. 晶胞

单位晶胞是指能够充分反映整个晶体结构特征的最小的结构单元，其形状和大小与对应的空间格子中的单位平行六面体完全一致，并可由一组晶胞参数(a_0、b_0、c_0 和 α、β、γ)来表征，晶胞参数等同于对应的单位平行六面体参数。

此外，有时也需要用到与单位平行六面体不相对应的晶胞，这时特别称它为大晶胞。如对应于菱方柱形平行六面体的六方格子形式的单元，就是一种较常遇到的大晶胞。大晶胞是相对于单位晶胞而言的，通常都予以指明。未加指明的晶胞，一般都是指单位晶胞。

晶胞是晶体结构的基本组成单位，由一个晶胞出发，就能借助于平移而重复出整个晶体结构来。因此，在描述某个晶体结构时，通常只需阐明它的晶胞特征就可以了。

第三节　单形和聚形

晶体的形态千姿百态，如萤石的立方体、钻石和尖晶石的八面体、石榴石的菱形十二面体以及水晶的由六方柱与两个菱面体聚合成的形态等。

根据晶体中晶面之间的相互关系，可把晶体分为单形（如立方体、菱形十二面体）和聚形（如六方柱与两个菱面体聚合成的形态）两种。

1. 单形

单形是指一个晶体中，彼此间能对称重复的一组晶面的组合。同一单形的各个晶面必能相互对称重复，具有相同的性质；不属于同一单形的晶面绝不可能相互对称重复。

单形符号是指以简单的数字符号的形式，来表征一个单形的所有晶面及其在晶体上取向的一种结晶学符号。

单形符号的构成是在同一单形的各个晶面中，按一定的原则选择一个代表晶面，将该晶面指数顺序连写置于大括号内，写成{hkl}的形式，以代表整个单形。如立方体有六个晶面：(100)、(010)、(001)、($\bar{1}$00)、(0$\bar{1}$0)和(00$\bar{1}$)，它们属于同一个单形，我们选择(100)晶面作为代表，将晶面指数置于大括号内，写成{100}，就代表立方体这个单形。

注意：晶面符号(100)只是指与 a 轴正端相截，与 b 轴、c 轴相平行的一个晶面。单形符号{100}在不同的晶系中所代表的晶面数和晶面形状不相同，如四方晶系中的{100}代表四方柱，共四个晶面。

对称型共有 32 种。对 32 种对称型逐一进行推导，最终可得出 146 种结晶学上不同的单形。如果只从它们的几何性质着眼，而不考虑单形的真实对称性，那么 146 种结晶学上不同的单形，可归并为几何性质不同的 47 种几何单形。低级晶族中有 7 种（图 1－6），中级晶族中有 25 种（图 1－7），高级晶族中有 15 种（图 1－8）。

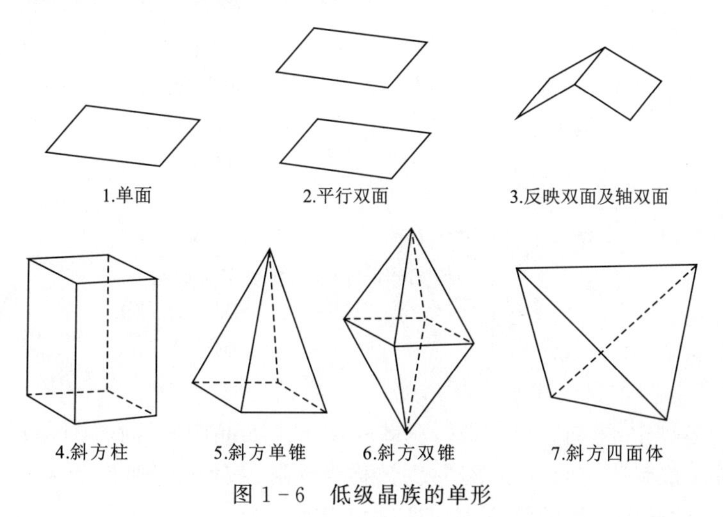

图 1－6　低级晶族的单形

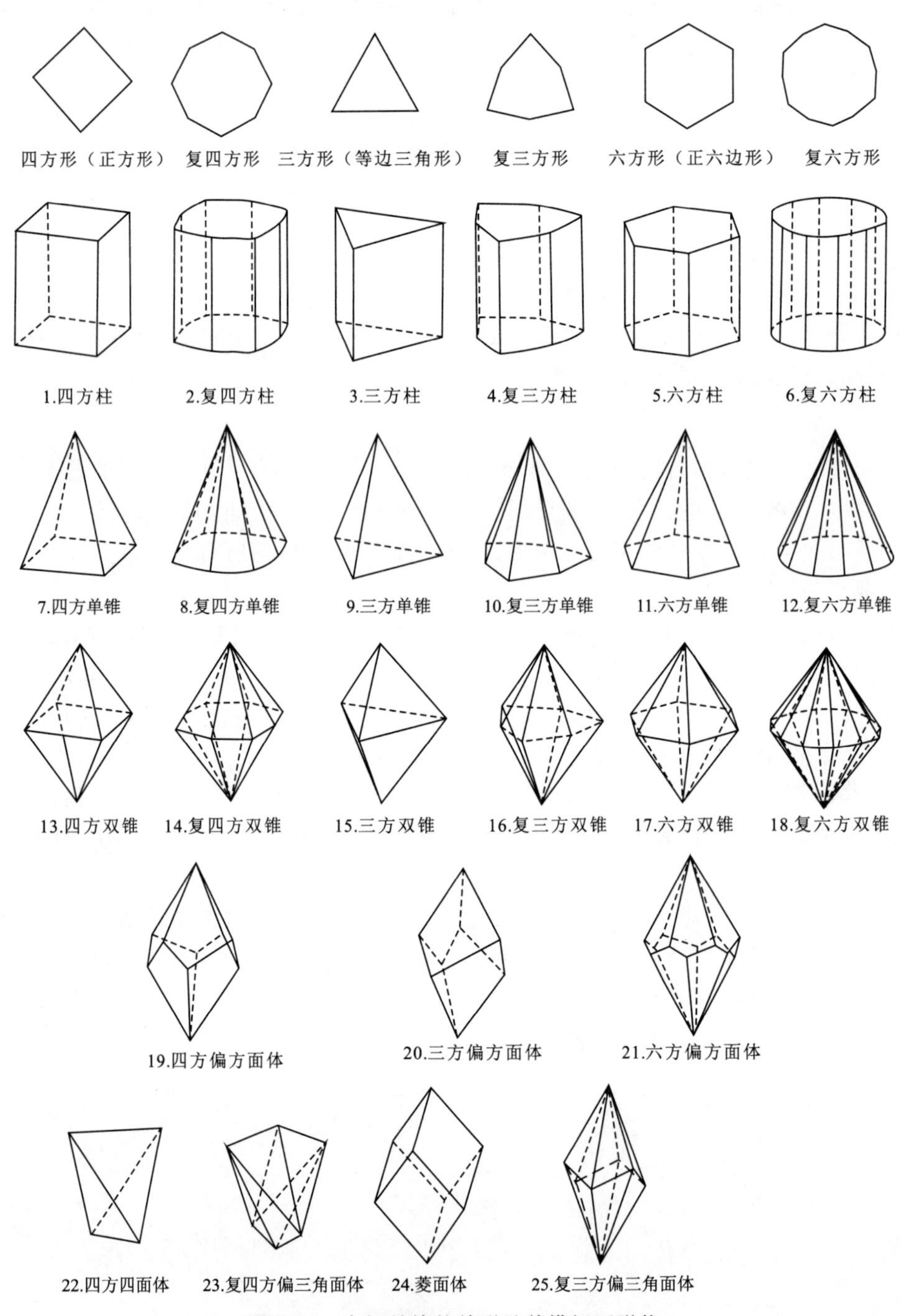

图 1－7　中级晶族的单形及其横切面形状

2. 聚形

聚形是指两个或两个以上单形的聚合。

在 47 种几何单形中，单面、双面、平行双面以及各种柱和锥等 17 种单形，仅由一个单形自身的全部晶面，不能围成封闭空间的单形，它们被称为开形；其余 30 种单形，由一个单形自身的晶面就能够围成闭合的凸多面体的单形，它们被称为闭形。

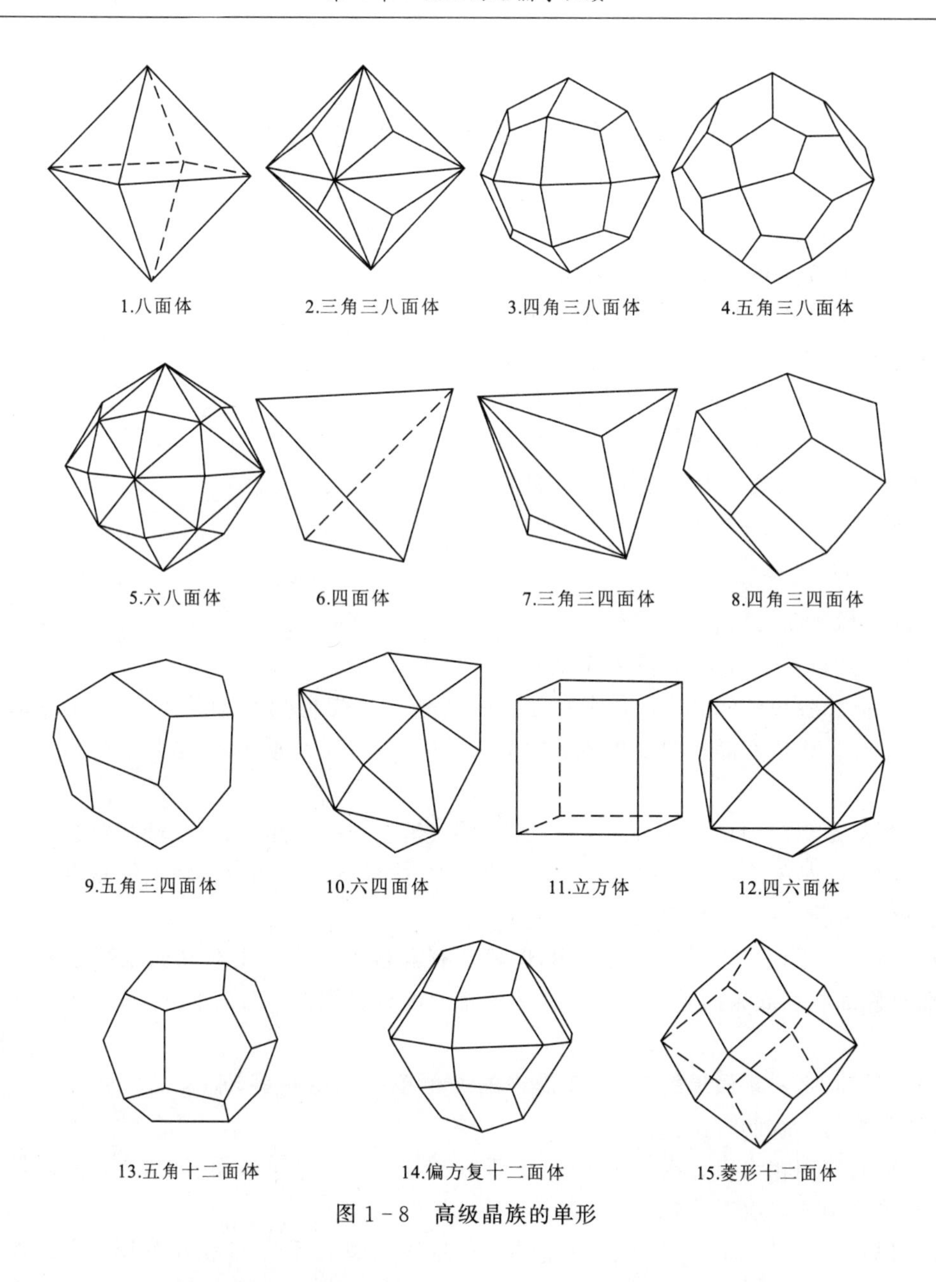

图 1-8 高级晶族的单形

晶体是一个封闭的凸几何多面体，而单独一个开形不能封闭空间，因此它们必然要组合成聚形。至于闭形，既可在晶体上单独存在，如立方体晶体、八面体晶体等，也可以参与组成聚形，如由立方体和八面体组合成的钻石的聚形晶体。

在任何情况下，单形的相聚必定遵循对称性一致的原则。也就是说，只有属于同一对称型的单形才可能相聚。

值得注意的是，单形相聚后，由于不同单形的晶面相互交截，单形的外貌变得与其单独存在时的形状完全不同。因此，单纯依据晶面形状来判断单形是极不可靠的，尤其是在歪形晶体中，更不能根据晶面形状的异同来判别它们是否属于同一单形。

第四节　平行连晶与双晶

通常晶体多以单体间相互连生的方式产出。平行连晶是指若干个同种晶体,按所有对应的结晶方向(包括各个对应的结晶轴、晶面及晶棱的方向)全都相互平行的关系而形成的连生体。平行连晶表现在外形上,各个单体间的所有对应晶面必定全都彼此平行,从内部结构上看,各个单体的格子构造都是彼此平行而连续的,可以说平行连晶是单晶体的一种特殊形式,如图 1-9 所示。

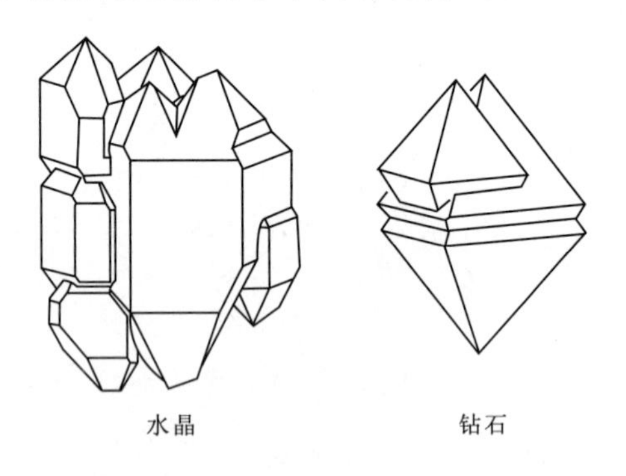

图 1-9　平行连晶

1. 双晶和双晶要素

双晶(又称孪晶)是指两个或两个以上的同种晶体,彼此间按一定的对称关系而形成的规则连生体。各单体间必有一部分相对应的结晶方向彼此平行,而其余相对应的结晶方向肯定互不平行。构成双晶的两个单体的内部格子构造不平行、不连续,这是双晶与平行连晶的根本不同之处。

双晶要素是双晶中单体间对称关系的几何要素,它包括双晶面、双晶轴和双晶中心。

(1)双晶面:是一个假想的平面,通过它的反映,构成双晶的两个单体能够重合或处于平行一致的方位。

双晶面的作用相当于对称面的作用,但两者有着根本差别。由双晶面联系起来的是两个单体,而对称面联系起来的是一个单体的两个相同部分。因此,双晶面绝不可能平行于单体中的对称面。

(2)双晶轴:是一条假想的直线,双晶中的一个单体围绕它旋转 180°后,可与另一个单体重合或处于平行一致的方位。

双晶轴的作用相当于二次对称轴,但由于双晶轴是对两个单体而言的,所以双晶轴绝不可能平行于单体中的偶次对称轴。

(3)双晶中心:是一个假想的点,两个单体通过该点倒反后,能够相互重复。它的作用相当于对称中心,但是,双晶中心绝不可能与单体的对称中心并存。

在掌握了双晶要素之后,需要特别注意的一点是,双晶接合面不是一种双晶要素,它是构成双晶的两个相邻单体之间实际存在的一个接合面,是相邻单体间的公共界面。双晶接合面经常与双晶面重合,此时,接合面是一个简单的平面。也有不少双晶,因单体间相互贯穿,接合面便曲折复杂,如水晶的双晶接合面就经常如此。

2. 双晶类型

在矿物学中,通常按照双晶单体间接合方式的不同,分为以下不同的类型。这里提出一个概念——双晶律,双晶律是指按一定规律结合的双晶的名称,如卡斯巴律、钠长石律等。

(1)简单双晶：由两个单体构成的双晶。其中又可分为接触双晶和贯穿双晶(又称透入双晶)。

(2)反复双晶：两个以上的单体彼此间按同一种双晶律多次反复出现而构成的双晶群。其中又可分为两种：聚片双晶和轮式双晶。

(3)复合双晶：由两个以上的单体彼此间按不同的双晶律所组成的双晶。

第五节　类质同象与同质多象

1. 类质同象

类质同象是指在确定的某种晶体的晶格中，本应全部由某种离子或原子占有的结构位置，部分被性质相似的其他离子或原子替代占有，而晶体的结构形式并没有发生质的变化，共同结晶成均匀的、呈单一相的混合晶体(即类质同象混晶)。如镁橄榄石 $Mg_2[SiO_4]$ 晶体，其晶格中的部分 Mg^{2+} 被 Fe^{2+} 替代，由此形成的橄榄石 $(Mg,Fe)_2[SiO_4]$ 晶体，就是一种类质同象混晶。

具有类质同象替代关系的两种组分，能在整个或确定的某个局部范围内，以不同的含量比形成一系列成分上连续变化的混晶，即构成类质同象系列。人们经常把类质同象混晶笼统地称为固溶体。严格来说，两者是有差别的。固溶体有填隙式、替位式和缺位式三种类型。类质同象混晶只与替位固溶体相当。

(1)完全类质同象与不完全类质同象。根据不同组分间在晶格中所能替代的范围，可将类质同象分为完全类质同象和不完全类质同象。完全类质同象是指两种组分间能以任意比例替代形成类质同象混晶。在完全类质同象系列两端的纯组分称为端员组分，主要由端员组分组成的矿物称为端员矿物。不完全类质同象是指两种组分间只能在确定的某个有限范围内，以各种不同的比例替代形成类质同象混晶。

(2)等价类质同象和异价类质同象。根据晶格中相互替代的离子的电价是否相等，类质同象又可分为等价类质同象和异价类质同象。

2. 同质多象

同质多象(也称同质异象)是指同种化学成分能够结晶成若干种内部结构不同的晶体，这样的一些晶体称为同质多象变体。如同样是碳，可结晶成六方(或三方)晶系的石墨，也可结晶成等轴晶系的钻石。

一种物质的各种同质多象变体，都有它自身稳定的温度压力范围，当环境的温度压力条件改变到超出某种变体的稳定范围时，该种变体就会在固态条件下转变成另一种变体。如 SiO_2 的四种变体间的转变关系：

$$\alpha\text{-石英} \xrightleftharpoons{573℃} \beta\text{-石英} \xrightarrow{870℃} \beta_2\text{-鳞石英} \xrightarrow{1470℃} \beta\text{-方石英} \xrightleftharpoons{1720℃} (\text{熔体})$$

双向箭头表示二者之间的转变是可逆的；单向箭头表示只在升温过程中发生转变，而在降温过程中，并不发生相应的可逆转变。

第二章 宝石的矿物学基础知识

第一节 矿物与准矿物

1.矿物的概念

矿物和矿石是地球科学中的两个专用名词,有关联但非同一。随着人类生产活动和科学技术的发展,矿物的概念也在不断变化。现代对矿物的定义是:矿物是地球发展历史中天然产出的单质或化合物,它们各自都有相对固定的化学组成及确定的内部结晶构造。矿物通常由无机作用形成,在一定的物理化学条件范围内稳定,是组成矿石、岩石、土壤乃至整个地壳的最基本的物质。而我们常说的岩石是由矿物组成的,如花岗岩里一般都含有长石、石英、云母等矿物。当岩石中有用矿物达到一定含量,能够成为可利用的矿产原料时,它就叫作矿石,如金矿石、铁矿石等。

由此定义可知,首先,矿物必须是天然产出的物质;其次,矿物必须是均匀的固体,这就意味着天然产出的气体和液体都不属于矿物,每种矿物都有特定的化学成分和结晶构造,因此矿物都应是天然产出的晶体;再次,矿物一般应是由无机作用形成的,以此与生物体相区别。

绝大多数宝石都是矿物,所有的矿物都是晶体,人们认识晶体,也正是首先从认识矿物晶体开始的。

2.准矿物的概念

准矿物也称似矿物,是指在产出状态、成因和化学组成等方面均具有与矿物相同的特征,但不具有结晶构造的均匀固体。

准矿物数量很少,较常见的有A型蛋白石($SiO_2 \cdot nH_2O$)。但天然非晶质的火山玻璃不属于准矿物之列,因它没有一定的化学成分,应属于岩石。

矿物被限定为晶体,并建立了准矿物的概念,但准矿物仍是矿物学研究的对象,因此,在一般情况下,并不会严格区分准矿物与矿物。

第二节 矿物中水的存在形式

许多矿物都含有水,但水在矿物中的存在形式不同,通常可分为以下几种。

1.吸附水

吸附水是指以中性水分子(H_2O)的形式存在,并被机械地吸附于矿物颗粒表面或缝隙中的水。它不参与组成矿物的晶格,因而不属于矿物固有的化学成分。吸附水在矿物中的含量不稳定,随外界的湿度和温度等条件变化而变化。

例如欧泊中的水属于吸附水，其逸出温度仅为100～110℃。虽然在日常的佩戴过程中，欧泊中的水不会逸出，但若长期处在高温或湿度过低的环境中，其水分容易失去，从而导致变彩丧失、光泽暗淡，甚至爆裂。

2. 结晶水

结晶水也是以中性水分子（H_2O）的形式存在，但它参与组成矿物的晶格，占据晶体结构中固定的配位位置。水分子的数量一定，与矿物中其他组分的含量呈简单的比例关系。

3. 结构水

结构水（也称化合水）不是以中性水分子的形式存在，而是以$(OH)^-$或H^+、$(H_3O)^+$离子的形式存在，它参与组成晶格，在晶体结构中占据固定的配位位置。结构水也有确定的含量比，它在晶格中的结合强度远比结晶水大。

例如：蓝色含铜异极矿是中国特有的宝玉石矿（又称中国蓝），稀有珍贵，具有重要的收藏和鉴赏价值。异极矿由于含有结晶水和结构水，颜色鲜艳亮丽，通常还含有Pb、Fe、Ca等元素。当温度升高到500℃时失去结晶水；温度更高时，才会失去结构水，并导致晶体结构受到破坏。

4. 沸石水

沸石水是介于吸附水与结晶水之间的一种特殊类型的水，它主要以中性水分子（H_2O）的形式存在于沸石族矿物晶格的空腔和通道中。在晶格中它占据确定的配位位置，含量有一上限值，此值与其他组分的含量成简单的比例关系。但是随着外界温度升高或湿度减小，沸石水能够逐渐逸失，并不导致晶格的变化。失去部分水的沸石，在潮湿的环境中又能从外界吸收水分恢复到原来的状态。

所以珠宝首饰在加工或佩戴时不宜与火或高温接触，也不宜在日光下暴晒，在过于干燥的地区应尽量少戴。对于原石最好置于水中保存，如珠宝柜台内装有射灯等光源，应放置水杯，以保持湿度。

第三节　矿物种的概念

矿物种是指具有相同的化学组成和晶体结构的一种矿物。如绿柱石、尖晶石、锆石等都是矿物种的名称。

在划分矿物种时，对于同一化学成分的各同质多象变体而言，虽说化学成分相同，但它们的晶体结构有明显差别，因而都是不同的矿物种。如金刚石（钻石）和石墨，就是两个不同的矿物种。

对于类质同象系列，尤其是完全类质同象系列，它们的化学组成可以从一个端员组分连续过渡到另一个端员组分，过去都将这样的类质同象系列按区间划分为几个不同的矿物种。后来，国际矿物学协会新矿物及矿物命名委员会规定，对于一个类质同象系列，以组分含量的50%为界，按二分法只分为两个矿物种。但有些类质同象系列的划分方案，是历史上早已广泛沿用的（如斜长石系列的划分），一般仍予保留。

在矿物种之下，有时还再分出亚种（也称变种或异种）。亚种是指属于同一个种的矿物，但在次要的化学成分或物理性质、形态某一方面有较明显变异的矿物，如红宝石是含铬的刚玉亚种。按国际矿物学协会新矿物及矿物命名委员会的规定，亚种不应给予单独名称，应采用在种名前加上适当的形容词来称呼。但历史上早已广泛沿用的亚种的独立名称，一般也仍予保留。

第四节　矿物种的命名

每个矿物种都有一个独立的名称,其具体命名方法主要有以下几种。

(1)以化学成分命名:如自然金(Au)、锡石(SnO_2)。

(2)以物理性质命名:如橄榄石(颜色呈橄榄绿色)、电气石(具有显著的热电性)。

(3)以形态命名:如方柱石(晶形常呈四方柱状)、十字石(双晶常呈“十”字形或“X”形)。

(4)以产地命名:如香花石(首次发现于湖南临武香花岭)、高岭石(源于江西景德镇高岭)、蓟县矿(首次发现于天津蓟县)。

(5)以人名命名:如张衡矿(纪念东汉杰出的科学家张衡)。

此外,也有按其他方式命名的,如许多矿物采用混合命名,其中以晶系名或成分作为前缀者较为常见。

我国所使用的大量矿物名称,来源不一,但几乎所有矿物名称都以“石”“矿”“玉”“晶”“砂”“黄”“矾”等字结尾,它们都是取自我国传统矿物名称的词尾。

至于矿物的全名,有的是沿用我国固有的名称,如辰砂、方解石、雄黄等;有的是根据我国学者首次发现地而命名的,如香花石、蓟县矿等;有的是借用日文中的汉字名称,如绿帘石、黝铜矿等;更多的是从外文名称转译来的,其中大部分译名实际上是改用了化学成分、形态或物性加化学成分而重新命名的。

还有许多矿物名称,如长石、云母、辉石等,并不是矿物种的名称,而是包括了若干个类似的矿物种的统称,在矿物分类上,它们可以作为族名。

第五节　珠宝玉石的命名原则

中华人民共和国国家标准《珠宝玉石　名称》(GB/T 16552－2017)规定了珠宝玉石的类别、定义、定名规则及表示方法,它不同于矿物的命名原则,更侧重从商业的角度对其命名。本节仅对天然珠宝玉石定名规则简要介绍如下。

1. 珠宝玉石的定义

珠宝玉石是对天然珠宝玉石和人工珠宝玉石(包括合成宝石、人造宝石、拼合宝石和再造宝石)的统称,简称宝石。“珠宝玉石”“宝石”不能作为具体商品的名称。

2. 天然宝石定名规则

由自然界产出,具有美观、耐久、稀少性,可加工成装饰品的矿物的单晶体(可含双晶),直接使用天然宝石基本名称或其矿物名称,无需加“天然”二字,如“金绿宝石”“红宝石”“石榴石”“橄榄石”等。

产地不参与定名,如“南非钻石”“缅甸蓝宝石”等。

不应使用由两种或两种以上天然宝石名称组合而成的名称,如“红宝石尖晶石”“变石蓝宝石”等,“变石猫眼”除外。

不应使用含混不清的商业名称,如“蓝晶”“绿宝石”“半宝石”等。

3. 天然玉石定名规则

天然玉石是由自然界产出，具有美观、耐久、稀少性和工艺价值，可加工成饰品的矿物集合体，少数为非晶质体。它在定名时，直接使用天然玉石基本名称或其矿物（岩石）名称，在天然矿物或岩石名称后可附加“玉”字，无需加“天然”二字，“天然玻璃”除外。

带有地名的天然玉石基本名称，不具有产地含义。

4. 天然有机宝石定名规则

与自然界生物有直接生成关系，部分或全部由有机物质组成，可用于首饰及装饰品的材料为天然有机宝石，直接使用天然有机宝石基本名称，无需加“天然”二字，“天然珍珠”“天然海水珍珠”“天然淡水珍珠”除外。养殖珍珠可简称为“珍珠”，海水养殖珍珠可简称为“海水珍珠”，淡水养殖珍珠可简称为“淡水珍珠”。

不以产地修饰天然有机宝石名称，如“波罗的海琥珀”。

5. 合成宝石和人造宝石的定名规则

合成宝石必须在对应的珠宝玉石基本名称前加“合成”二字，人造宝石必须在材料名称前加“人造”二字。

6. 优化、处理的珠宝玉石定名规则

优化的珠宝玉石可直接使用珠宝玉石名称，可在相关质量文件中附注说明具体优化方法。处理的珠宝玉石在基本名称处注明处理方法，如扩散蓝宝石，或在名称后加括号注明处理方法，如蓝宝石（扩散）。

第六节 矿物的分类

目前已知的矿物种约有3000种。在矿物的分类体系中，矿物种是分类的基本单元。整个分类体系的级序依次为：大类—类—（亚类）—族—（亚族）—种—（亚种）。

以上分类体系、级序是公认的。但具体分类方案的根据或出发点，则因研究目的不同而异，有的根据化学成分，有的根据晶体化学，有的根据地球化学，有的根据成因，等等。这些分类方案，主要反映在族的划分上各具特色。

下面介绍一般通用的以晶体化学为基础的矿物分类方案。本分类方案首先根据晶体化学组成的基本类型，将矿物分为五个大类，即自然元素、硫化物及其类似化合物、卤化物、氧化物和氢氧化物、含氧盐。大类以下，根据阴离子（包括络阴离子）的种类分为类以及亚类。类和亚类以下，即为族及亚族。

矿物族的概念一般是指化学组成类似并且晶体结构类型相同的一组矿物。但是为了便于说明某些矿物种之间的联系，有时也把某些同质多象变体，或者化学成分上近似但结构类型有一定差异的一组矿物，划归同一个族。有时为便于讲述，还将族再分为亚族。

第三章 宝石的晶体光学性质

宝石颜色是由组成宝石的元素对不同波长的可见光选择性吸收形成的,光线射入宝石后还会产生折射、双折射和全反射作用,所以掌握宝石的晶体光学性质,对我们利用光学仪器进行宝石鉴定非常重要。例如,经常要用折射仪测定宝石的折射率,那么什么是宝石的折射率呢?对一些相似宝石而言,在很多情况下还要测定宝石的轴性,那么什么又是宝石的轴性呢?这些都涉及宝石的晶体光学性质。

第一节 自然光和偏振光

光是由无数个具有极小能量的微粒(称为光子或光量子)组成的电磁波,故为横波,即它的振动方向垂直于传播方向,这两个垂直方向上的运动耦合为一种正弦曲线式的传播轨迹。

根据光波振动的特点,把光分为自然光和偏振光。直接从光源发出的光一般都是自然光,如太阳光、灯光等。

自然光的特点是在垂直光波传播方向的平面内,沿各个方向都有等振幅的光振动,如图3-1(a)所示。

偏振光的特点是只在垂直其传播方向的某一特定方向上振动。偏振光传播方向与振动方向所组成的平面,称为振动面,如图3-1(b)所示。自然光经过光学处理,如折射、反射、双折射或选择性吸收作用后可以转变为偏振光。

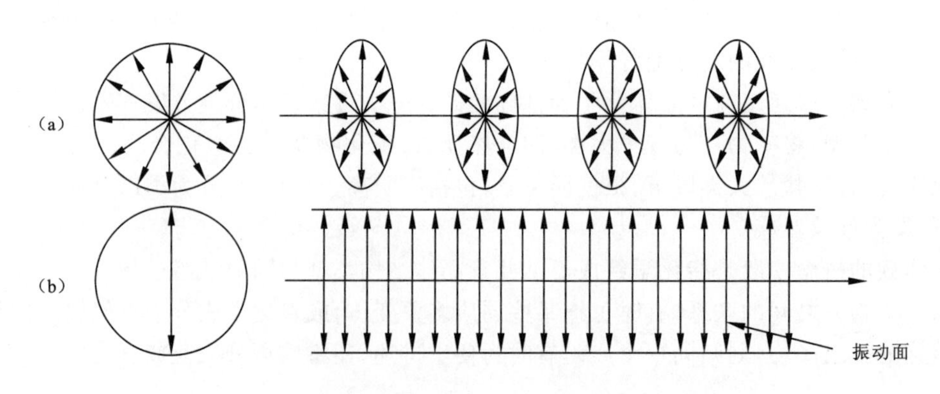

图3-1 自然光和偏振光

用偏振光鉴定宝石(矿物)是非常有效的手段之一。我们看的立体电影也是利用偏振光的原理放映的。

第二节　光的折射、全反射及双折射

光在同一均匀介质中是沿直线方向传播的。但是当光从一种介质入射到另一种介质时，会发生程度不等的反射作用和折射作用。例如，当光从空气入射到透明的石榴石晶体上时，一部分光线在晶体表面被反射回空气中，这就是石榴石的光泽；另一部分光线则透射穿过晶体，并在透射过程中发生了折射；还有一部分光线被晶体所吸收，因透明晶体的吸收性极小，可略去不计。再如把一根笔直的筷子斜着放入清水中，我们会发现这根筷子在水面位置折了一个弯；如果将筷子垂直水面插入水中，会发现水面下的一段筷子变短了，这些现象就是光的折射造成的。

一、折射定律

折射是指光穿过两个不同光相对密度的介质之间时（入射光线与分界面呈90°除外），其传播方向发生变化的现象。光相对密度是一种复杂的性质，表现为光的减速，即光相对密度越高，速度降低得越快。这种速度变化具有改变光传播方向的效应。当光从一种介质进入另一种介质时，便发生折射（图3-2）。折射光恒处于入射光与法线所组成的平面内，当光线从光疏介质进入光密介质时，光线是偏向法线折射的；当光线从光密介质进入光疏介质时，光线是偏离法线折射的。当光线从光疏介质进入光密介质时，折射角总是比入射角要小；当光线从光密介质进入光疏介质时，所产生的折射角总是比入射角要大。

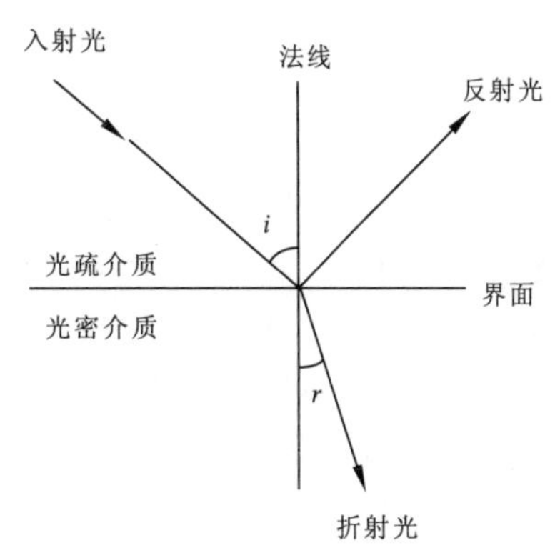

图3-2　光的反射与折射

折射定律表明：对给定的任何两种相接触的介质及给定波长的光来说，入射角正弦角与折射角正弦角之比为一常数，这个比值称为“折射率”，即

$$折射率\ N=\frac{\sin i}{\sin r}$$

N 叫作介质2对于介质1的相对折射率。如果入射介质（即介质1）为真空或空气（空气对于真空的相对折射率为1.000 29，我们常将空气当作真空看待），N 就是介质2的绝对折射率，简称折射率。通常所说的折射率，指的就是物质的绝对折射率。折射率是鉴定宝石（矿物）的重要光学常数。折射率还等于光在两种介质中的速度之比，即

$$N=\frac{V_1}{V_2}$$

该式子也可表述为：折射率是光在空气中的传播速度除以光在光密介质中的传播速度。

相互接触的两种介质的光相对密度差异越大，折射线将越偏向或偏离法线。入射角的正弦角与折射角的正弦角之间的关系，对于任何两种相互接触的给定介质来说是固定的比值，正是这个固定的比值给我们提供了测定折射率的依据。而测定折射率是宝石鉴定中所采用的主要方法之一。

例如,一条光线从空气进入尖晶石中(折射率为 1.72)所产生的折射线,比光线进入萤石(折射率为 1.43)所产生的折射线更偏向法线,因为尖晶石的折射率比萤石高。

如果两种介质的光相对密度严格相等,那么也就不会发生折射。因为光的传播速度未发生变化。

光在其他介质中的传播速度,总是小于在真空中的传播速度,因此,介质的折射率总是大于 1。由此可见,某物质的折射率越大,光在该物质中的传播速度就越小;反之,折射率越小,速度就越大。在鉴定非均质体宝石(矿物)时所讲的快光与慢光,就是这个意思。

二、全内反射

光从一种介质入射到另一种介质时,一部分光线被反射,一部分光线被折射。对于折射光来说,当光从光疏介质进入光密介质时,折射光折向法线,入射角 i 大于折射角 r;当光从光密介质进入光疏介质时,折射光折离法线,入射角 i 小于折射角 r。

现在来看光从光密介质进入光疏介质时的情况。由折射定律知道,$\frac{\sin i}{\sin r}$对于给定的两种介质来说是一个常数,所以随入射角 i 的逐渐增大,折射角 r 也在逐渐增大。当折射角 $r=90°$ 时,光便不能进入光疏介质,而是沿两种介质的界面射出。使折射角 $r=90°$时的入射角 i 称为临界角(临界角以 φ 表示)。应当指出的是,折射角 $r=90°$时,似乎还存在与界面平行的折射光,但实际上此时折射光的强度等于零。临界角 φ 随两种介质的相对折射率不同而不同。如果让入射角 i 继续增大(大于临界角),入射光便全部被反射回光密介质中去,这种现象称为全内反射,如图 3-3 所示。

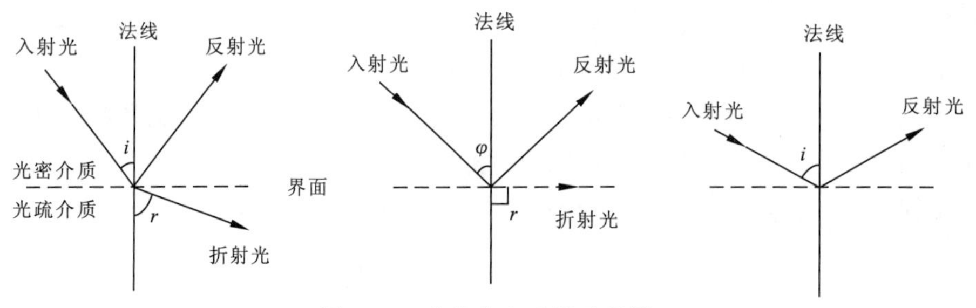

图 3-3　光的全内反射示意图

所有宝石折射仪的工作原理均建立在全内反射原理的基础上,在折射仪的设计中,光相对密度较小的介质必须是宝石,而光相对密度较大的介质必定是折射仪中的玻璃棱镜。为了能在折射仪中产生读数,宝石的折射率既要低于折射仪的棱镜,也要低于接触液。关于折射仪的有关理论将在后面的章节中详细介绍。

三、双折射

根据光学性质不同,可以把固体物质分为光性均质体和光性非均质体。光在均质体矿物中传播时,其传播速度不随光波的传播方向和振动方向的改变而改变,即光在均质体矿物中总是以一个固定的速度传播,因此均质体矿物在三维空间任何方向上都具有相同的折射率。

在自然界中,绝大多数宝石(矿物)属于非均质体,当自然光或偏振光射入非均质体后,一般都将产生双折射现象。这种光学现象表现出两个基本特征：一是任意一束入射光进入非均质体矿物后分解成两束折射角不同(即传播速度不等)的折射光。根据两束光波的速度大小，它们分别称为慢光和快光，通常以折射率 Ng(慢光)和 Np(快光)表示($Ng > Np$)，两者之差值($Ng - Np$)称为双折射率。二是这两束折射光在晶体中不产生干涉条纹，所以它们一定是相互垂直的偏振光。如图 3-4 所示为一束自然光射入非均质体后光的分解情况。

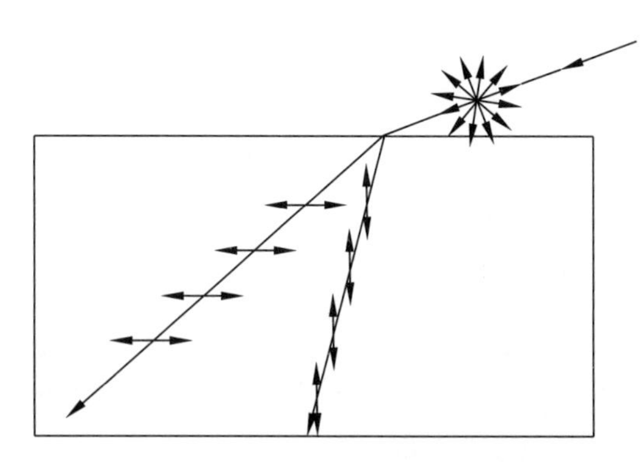

图 3-4 一束自然光射入非均质体后光的分解情况

当入射光线进入介质后，原子结构只允许在两个特定方向上振动的光线继续前进。这两条光线相互垂直，例如，一条光线只在“东—西”方向上振动，而另一条光线则只在“南—北”方向上振动。

传播速度较慢的光线，也就是通过介质折射率较大的光线；传播速度较快的光线，也就是通过介质折射率较小的光线。例如，石英有一个最大折射率和一个最小折射率，经测定，分别为 1.553 和 1.544。这两条光线均在一个特定的方向上振动，且两个方向相互垂直。慢光和快光两者之间的差值为 $Ng - Np = 1.553 - 1.544 = 0.009$。这个差值即为石英的双折射率。

第三节 光性均质体与光性非均质体

根据宝石(矿物)的光学性质，可以把它们分为两大类，即光性均质体宝石(简称均质体)和光性非均质体宝石(简称非均质体)。高级晶族(等轴晶系)的宝石(矿物)光学性质各方向相同，称为均质矿物，如石榴石、萤石等。中级晶族和低级晶族的宝石(矿物)光学性质随方向而异，称为非均质矿物，如石英、橄榄石等。

1. 均质体

各向同性。光进入均质体中，基本不改变入射光的振动特点和振动方向。自然光入射，基本上仍为自然光；偏振光入射，仍为偏振光，且振动方向基本不改变。在均质体中，折射光的传播速度及相应的折射率不因光的振动方向不同而改变。因此，均质体只有一个折射率(也称为单折射)。

2. 非均质体

各向异性。光进入非均质体中，除特殊方向(即光轴方向)外，都要发生双折射，分解成两种振动方向相互垂直、传播速度不同、相应折射率不等的偏振光。

自然光进入非均质体(如冰洲石)后,由于双折射作用可形成两种偏振光。同样,偏振光进入非均质体后,双折射作用也可使该偏振光分解成两种偏振光。

光在非均质体中传播时,其传播速度及相应折射率随光的振动方向不同而改变。所以,非均质体可测得许多个不同的折射率。应当特别指出的是,决定光速及相应折射率大小的是光的振动方向,不是传播方向。

在非均质体中有一个或两个特殊的方向,光沿此方向入射,不发生双折射,这个特殊方向称为光轴。中级晶族宝石有一个光轴,故为一轴晶。低级晶族宝石有两个光轴,故为二轴晶。

在一轴晶中,由双折射作用形成的两种偏振光,不管怎样改变入射光的方向,其中一种偏振光的振动方向,总是垂直于光轴与入射光所组成的平面。这个平面我们称它为入射面,由于光轴包含在平面内,因此该偏振光的振动方向必然也垂直于光轴。垂直光轴振动的光称为常光(以 *No* 表示),其折射率在各方向上均相等,是一个常数。另一种偏振光,其振动方向随入射光方向的改变而改变,但它总是平行入射面,我们称它为非常光(以 *Ne* 表示)。显然非常光的折射率是随入射光方向的改变而不同的。

二轴晶的双折射情况较复杂,双折射形成的两种偏振光,都是非常光(有 *Ng*、*Nm*、*Np* 三个主折射率)。

第四节 光率体

光率体是表示晶体中光波振动方向与折射率之间关系的一种光性指示体。它可以形象地显示任意振动方向上光波的折射率大小,由于不同种类的宝石具有不同形态的光率体,所以理解了光率体,也就理解了宝石晶体光学性质的基本内涵。

光率体的具体制作方法是:设想自晶体的中心起,沿光的振动方向,按比例截取相应的折射率,每一个振动方向都可以作出一个线段,把各个线段的端点连接起来,便构成了该晶体的光率体。在光率体中,线条的方向代表两束偏振光的振动方向,线条的长度代表两束偏振光的折射率。光率体是从晶体显示的具体光学性质抽象得出的立体图,它反映了各类晶体光学性质中最本质的特点,它的形状简单,应用方便,是解释一切晶体光学现象的基础。

由于各类晶体的光学性质不同,故所构成的光率体形状也不同,分述如下。

1. 均质体光率体

光在均质体中传播时,向任何方向振动,其折射率均相等,所以均质体的光率体是一个圆球体。

2. 一轴晶光率体

一轴晶光率体是一个旋转椭球体,而且有正、负光性之分,如图 3-5 所示。

在一轴晶宝石中,有 *Ne* 和 *No* 两个主折射率,*Ne* 是光率体的旋转轴,位于垂直方向,与晶体的 *c* 轴(即中级晶族中的高次对称轴 L^3、L^4 和 L^6)一致,也就是与晶体的光轴一致,*No* 位于水平方向。如果 *Ne* 大于 *No*(相当于圆球体在垂直方向拉长),称为正光性;如果 *Ne* 小于 *No*(相当于圆球体在垂直方向压扁),称为负光性。*Ne* 与 *No* 的差值为最大双折射率。

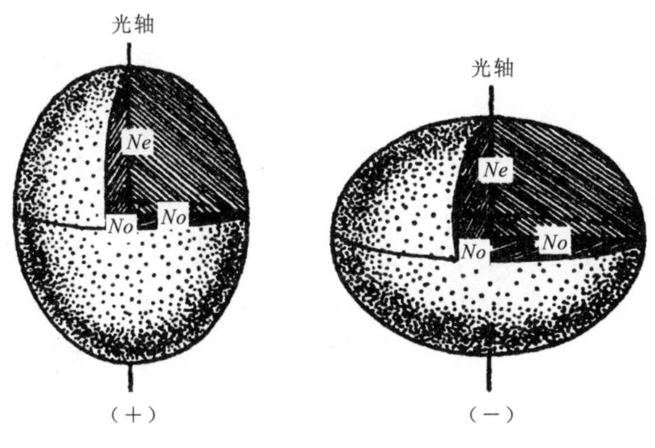

图 3-5　一轴晶光率体

一轴晶光率体有三种不同类型的切面。

(1)垂直光轴(即垂直 Ne)的圆切面,换句话说是入射光平行中级晶族的 c 轴射入时,得到的一个长短半径相等的圆切面,无论光波在晶体中的振动方向如何,其半径方向恒为 No,光垂直这种切面入射,不发生双折射。

(2)平行光轴(即平行 Ne)的椭圆切面,即入射光垂直中级晶族的 c 轴射入时,得到的一个以 Ne 和 No 为长、短半径的椭圆切面(如果是负光性,则长半径为 No,短半径为 Ne)。这种切面上包含了两个主折射率 Ne 和 No,因此也叫主切面,一轴晶主切面上的双折射率都是最大双折射率。每种宝石(矿物)的最大双折射率都是固定的,故它是一个重要的光性鉴定参数。

(3)以任意角度斜交光轴的椭圆切面,也是最常碰到的一种切面,其长半径为 Ne',短半径为 No(如果是负光性,长半径为 No,短半径为 Ne')。Ne'的大小在 Ne 与 No 之间变化,可见这种切面上的双折射率,不是最大双折射率。

3. 二轴晶光率体

二轴晶光率体是一个三轴椭球体,三根轴相互垂直,但不等长,分别以 Ng、Nm、Np 来表示最大、中间和最小的折射率(图 3-6),无论正、负光性,均为 $Ng>Nm>Np$。

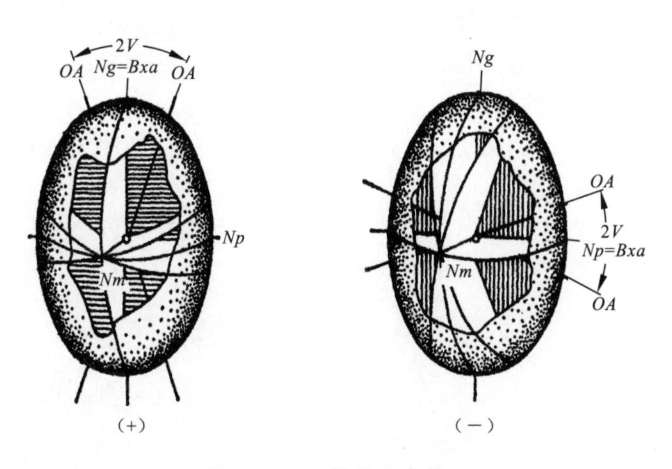

图 3-6　二轴晶光率体

每包含两个主折射率的切面,称为主切面。二轴晶光率体中有三个主切面,即 *NgNm* 面、*NgNp* 面和 *NmNp* 面,这三个面都是椭圆切面,而且相互垂直。由于 *Nm* 的大小介于 *Ng* 和 *Np* 之间,因此,在 *NgNp* 面上 *Ng* 或 *Np* 的两侧。从几何图上,总可以找到两个与 *Nm* 大小相等的线段(也是实际存在的折射率),它们分别与 *Nm* 构成两个圆切面。当光垂直圆切面入射时,都不发生双折射。所以,两个圆切面的垂线方向为光轴(以 *OA* 表示)。

包含两个光轴的面称为光轴面,实际上,光轴面就是 *NgNp* 主切面。

两个光轴之间的夹角称为光轴角,其锐角以 $2V$ 表示($2V=0$ 时,即为一轴晶),锐角等分线以 *Bxa* 表示,钝角等分线以 *Bxo* 表示。二轴晶光性的正负,就是根据 *Bxa* 是 *Ng* 还是 *Np* 来确定的:

$$Bxa=Ng \qquad Bxo=Np \quad \text{正光性}$$

$$Bxa=Np \qquad Bxo=Ng \quad \text{负光性}$$

Bxa 究竟是 *Ng* 还是 *Np*,取决于 *Ng*、*Nm*、*Np* 三个主折射率的相对大小。如果 *Ng* 与 *Nm* 的差值大于 *Nm* 与 *Np* 的差值,说明 *Nm* 值接近 *Np* 值,则光率体圆切面靠近 *Np*,相应地,光轴就靠近 *Ng*,因此,*Ng* 必为锐角等分线 *Bxa*,晶体属正光性。反之,*Ng* 与 *Nm* 的差值小于 *Nm* 与 *Np* 的差值,说明 *Nm* 值接近 *Ng* 值,则光率体圆切面靠近 *Ng*,相应地,光轴就靠近 *Np*,所以,*Np* 必为锐角等分线 *Bxa*,晶体属负光性。

在二轴晶光率体中,有四种不同类型的切面。

(1)垂直光轴的切面。该切面为圆切面,半径为 *Nm*,在二轴晶光率体中有两个圆切面,垂直这两个圆切面传播的光不发生双折射现象。

(2)包含两个主轴的切面。光分别平行 *Ng*、*Nm*、*Np* 入射时,可得到含两个主轴的椭圆切面(*NgNp*、*NgNm*、*NmNp* 椭圆切面),在 *NgNp* 切面上具有最大双折射率。

(3)只包含一个主轴切面。光仅垂直一个主轴入射,这类切面共有四个,分别为 $NgNp'$、$Ng'Nm$、$NmNp'$、$NgNp'$ 椭圆切面。Ng' 和 Np' 与三个主折射率的相对大小依次为:$Ng>Ng'>Nm>Np'>Np$。

(4)任意切面。不包含主轴的切面,光线以任意角度射入,与三个主折射率斜交得到 $Ng'Np'$ 椭圆切面。宝石折射仪上所测到的折射率,绝大多数都是任意切面上的折射率。

无论是一轴晶的宝石(矿物),还是二轴晶的宝石(矿物),光沿着各种方向射入晶体时,在其光率体中都有一个相应的椭圆切面,其长、短半径的位置代表两束偏振光的振动方向,其长、短半径的长度代表两束偏光的折射率。

折射率的测定、双折射率的测定、一轴晶或二轴晶的测定、光性正负的测定等,这些晶体光学参数是鉴定宝石的重要依据。

本章仅对宝石的晶体光学基本性质作简要介绍,涉及偏振光、正交偏光系统和聚敛偏光系统下宝石的晶体光学性质,将在后面的有关章节中介绍。

第四章　宝石的物理性质

宝石的物理性质是鉴定宝石品种的重要依据，它包括力学性质、光学性质以及电学、磁学、热学等性质。

第一节　宝石的力学性质

宝石的力学性质是指宝石在外力（如刻划、敲打、挤压和拉伸等）作用下所呈现的特性。

一、解理、裂理和断口

解理、裂理和断口是宝石在外力作用下发生破裂的性质，其特征与宝石内部结构有关，它们可以作为宝石鉴定和加工的参考因素。

1. 解理

解理是指宝石晶体在外力作用下，沿一定的结晶学方向裂开成光滑平面的性质，这些裂开的平面称为解理面。

解理的形成是由于晶体具有异向性，在不同的结晶方位上化学键力存在差异，解理往往是沿面网化学键力最弱的方向产生。解理面一般平行于面网相对密度最大的方向，因为沿解理面平行方向的原子或离子的堆积比垂直该方向更紧密，所以其结合力更强，其面网间距相对较大，引力较小，故解理易沿此方向产生。如金刚石的{111}完全解理。

解理与晶体内部结构有关，是晶体固有的属性。解理面平行于理想晶面方向（包括那些在特定的样品中可能未出现的晶面）。如金刚石平行八面体晶面解理，黄玉平行底面解理。

在宝石学中，根据解理形成的难易程度及解理面发育特点，将解理划分为四级，即极完全解理、完全解理、中等解理、不完全解理（表 4－1）。

一种宝石可以有一种级别的解理，也可以有两种级别的解理；可以有一个方向的解理，也可以有多个方向的解理。例如蓝晶石有一组完全解理、一组中等解理。

表 4－1　解理分级表

解理级别	难易程度	解理面特点	实例
极完全解理	极易裂成薄片	光滑平整的薄片	云母、石墨
完全解理	较易裂成平面或小块，断口难出现	光滑平整闪光的平面，可呈阶梯状	金刚石、黄玉、萤石、方解石、辉石
中等解理	可以裂成平面，断口较易出现	较平整的平面，不太连续，欠光滑	榍石、蓝晶石、红柱石、金绿宝石、正长石
不完全解理	不易裂成平面，出现许多断口	不平整，不连续，带有油脂感	金绿宝石、祖母绿、磷灰石、锡石、橄榄石

解理在宝石学中有着广泛应用。

(1)在宝石加工中,切磨刻面时,应避免刻面与解理面方向平行,不然会出现粗糙不平的抛光面,至少应使刻面与解理面的夹角大于5°。

(2)在宝石加工中,可利用解理面劈开宝石或去掉原石中有瑕疵的部分。例如在钻石加工中沿八面体解理方向劈开金刚石。

(3)掌握宝石的解理特征,有助于宝石的鉴定。如钻石腰棱处保留的解理痕迹(须状腰棱)有助于区别仿钻制品;翡翠解理面的闪光——翠性,为翡翠的鉴定依据之一。

(4)对于解理发育的宝石,在受到外力作用时,极易破裂,所以应特别注意维护,避免碰撞和刻划。

2.裂理

裂理(也称裂开)是指晶体宝石在外力作用下沿一定的结晶学方向裂开的性质。其平面称为裂理面。

裂理和解理在现象上极为相似,但裂理是晶体非固有的,是其他原因引起的定向破裂,对同种晶体可能出现也可能不出现。另外,裂理的存在可以不服从宝石本身的对称性。

裂理产生的原因主要是沿晶体结构中一定方向分布有其他物质的夹层或是具有机械双晶。裂开面的平整光滑程度不如解理面。例如刚玉平行菱面体的聚片双晶,故常沿菱面体发育裂理,其另一组常见裂理发育于与底面平行的方向。

3.断口

宝石在外力作用下发生随机的无一定方向的不规则的破裂称为断口。常见有以下几种断口。

(1)贝壳状断口:断口呈圆形的光滑曲面,其面上常出现不规则的同心条纹,形似贝壳状,如玻璃、水晶、锆石和黑曜岩的断口。

(2)锯齿状断口:断口表面粗糙不平,常出现于一些粒状结构的岩石中,如软玉、翡翠、石英岩等玉石的断口。

(3)土状断口:为似土状矿物所具有的粗糙断口,如绿松石和高岭石等。

断口和解理是互为消长的,即解理越发育,断口越不发育,反之亦然。任何晶体和非晶体宝石都可以产生断口,但容易产生断口的宝石其断口常具有一定的形态,因此有些情况下,断口也可作为鉴定宝石的辅助特征。例如鉴定料器(玻璃)与玉器时可通过断口形态判断,料器具贝壳状断口,玉器具不平坦的锯齿状断口。

二、硬度

硬度测试有两种标准:绝对硬度和相对硬度。

绝对硬度是利用显微压入法求得的,即用若干种压痕器在标准压力下测算物质表面凹陷直径。用金刚石制成的正方形锥体(Vicker压锥)测出的硬度称维氏硬度,用菱形锥体(Knoop压锥)测出的硬度称诺普硬度。在矿物学研究中,一般测定矿物的维氏硬度或诺普硬度。

相对硬度是矿物学家用矿物对刻划和摩擦的抵抗力来评定的。对宝石鉴定有意义的是相对硬度,常用的是摩氏硬度。德国矿物学家弗瑞里奇·摩斯(Friedrich Mohs)在1822年提出了一种实用的分类表,他将10种能获得高纯度的常见矿物按彼此间抵抗刻划能力的大小依次排列，即是常用的硬度计，其定性级别见表 4-2。

在利用硬度计测定宝石的相对硬度时，还可以借助一些常见物质的相对硬度加以补充。如以下为常用物质的相对硬度：指甲为 2.5；铜针为 3；窗玻璃为 5～5.5；刀片为 5.5～6；钢锉为 6.5～7。

表 4-2　硬度对照表

矿物名称	化学成分	摩氏硬度
滑石	$Mg_3[Si_4O_{10}](OH)_2$	1
石膏	$Ca[SO_4]\cdot 2H_2O$	2
方解石	$Ca[CO_3]$	3
萤石	CaF_2	4
磷灰石	$Ca_5[PO_4]_3(F,Cl,OH)$	5
正长石	$K[AlSi_3O_8]$	6
石英	SiO_2	7
黄玉	$Al_2[SiO_4](F,OH)_2$	8
刚玉	Al_2O_3	9
金刚石	C	10

特别提示：

(1)硬度计仅仅是表示一个相对硬度大小的顺序，各级之间硬度的差异不是均等的。由表 4-2 和图 4-1 可以看出，刚玉和金刚石的硬度差异远远大于刚玉和滑石间硬度差异的总和。

(2)矿物晶体的硬度大小可随方向而变化。如蓝晶石在平行柱面延长方向上的硬度为 4.5～5，而在垂直柱面延长方向上的硬度为 6.7。金刚石是已知最硬的天然矿物，但它在八面体方向的硬度大于立方体和菱面体的硬度，金刚石粉末的方向是随机的，总会有一些“最硬”的

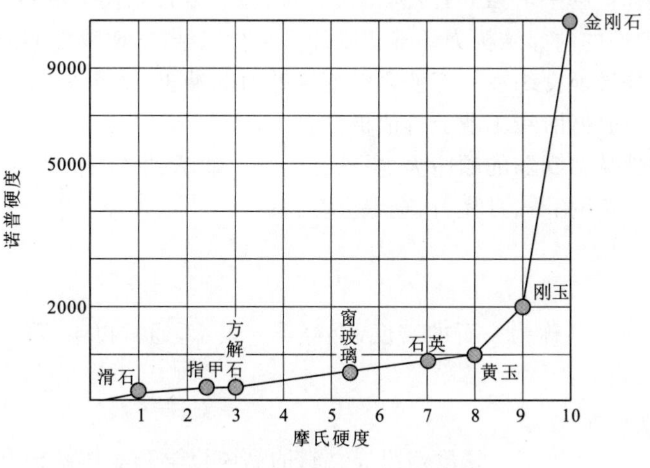

图 4-1　实际硬度差异示意图

方向朝向“较软”的方向,正是由于这种原因,才使得用金刚石抛光粉来抛磨钻石戒面成为现实。

(3)对于软玉、翡翠、青金石等由矿物集合体组成的宝石材料,所使用磨料的硬度须高于宝石材料中最硬矿物的硬度,否则在这些材料表面易出现高低不平的小坑或凸起(橘皮现象)。

(4)宝石材料的硬度通常是6～10级,由于灰尘中主要成分是石英(硬度为7),所以珍贵宝石的硬度一般应在7级以上。硬度小于7的宝石抛光面易变“毛”,就是由于灰尘的经常磨蚀所引起的。例如玻璃仿制品的表面经常出现变“毛”现象,这往往是某些镶石首饰的肉眼鉴定特征之一。

(5)硬度是重要的物理常数和鉴定标志,但在宝石成品鉴定中很少使用,因为硬度测试会在宝石上留下痕迹,而且一些宝石性脆或解理发育,在刻划时可能产生裂纹而破坏宝石。在不得不用硬度笔对宝石进行测试时,应遵循先软后硬的顺序并选择较隐蔽处,以避免在宝石表面留下刻划的痕迹。

例如一枚待测刻面红宝石戒面,先选择低级别硬度笔(如方解石,摩氏硬度为3),对其亭部小刻面进行刻划,力度要适中,然后观察戒面,如果戒面上无划痕而是留下了粉末,这说明戒面硬度大于硬度笔的硬度,然后逐级测试(如刚玉,摩氏硬度为9),当硬度笔在戒面上刻划打滑时,这说明二者的硬度相当,再观察戒面既无划痕又无粉末,此时可以确定该红宝石的相对硬度级别了。

三、韧性和脆性

韧性是指宝石抵抗破碎的能力,宝石很难破碎的性质称为韧性,宝石易破碎的性质称为脆性。

硬度大的宝石不一定是韧性强的宝石,例如钻石,尽管它的绝对硬度很大,但当被铁棒敲击时极易破碎,这并不是因为它比铁软,而是它比铁脆,这说明钻石是硬而脆的。锆石是脆性大的最典型的例子,锆石的硬度为6.5～7.5,但它与较软的物质相触,便会发生磨损,甚至用一张宝石包装纸将锆石松散地包装,其刻面棱也会遭受破损,这种现象称为“纸蚀”。因此,锆石应分开包在绵纸内保存。

玉雕材料是已知矿物中最强韧者,例如软玉和翡翠,尽管它们的硬度不太高,但它们最不易破损,这是由于它们的内部结构为纤维状或纤柱状交织结构,矿物之间的结合方式决定了它们的韧性程度。矿物微晶交织在一起使之能抵抗外力的冲击,如黑金刚石是黑色微晶金刚石的集合体,有着极强的韧性,在工业上价值极高。

常见宝玉石韧性从强到弱的顺序为:黑钻石、软玉、翡翠、红宝石、蓝宝石、钻石、水晶、海蓝宝石、橄榄石、祖母绿、托帕石、月光石、金绿宝石、萤石。

四、密度

宝石单位体积的质量称为宝石的密度,用符号ρ表示,通常以宝石的质量m与其体积V的比值来度量,定义式为:

$$\rho=m/V$$

密度的计量单位为g/cm^3。密度与组成材料的晶体化学和晶体结构有关。晶体结构与其形成过程的物理化学环境有关。如金刚石和石墨同为碳元素组成,但二者结晶的环境不同,导致晶体结构不同，所以密度相差很大，石墨的密度为 2.09～2.23g/cm^3，而金刚石的密度则为 3.47～3.56g/cm^3。

由于密度的测定和计算十分复杂，在宝石学中并不测量宝石的密度，而是测量其相对密度。宝石的密度值与相对密度值十分接近，宝石学中通常以测定相对密度的方法来确定密度值。宝石的相对密度值为宝石在空气中的质量与同体积水在 4℃时的质量之比。在 4℃时 1cm^3 的水的质量几乎精确为 1g。相对密度没有单位。由于相对密度容易测定，而其值与密度值十分接近，二者换算系数仅为 0.000 1，完全可以把相对密度值作为密度的近似值。相对密度的测量方法有多种，宝石学中常用静水力学法，其计算公式为：

$$\text{相对密度}(d)=\frac{\text{宝石在空气中的质量}}{\text{宝石在空气中的质量}-\text{宝石在 4℃水中的质量}}$$

相对密度是宝石的重要物理参数之一，它对于宝石的鉴定和分选都具有重要的意义。如钻石的相对密度为 3.52，常见的钻石仿制品——合成立方氧化锆的相对密度为 5.6～6，熟练者用手掂量即可区别它们。一些塑料仿宝石制品由于“很轻”，可以很容易地与所仿的天然宝石相区别。选矿中可利用相对密度的差异，采用重力分选法将各种宝石分选出来。

相对密度还受形成时环境的影响，例如同种宝石由于成矿类型不同，产地不同，其所含的杂质元素也不同，因此它有一定的变化范围。另外，类质同象的替代和包裹体、裂隙的存在均会影响宝石的相对密度。相对密度的测试方法还有静水称重法、重液法等，将在宝石测试仪器的有关章节中介绍。

第二节　宝石的光学性质

一、颜色

1. 颜色的定义

颜色是光源在眼睛的视网膜上形成的讯号刺激大脑皮层产生的反应，这种生理的反应就是颜色的感觉。可见光经物体选择性吸收后，其剩余光波混合产生的颜色，即为该物体的颜色。

对于不同波长的光，人眼能感受到不同的颜色，从长波一端向短波一端的顺序依次为：红色（700nm）、橙色（630nm）、黄色（580nm）、绿色（550nm）、蓝色（490nm）、紫色（440nm），两个相邻颜色之间可有一系列过渡色。颜色与波长的对应关系并非完全固定。除波长为 572nm（黄）、503nm（绿）和 478nm（蓝）三点外，其余颜色将随光的强度改变而稍向红色或蓝色方向偏移。如在光强度增加的条件下，原本波长为 525nm 的绿色看上去微具蓝色。

人眼对可见光光谱具有敏锐的分辨能力。在波长 540nm 附近可见光光谱两端，具有最高的分辨能力，波长改变 1nm 便可分辨出颜色的差异；在多数部位需改变 1～2nm 才能分辨出颜色的变化。正常视觉可分辨出 100 多种颜色。

2. 宝石的颜色及其特征

宝石的颜色是宝石对可见光相互作用的结果。宝石对不同波长的可见光选择性吸收后，会呈现出不同的颜色，即剩余光中各色光的混合色。剩余光中所占比例最大的波段决定了宝石的主要色调,次要波段决定了宝石的辅色调。以红宝石为例,当白光入射红宝石时,大部分波段的光被吸收,只有 680～700nm 和 480nm 左右的两个波段的光透过,680～700nm 波段的光透过决定了红宝石的主要色调为红色,480nm 波段的光透过意味着蓝色光与红色光相混合,使红宝石呈紫红色,即红中略带蓝色调。

(1)宝石的颜色可分为彩色系和非彩色系两类。

①彩色系。指宝石呈现出太阳光谱中各单色光及其复合色光的颜色。彩色除了有明度差异,还有色调和色品的差异。绝大部分宝石属彩色系列。

②非彩色系。指白色、黑色及它们之间过渡的灰色系列,称为黑白系列。纯白色反射率为100%,纯黑色为 0。当宝石对可见光的所有波段的反射率达 80%以上时呈白色,吸收率达80%以上时呈黑色,介于两者之间呈灰色。这样的宝石品种有无色钻石、无色水晶、黑玛瑙等。

(2)色度学中用色调、明度和饱和度三要素来表明颜色特征。

①色调也称色质,是指一种色彩能描述为红、绿或蓝色的属性。彩色宝石的色调取决于光源的光谱组成和宝石对光的选择性吸收。例如:变石在自然光下呈绿色,在白炽灯或烛光下呈暗红色。

②明度也称亮度,指色彩的明亮程度。宝石明度取决于宝石对光的反射或透射能力。在可见光中,黄绿色光的明度远大于红色光或紫色光的明度。

③饱和度是指色彩的纯净程度。彩色宝石的饱和度取决于宝石对可见光光谱宽窄范围的吸收程度。当宝石仅对窄波段的光反射或透过时,该宝石的饱和度就越高,颜色就越鲜艳。如红宝石,缅甸红宝石的"鸽血红"对可见光大部分吸收,仅允许近 700nm 处的红光透过,宝石具较高的饱和度,呈鲜艳的红色;而泰国红宝石除红色光透过外,另有橙色、黄色区域的光透过,产生棕红色,饱和度明显下降,鲜艳度也明显不如缅甸红宝石。

3. 宝石颜色的成因

宝石颜色的成因有传统的和近代的两种解释。传统宝石学基于化学成分和外部构造特点将宝石颜色分为以下几类:

(1)自色宝石。由化学成分中的主要元素所致色的宝石。如绿松石、孔雀石、橄榄石、铁铝榴石等。

(2)他色宝石。由化学成分中的微量元素致色的宝石。如刚玉,其化学成分主要是 Al_2O_3,纯净时无色,含微量元素铬(Cr)时呈红色,称为红宝石;当含微量元素铁(Fe)和钛(Ti)时呈蓝色,称为蓝宝石。

(3)假色宝石。这类宝石的颜色与宝石的化学成分和晶体结构没有直接关系,而与光的物理作用有关。由于宝石内存在一些细小的平行排列的包裹体、平行解理等,对光有反射、折射、干涉、衍射及漫反射等作用而产生不同的颜色。如欧泊、光谱石(拉长石)、月光石等。这将在宝石的特殊光学效应中详述。

近代宝石颜色成因理论从材料的晶体场理论、分子轨道理论和能带理论等角度去揭示宝石颜色成因的本质。它又从电子跃迁、结构缺陷、元素离子间电子跃迁、电荷转换和能带间的电子转移等方面进行阐述。如粉红色钻石是由于 II_a 型钻石经辐射后产生晶格缺陷而形成的颜色。这方面的理论可参考有关文献。

4. 致色元素

宝石中能引起对光的选择性吸收的元素称为致色元素。它们是元素周期表中的八种过渡元素：钛、钒、铬、锰、铜、铁、钴、镍(表 4－3)。这些元素的电子结构与可见光中特定频率的电磁波振动相协调，当光线穿过宝石时吸收其能量，产生吸收带，因而残余光中出现了颜色，如致色元素铬(Cr)，由于它的加入，才使得无色刚玉成为知名的红宝石，无色绿柱石成为漂亮的祖母绿等。

表 4－3　宝石致色元素及实例

致色元素	符号	颜色	实例
钛	Ti	蓝	蓝锥矿、蓝宝石
钒	V	绿	祖母绿(南非)、钒钙铝榴石、水钙铝榴石
		蓝	坦桑石
		紫	合成变色蓝宝石
铬	Cr	绿	祖母绿、变石、绿玉髓、铬透辉石、含铬绿色碧玺、翡翠、翠榴石、翠铬铝榴石
		红	红宝石、红色尖晶石、粉色托帕石
锰	Mn	粉	芙蓉石、粉色碧玺、菱锰矿、蔷薇辉石
		橙	锰铝榴石、紫锂辉石
铜	Cu	蓝或绿	蓝铜矿、孔雀石、绿松石、透视石
铁	Fe	蓝	蓝宝石、蓝色尖晶石、蓝色碧玺、海蓝宝石
		绿	绿色蓝宝石、绿色尖晶石、绿色碧玺、橄榄石、软玉
		黄	黄晶、绿柱石、金绿宝石、黄色蓝宝石
		红	铁铝-镁铝榴石
钴	Co	蓝	合成蓝色尖晶石、蓝色玻璃
		粉	粉色方解石、粉色菱镁矿(与 Mg 一同致色)
镍	Ni	绿	合成黄绿色蓝宝石、绿色玉髓
		黄	合成黄色蓝宝石
		橙	合成橙色蓝宝石

二、透明度

透明度是指宝石材料透过可见光的程度，可分为五类：

(1)透明：能使绝大部分光透过该材料，底像显示清楚且分明，例如水晶。

(2)亚透明：相当多的光线能透过材料，底像显示不十分清楚，但能看见。例如贵重的月光石。

(3)半透明：能使部分光线透过宝石材料，但看不清底像。例如金绿宝石中的猫眼品种。

(4)微透明：能使少量光线透过宝石材料。例如黑曜岩和天河石。

(5)不透明：基本上不能使光线透过宝石材料，光被全部吸收或反射。例如黑玉髓和绿松石。

宝石的透明度与厚度有关，此外宝石的颜色、颗粒结合方式、裂隙也会影响其透明度。

三、折射率和双折射率

在第三章中已经介绍了折射率和双折射率的基本概念，就是说光在空气(或真空)中与在宝石中传播速度的比值为折射率，即

折射率(RI)＝光在空气中的速度/光在宝石中的速度

例如金刚石的折射率为 2.417，也就是说光在空气中的传播速度为在金刚石中的 2.417 倍。

只有一个光轴的非均质体宝石称为一轴晶宝石。它有两个主折射率(Ne、No)，它们的差值即为双折射率。它包括三方晶系、四方晶系、六方晶系的宝石。

具有两个光轴的非均质体宝石称为二轴晶宝石。它包括斜方晶系、单斜晶系、三斜晶系的宝石。二轴晶宝石有三个主折射率(Ng、Nm、Np)，其中最大值 Ng 与最小值 Np 的差值即为双折射率。

折射率和双折射率是宝石鉴定中具有重要意义的参数。

四、光泽

1.光泽的定义

宝石的光泽是指宝石表面反射光的能力和特征。

宝石的光泽主要是其成分、结构与可见光相互作用的一种反应。一般来说，折射率、反射比越大，则宝石的光泽越强。其次，宝石的矿物集合体结合方式，如颗粒大小、形状、排列方式等也会影响宝石的光泽。以石英岩玉和虎睛石为例，两者化学成分同为二氧化硅(SiO_2)，前者为粒状石英集合体，后者由石英交代的钠闪石、石棉的假晶组成。前者具玻璃光泽，而后者由于假晶的定向排列而具丝绢光泽。另外光泽还与宝石表面的抛光程度有关，如一粒刻面宝石抛光质量上乘，其表面可达到很好的镜面反射，因而看上去有较强的光泽。反之，表面凹凸不平、抛光粗糙，则会引起光的漫反射，因而表现出较弱的光泽。

2.光泽的分类

在宝石学中，按光泽的强弱可分为以下几个等级：

(1)金属光泽。金属表面所呈现的很强的光泽，它使大部分入射光发生了镜面反射。如自然金、自然银及抛光后的黄铁矿等。

(2)金刚光泽。金刚石光滑表面约 30%的光呈镜面反射，这种反射效应称为金刚光泽。这是透明宝石所显示的最强光泽。如金刚石。

(3)亚金刚光泽。宝石具有高折射率，表面形成接近于金刚光泽类型的反光。如锆石、钙铁榴石等。

(4)玻璃光泽。宝石表面仅有小部分光(小于 30%)作镜面反射。这类宝石具有中等折射

率，大多数透明宝石属于此类。如红宝石、祖母绿、尖晶石等。

由集合体或表面特征引起的特殊光泽可分为以下几种类型：

(1)油脂光泽。由于非常细微的粗糙表面使光线产生漫反射的结果，常出现在具玻璃光泽、金刚光泽宝石的不平坦断面上和部分集合体表面上。如石英岩玉的断口、软玉等。

(2)蜡状光泽。由隐晶质或细微颗粒显示的光线产生漫反射的结果，比油脂光泽更弱。如玉髓、绿松石、某些岫玉等。

(3)树脂光泽。类似于松香等树脂表面所呈现的光泽。如琥珀。

(4)丝绢光泽。由纤维状集合体所产生的如丝织品般的光泽。如木变石、孔雀石。

(5)珍珠光泽。在珍珠或解理发育的浅色透明宝石表面所见到的柔和多彩的光泽，它是由许多细微的平行面对光的反射和干涉形成的。如珍珠。

3. 光泽在宝石鉴定中的应用

在对宝石的肉眼鉴定中，光泽能够提供一些重要信息。凭借光泽特征可对不同宝石进行初步鉴定。如一包混有天然无色的钻石、刚玉、水晶、尖晶石等的宝石中，可凭钻石具有的金刚光泽将其选出。另外在石英岩玉、软玉和岫玉的抛光手镯中，有经验者可根据其光泽特征将三者分开：石英岩玉呈玻璃光泽，软玉呈油脂光泽，岫玉呈蜡状光泽。

观察断口光泽特征，又可区分玉髓、软玉(油脂光泽)和绿柱石等单晶宝石(玻璃光泽)。

若同一颗宝石的上下部分有光泽差异，至少应引起注意，判断是否为拼合石。

需指出的是，光泽和其他性质一样都不可作为绝对的鉴定依据，它只能为宝石鉴定提供一定的线索，必须依靠其他手段综合判断，才能对宝石种类作出准确鉴定。

五、色散

当白光穿过一种有两个斜面的透明介质时，由于不同波长的光传播速度不同，白光会被分解成由红、橙、黄、绿、青、蓝、紫等一系列组成色，这称为色散。如棱镜的分光作用就属此例。当白光照射到透明刻面宝石时，因色散而使宝石呈现光谱色闪烁的现象，称为火彩。

色散值是反映宝石材料色散强度(即火彩强弱)的物理量。宝石的色散值是可以测定的，分别测出宝石对红光(686.7nm)及紫光(430.8nm)两束单色光的折射率，两者之差即为其色散值。差值越大，色散强度越大(火彩越强)，反之越弱。

色散可以作为宝石肉眼鉴定的特征之一，尤其在无色和浅色的宝石鉴定中起到较重要的作用。在一堆无色透明的宝石中，如水晶、玻璃、托帕石、无色绿柱石、钻石等，可以根据钻石的高色散值(0.044)将钻石挑选出来。还可以根据不同的色散值，将钻石与锆石区分开来。

另外，色散在宝石中还起到一个非常重要的作用，那就是高色散值使宝石增添了无穷的魅力。无色的钻石之所以能成为宝石之王，很重要的原因之一便是在于它的高色散值。当自然光照射到角度合适的钻石刻面时，会分解出光谱色，在钻石表面显示出耀眼的火彩。彩色宝石的色散往往被自身颜色所掩盖，而表现得不十分明显，但是高色散值同样可以为彩色宝石增添光彩，如翠榴石，由于具有很高的色散值(0.057)，看上去艳丽动人。影响宝石火彩的因素还有体色、净度和切工比例等。

具有高色散值的宝石材料有：锰铝榴石(0.027)、人造钇铝榴石(0.028)、锆石(0.039)、钻石(0.044)、榍石(0.051)、翠榴石(0.057)、合成立方氧化锆(0.065)、人造钛酸锶(0.19)、合成金红石(0.28)等。

六、多色性

1. 定义

非均质体宝石的光学性质因方向而异,对光波的选择性吸收及吸收总强度随光波在晶体中的振动方向不同而发生改变。因此在二色镜或单偏光镜下转动彩色宝石时,可以发现某些非均质体彩色宝石的颜色及颜色的深浅会发生变化,这种由于光波在晶体中振动方向不同而使彩色宝石呈现不同颜色的现象称为多色性。

一轴晶彩色宝石可以有两种主要颜色,亦称二色性。它们分别与常光 *No*、非常光 *Ne* 的方向相当。例如,用二色镜观察山东蓝宝石,在垂直 *Z* 轴切面上观察时(观察方向平行 *Z* 轴),蓝宝石显深蓝色,转动宝石 360°,其颜色不发生变化,即 *No* 为深蓝色;在平行蓝宝石 *Z* 轴切面上观察时(观察方向垂直 *Z* 轴),目镜中可见到蓝绿色和深蓝色两种颜色,即 *No* 为深蓝色,*Ne* 为蓝绿色。

二轴晶彩色宝石可以有三种主要颜色,亦称三色性。它们分别与光率体 *Ng*、*Nm* 和 *Np* 相对应。在平行光轴面的切面中多色性最明显,它的两个颜色分别与 *Ng* 和 *Np* 相当;在垂直光轴的切面上只显示一种颜色,它与 *Nm* 相对应。如富镁的堇青石可有蓝紫色、黄绿色和蓝色三种颜色。

通常肉眼看到的颜色是两种或三种颜色的混合色。多色性的观察一般是用二色镜进行的,但对一些多色性很强的宝石用肉眼在不同方向观察亦可见到不同颜色的变化。

对于具有多色性的彩色宝石,多色性可以是不同颜色,也可以是同种颜色不同色调。宝石晶体的多色性明显程度与宝石性质有关,也与所观察的宝石的方向性有关,在平行光轴或平行光轴面的切面内,多色性表现最明显,垂直光轴的切面(即平行光轴方向观察)则不显多色性;其他方向的切面上的多色性明显程度介于上述两者之间。这点在观察时要特别注意。

2. 多色性的应用

多色性也为宝石鉴定提供了有用的依据,例如用二色镜观察,可见宝石的多色性,它必定是非均质体宝石;若可见三色性,它必然是二轴晶宝石;反之,不存在多色性不一定就是单折射宝石。

需要特别指出的是,只有非均质体、透明的彩色宝石才可能观察到多色性。多色性的强弱与双折射率大小无关。如锆石的双折射率较大(0.056),但多色性较弱或无;堇青石双折射率很小(0.008~0.012),多色性却显著。

多色性不仅对检测有色宝石有意义,而且对于某些宝石的正确加工、寻找最佳颜色切磨方向也很重要。例如,电气石是具明显多色性的宝石,在垂直柱面方向的吸收性强,因此垂直柱面方向的颜色深于平行柱面方向的颜色。当宝石的颜色较深时,可选择平行柱面的方向作为台面;而当宝石颜色较浅时,可选择垂直柱面方向作为台面。表 4 - 4 是一些具多色性宝石的实例。

七、特殊光学效应

1. 光的干涉、衍射、散射

宝石的特殊光学效应,除了与光的反射、折射作用有关外,还与光的干涉、衍射、散射有关。

表 4-4　具多色性宝石实例

宝石名称	光性	基本体色	多色性颜色
红宝石	一轴晶	红	红色/橙色
蓝宝石	一轴晶	蓝	蓝色/蓝绿色
祖母绿	一轴晶	绿	绿色/黄绿色
堇青石	二轴晶	蓝	紫蓝/淡蓝/黄褐色

光的干涉是指两束或两束以上的光在一定条件下叠加时，在交叠区的不同地点呈现稳定的互相加强或减弱的现象。由干涉作用形成的颜色称为干涉色。

光的衍射是指光波在遇到障碍物时，偏离直线方向传播的现象，也称为光的绕射。当产生一系列衍射时，它们之间由于频率相同而相位有差别，也会发生干涉而出现干涉色。单色光发生衍射时产生明暗相间的条纹，复色光发生衍射时产生彩色条纹。

光的散射是指由传播介质的不均匀性引起的光线向四面八方射去的现象。如光通过有悬浮微粒的液体时，能观察到侧光的现象就属此类。

2. 猫眼效应

在平行光线照射下，以弧面形切磨的某些宝石表面呈现出一条明亮光带，随着宝石或光源的摆动，光带在宝石表面也平行移动的现象，称为猫眼效应。猫眼效应多数是由宝石所含的密集平行排列的针状、管状或片状包裹体造成的，也有由结构特征、固溶体出溶或纤维状晶体平行排列而致的。产生猫眼效应的宝石必须具备下列条件：

(1)具有一组密集的定向排列的内含物。

(2)宝石切磨成弧面形，一般来讲，内含物排列方向平行于短轴方向，猫眼光带沿长轴方向(垂直于内含物方向)延伸。

(3)切磨宝石时，弧面形宝石的底平面与内含物平面平行。

(4)弧面形宝石的高度与内含物反射光焦点平面的高度一致。

能产生猫眼效应的宝石有很多，其中最著名的宝石是金绿宝石猫眼、电气石猫眼、磷灰石猫眼、石英猫眼、透辉石猫眼等。

3. 星光效应

在点光源照射下，以弧面形切磨的某些宝石表面呈现出一组放射状闪动的亮线，形如夜空中闪烁的星星，称为星光效应。星光效应常呈四射星光或六射星光，偶尔可见十二射星光(经热处理的山东蓝宝石中常见)。

产生星光效应的宝石必须具备下列条件：

(1)宝石必须具有两个或两个以上方向的密集排列的内含物，并且在同一平面上。

(2)宝石切磨成弧面形，其底平面平行于内含物的平面。

(3)弧面形宝石的高度与内含物反射光焦点平面高度相一致。

星光类型：

(1)表星光。光源从宝石上方照射宝石而形成的星光。如星光蓝宝石。

(2)透星光。光源从宝石下方照射宝石而形成的星光。如芙蓉石的星光。

一般来说,三方晶系、六方晶系的宝石可出现六射星光。例如星光红宝石,属于三方晶系,晶形为六方柱状,在垂直结晶轴 C 轴的平面内有三组细针状金红石包裹体,相互成 60°角相交。每条星光带与引起它的内含物方向垂直。有时在同一弧面形宝石中可同时出现两组星光,位置稍有错开,称为十二射星光。等轴晶系、四方晶系、斜方晶系的宝石可出现四射星光,如图 4-2 所示。

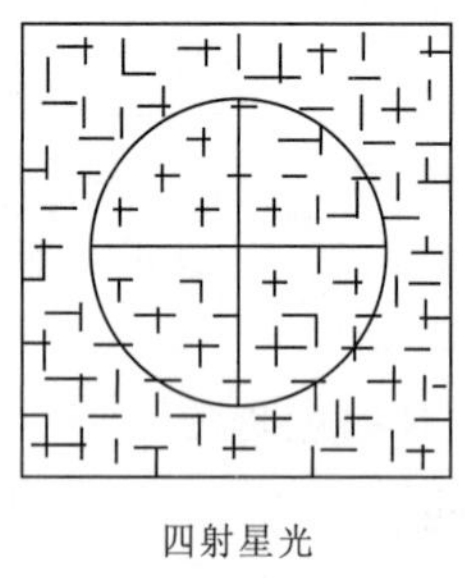

四射星光　　六射星光

图 4-2　星光效应示意图

4. 变彩效应

光从某些具特殊结构的宝石反射时,由于干涉或衍射作用而产生一系列颜色,其颜色随光源或观察角度的变化而改变,这种现象称为变彩效应。

例如欧泊,其矿物名称为蛋白石,它的化学成分是 $SiO_2 \cdot nH_2O$,其结构是由几乎等大的 SiO_2 小球在空间作规则排列,球体间孔隙直径几乎相等,构成"三维光栅",当球粒间隔大小与可见光波长相当时发生了光的衍射,产生了变彩。小球的直径大小对欧泊的色斑颜色起着决定性的作用。当小球直径(d)明显大于可见光波长(λ),即 $d>\lambda$ 时,可见光不发生衍射,此时欧泊无变彩现象,呈灰白色;当 $d<\lambda$ 时,可见光大部分被挡于欧泊之外,欧泊内无干涉和衍射,只有瑞利散射,呈淡蓝色乳白光;当 d 与 λ 相近时或 d 略大于 λ 时,才发生干涉和衍射,此时才会产生从蓝到红的多种色斑。球粒大小的变化产生了不同的颜色,具这种变彩效应的蛋白石,称贵蛋白石。

5. 晕彩效应

光波因薄膜反射或衍射而发生干涉作用,致使某些光波减弱或消失、某些光波加强而产生的颜色现象,称为晕彩效应。

例如,拉长石由于聚片双晶提供了光线干涉的必要条件,从而在一个方向上某些波长的光波(颜色)得到了加强,另一些波长的光波减弱,形成拉长石晕彩。

6. 光彩效应

光彩效应是一种由宝石内部的包裹体或结构特征所产生的一种漫反射效应。例如月光石,由于正长石与钠长石互层而反射出银白色光彩。优质月光石所显示的蓝色光彩是干涉作用的叠加。

7. 砂金效应

宝石内部细小的片状包裹体对光的反射所产生的闪烁现象,称为砂金效应。

例如，日光石中含有赤铁矿细小薄片而反射出具金属光泽的金星光彩；东陵石中含有铬云母片而呈现绿色，含锂云母片而呈现紫色。

8. 变色效应

在不同光源照射下，宝石呈现明显颜色变化的现象，称为变色效应。常用的光源为日光灯和白炽灯。

产生变色效应须具备的条件：

(1)宝石的可见光吸收光谱存在两个明显的分布间隔带。

(2)透射光的波长与透射相对密度成正比。

最典型的例子是金绿宝石的亚种变石（亚历山大石），在日光下为绿色，烛光下为红色。此外，还有变色刚玉、变色石榴石等。

第三节　宝石的其他物理性质

一、发光性质

宝石在外部能量的激发下，发出可见光的性质，称为宝石的发光性。这些外部能量如摩擦、加热、阴极射线、紫外线、X 射线等都能使某些宝石发光。宝石鉴定中的激发源常用紫外光。

紫外荧光是指宝石在受到紫外光照射时产生的可见光波。按发光的强弱分为强、中、弱、无四个等级。

磷光是指激发光源撤除后，宝石在短时间内继续发光的现象。

宝石矿物的发光性与晶格中微量杂质元素（通常含量低于 1%）和某些晶体缺陷的存在密切相关。能引起宝石发光的杂质元素（多为过渡金属元素、某些稀土和锕系元素）通常被称为激活剂。

宝石的荧光特点常作为鉴定依据之一。

二、电学性质

1. 热电效应

由于温度的改变使宝石晶体产生电压或表面电荷的效应称为宝石的热电效应。如碧玺，在温度升高或降低时，沿晶体 C 轴两端产生数量相等、符号相反的电荷，并产生静电吸尘现象。

2. 压电效应

某些晶体在受到压力作用时，会产生电荷，而在施加电压时又会产生高频振动现象，这种可使压力与电荷相互转换的性能称为压电性。高净度石英单晶就是这种性能的典型宝石材料，常用于工业中。

3. 静电效应

有些有机化合物，如琥珀、塑料等受到反复摩擦时，表面能产生静电荷，可吸附碎纸屑，这种现象称为静电效应。

4. 导电性

不同的宝石,其导电性是不同的。某些宝石中的赤铁矿和金红石是较好的导电体。钻石是电的不良导体,但$Ⅱ_b$型浅蓝色钻石因晶格中含微量的硼,造成局部电位失衡,而具微弱的导电性,属半导体。但因辐照而致色的淡蓝色钻石仍属不良导体,所以可用导电性能的差别将两者区分开来。

三、热学性质

物体对热的传导能力称为热导率。不同宝石传导热的性能差别很大,所以导热性可以用作鉴别宝石的手段之一。导热性以热导率 k 表示,单位为 W/(m·K),用特定仪器可将热导率测定出来。宝石学中一般以相对热导率来表示宝石的导热性能。如尖晶石的热导率为1W/(m·K),钻石的热导率为 56.9～170.8W/(m·K),刚玉的热导率则为2.96W/(m·K),其他多数非金属宝石的相对热导率则多小于1W/(m·K)。因此,用热导仪能迅速鉴别钻石。

第五章　宝石放大镜和宝石显微镜

第一节　宝石放大镜

一、宝石放大镜的结构

宝石学中一般选择10倍放大镜(用“10×”表示),以三组合镜最为常用(图5-1),其结构为:由两片铅玻璃制成的凹凸透镜中夹一无铅玻璃制成的双凸透镜黏合而成。其特点:视域宽,消除了图像畸变和色散,即无像差和色差。

图5-1　宝石放大镜

检验放大镜质量好坏可以用放大镜观察米格纸上1mm×1mm的正方形格子图形,根据方格是否变形来确定。

二、放大镜的使用方法和注意事项

(1)清洁放大镜和宝石样品。用不起毛的布彻底地擦净放大镜和宝石样品,以免误将灰尘或汗滴视为样品表面特征。

(2)一只手持放大镜,另一只手用镊子夹住宝石,将放大镜靠近眼睛,距离约为2.5cm;双眼睁开,样品靠近放大镜2.5cm左右,它们之间的工作距离取决于放大倍数;放大倍数越大,其工作距离越小,使得操作不便,并且视域范围亦缩小。这也是宝石学领域选择使用10×放大镜的另一个原因。

(3)用顶侧光源照射在样品上,最好选择无反光的暗背景。注意光源不能高于眼睛和放大镜的位置。

(4)观察中必须转动宝石,从各个方向观察样品的内、外部特征,并根据观察的部位随时调节工作距离,以便清晰地观察到各种现象。

(5)观察顺序。首先观察宝石的表面特征,其顺序为台面→冠部边缘→亭部→腰棱,然后再把焦点集中到宝石内部寻找包裹体、重影等。

三、放大镜的应用

放大镜主要用于宝石表面特征和内部特征的观察,从中获得大量信息,为宝石鉴定和质量评价提供依据。

1. 宝石表面特征的观察

(1)宝石的光泽。宝石的冠部、亭部光泽不同,表明其可能为拼合石;不同的宝石品种具有特征光泽,如钻石为金刚光泽,无色刚玉为玻璃光泽等。

(2)宝石刻面棱的尖锐程度。若宝石的刻面棱尖锐平直,则表明其硬度很大。如钻石的刻面棱总是尖锐平直的,而仿钻则是圆滑的。

(3)宝石的原始晶面、解理、断口特征。若表面具多组平直纹理,具台阶状断面者表明其解理发育;而具贝壳状断口者表明其可能为单晶宝石或玻璃仿制品;具土状、粒状断口者,表明其可能为多晶质集合体;若宝石留有原始晶面,表明其为天然宝石。如钻石腰棱常见原晶面,而仿钻则无。

(4)宝石切磨质量和抛光质量。观察宝石各部分比率是否合适,比率和对称性是否完好,各种小刻面是否对称等大。宝石表面光洁度如何,是否留下抛光痕、烧灼痕等。

(5)宝石的表面瑕疵。观察宝石表面有无破损、划痕、凹坑、裂纹等。

2. 宝石内部特征的观察

(1)色带、生长纹。若见到色带弯曲,表明可能是合成品。如合成蓝宝石等。

(2)后刻面棱重影。若见到后刻面棱重影,表明该宝石为双折射率较大的宝石。如橄榄石、锆石等。

(3)包裹体。若见到矿物包裹体,表明该宝石为天然宝石;若见到气泡,表明可能为人工宝石。还可以根据观察到的包裹体组合特点,了解宝石产地信息。如斯里兰卡祖母绿具有气、液、固三相包裹体。

第二节　宝石显微镜

宝石显微镜是宝石鉴定中极其重要的仪器。通过显微镜放大观察其内、外部特征,可为宝石鉴定和质量评价提供有意义的信息。宝石显微镜有立式和卧式之分,但结构基本相同。常用的以立式为多,在此以立式为例介绍。

一、宝石显微镜的结构

双筒立体变焦显微镜由目镜、物镜、变焦调节圈、调焦旋钮、镜柱、顶光源、底光源、宝石镊子、载物台等部分组成,如图 5-2 所示。

(1)目镜。有两个,故称双筒。供双目同时观察立体图形。目镜放大倍数有 10×和 20×的各一套。双筒之间的距离可因人而异进行调节。

(2)物镜。放大倍数为 0×至 4×。由变焦调节圈调节。显微镜的放大倍数等于目镜的放大倍数乘以物镜的放大倍数。一般常用 10×的目镜,此时显微镜放大倍数为 10×至 40×。需要更大的放大倍数则使用 20×目镜,此时显微镜放大倍数为 20×至 80×。

(3)调焦旋钮。安装在镜柱上,左右各一个,用来调节物镜与样品之间的距离,使用时最好双手各握一个,并同时转动它。

(4)变焦调节圈。新型的宝石显微镜都有一个变焦环,其上有刻度,标明物镜放大倍数,使

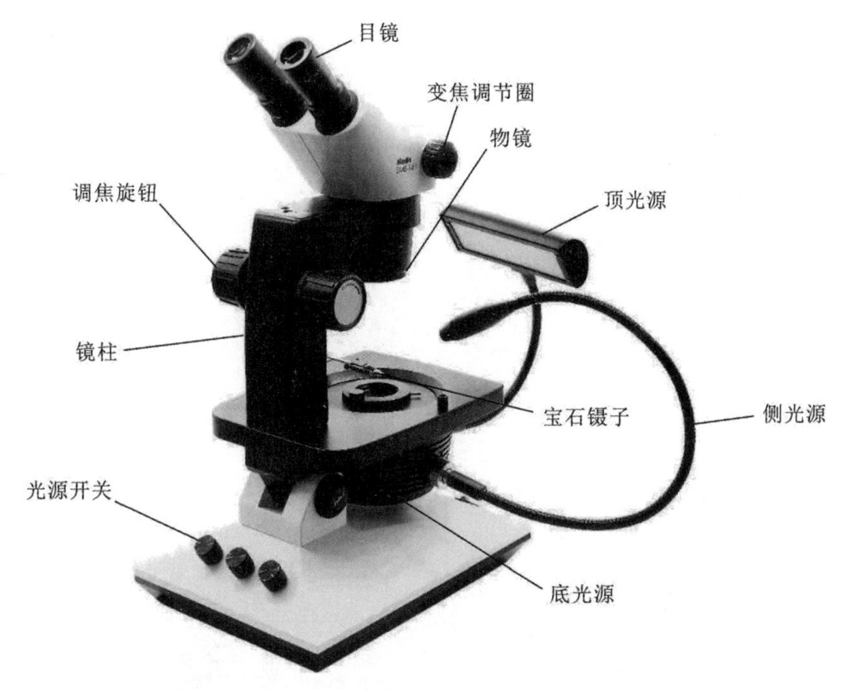

图 5-2 双筒立体变焦显微镜的结构

用时双手转动它,在不更换目镜和物镜的情况下放大倍数连续发生变化。

(5)顶光源。一般用日光灯,新型的宝石显微镜则采用 LED 光源。可随意变换方向,使光垂直、倾斜或水平地照射到样品上。

(6)底光源。安装在载物台下底座内,一般为白炽灯,由载物台上(或底座右侧)的旋钮开关控制调节其亮度,以实施亮域照明或暗域照明。其上往往装有锁光圈,控制底光照射到宝石上的光量,或实施点光照明。

(7)镜柱。连接镜身与镜座,两部分由齿铰合而成,镜柱的两部分可安装游标尺,用以测量宝石的折射率,转动调节旋钮,镜柱两部分相对上下移动,达到调节焦距的目的。

(8)宝石镊子。夹宝石用。安装在镜座之上,左右两边均可使用。它可以转动并上下、前后移动,以便从各个方向观察宝石特征。

二、宝石显微镜的照明方式

了解和使用不同的照明方式,有助于更清楚地观察宝石的内部和外部特征,更充分地发挥宝石显微镜在宝石鉴定中的作用。

(1)斜向(反射)照明法。如图 5-3(a)所示,在宝石的斜上方用顶光源或光纤灯照明,目的在于用反射光观察宝石表面的一切特征或近浅表内部特征。此照明法可观察到宝石表面的凹坑、划痕、破损、面棱是否尖锐平直及近浅表的内部特征,如包裹体、裂纹、充填、染色处理、多晶集合体宝石的结构特征等。

(2)点光照明法。如图 5-3(b)所示,用锁光圈将光源缩小成小点并直接从宝石的背后照明,使宝石的弯曲生长纹和其他结构特征更易观察。

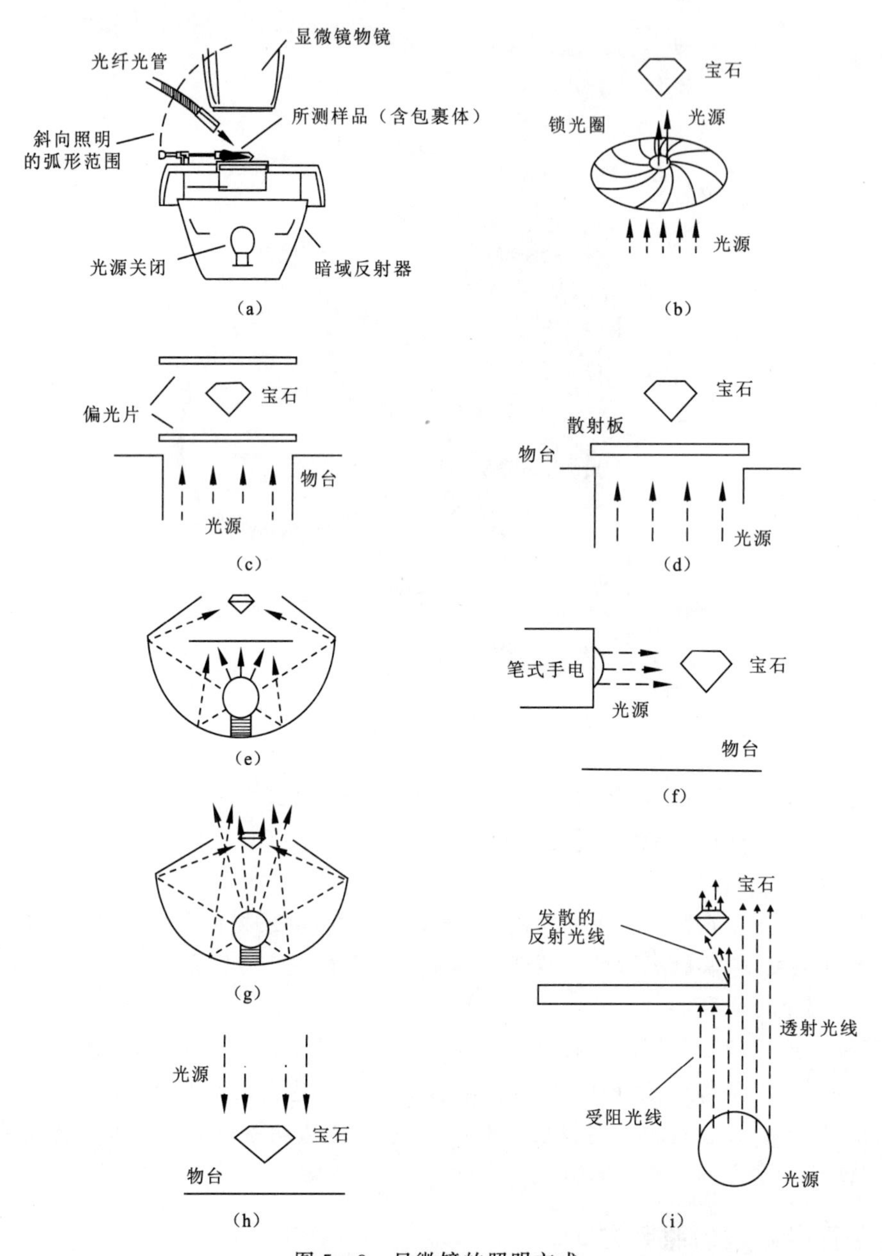

图 5-3 显微镜的照明方式

(a)斜向照明法;(b)点光照明法;(c)偏光照明法;(d)散射照明法;(e)暗域照明法;(f)水平照明法;(g)亮域照明法;(h)垂直照明法;(i)遮掩照明法

(3)偏光照明法。如图 5-3(c)所示,在宝石的上下部位加偏光片,此时能观察到宝石的干涉图和其他偏光镜观察的现象,但要在照明光度足够大时才比用偏光镜观察的效果好。

(4)散射照明法。如图 5-3(d)所示,在宝石底部放置宝石散射器(毛玻璃或面巾纸等),使光线散射更为柔和,有助于对宝石色带的观察。如将扩散处理蓝宝石放入水槽中,用此照明法观察,可清晰地见到其颜色沿刻面棱和边缘分布的特征。

(5)暗域照明法。如图 5-3(e)所示,在宝石的背部使用黑色挡板产生侧光照明,使宝石内部的包裹体在暗背景下明亮、醒目地显示出来。

(6)亮域照明法。如图 5-3(g)所示,光源从宝石背部直接照明,使宝石内部的包裹体(尤其是一些低突起的宝石)在明亮的背景下呈黑色影像醒目地显示出来,并能有效地观察宝石生长纹。

(7)水平照明法。如图 5-3(f)所示,在宝石的侧面用光纤灯照明,从宝石的上方观察,使宝石的内部针状包裹体和气泡呈明亮的影像十分醒目地显示出来;同时,也有利于观察多晶集合体的结构特征。

(8)垂直照明法。如图 5-3(h)所示,也称顶光照明法,光源从宝石的上方进行照明,这种方法针对不透明或微透明宝石,主要用于观察宝石的表面特征。

(9)遮掩照明法。如图 5-3(i)所示,在宝石的底面用一不透明的挡板挡住一侧的光线,能戏剧性地增加宝石内部包裹体的三度空间感,并有助于观察宝石的结构,尤其是弯曲生长纹、双晶等。

提示:在实际检测中,最常用的照明法为斜向照明法,暗域、亮域照明法或配合使用,必要时还可将宝石放入浸液槽中的液体里进行观察。

三、油浸法

油浸法是将宝石放在折射率与宝石相近的浸液中(表 5-1),以减少宝石表面或小面的反光干扰,可以有效地观察宝石内部特征。例如一块透明的冰放在一杯水中变得不见了,同理一块宝石放入折射率相近的浸液中也会显现不清,这时宝石中的内含物会暴露无遗。

表 5-1　常用的浸液

浸液	折射率	浸液	折射率
二碘甲烷	1.74	甲苯	1.49
溴代萘	1.66	松节油	1.47
三溴甲烷	1.59	水	1.33

提示:

(1)有些浸液具强烈气味,如二碘甲烷、溴代萘、三溴甲烷、甲苯等,油浸过后要彻底清洗样品,并及时将浸液密封放置以免挥发。

(2)某些多孔宝石,如蛋白石和绿松石,一定不要放入浸液中,因清洗极其困难。

(3)某些浸液是十分强烈的溶剂,如将拼合石放入其中会把黏结物溶解掉,从而毁坏宝石。

四、宝石显微镜的用途

宝石显微镜的用途广泛,是实验室必备仪器之一,它是区分天然宝石与合成宝石、仿制宝石的重要手段。其用途可大致归纳为三类。

1. 用于放大观察宝石的内部和外部特征

(1)观察宝石的表面特征。通常用斜向照明法观察。

①观察原石及成品的擦痕、蚀痕、双晶纹、解理、断口特征等现象,为宝石品种鉴定提供依据。

②观察琢型宝石的切磨质量、小面的对接和对称性、表面抛光质量、表面划痕、破损等,为宝石质量的评价提供依据。

③观察拼合宝石的接合缝,上下部光泽可能会有所不同(结合面可见气泡),为鉴定拼合宝石提供依据。

④观察表面的裂隙,其显现的特征为折线状或不规则裂隙,为宝石品质评价提供依据。

⑤观察宝石表面的充填处理现象,如翡翠经漂白充填处理其表面可见沟渠状蚀纹现象,红宝石若有玻璃充填其表面,会显示有裂纹。

(2)观察宝石的内部特征。浅表内部特征观察常用亮域、暗域照明或用光纤灯斜向光照明。

①观察宝石结构、构造特征。由此可判断宝石为单晶体或多晶集合体、隐晶质体等。对于多晶集合体可根据其结构特征鉴定其品种。如软玉具纤维交织结构,而石英岩具粒状结构。

②观察包裹体特征。宝石内部的包裹体是宝石鉴定的一个重要内容,它对于判别宝石的产地或成因类型、区分天然宝石与人工宝石有着非常重要的意义。

a.包裹体有固、液、气三种形态,并且有两者或三者共存的现象,它们在显微镜下的表现分别为:

气态——周围呈暗圈,中间呈亮点的现象。

液态——显示不规则的形态,常常密集排列呈指纹状分布。

固态(矿物包裹体)——显示有一定几何形状的固体矿物。

b.由于某些宝石具有特征包裹体,为鉴定提供了有利的依据。常见的特征包裹体类型有:

指纹状包裹体——如缅甸产的红宝石。

弧形生长纹及气泡——如焰熔法合成红宝石。

气、液、固三相包裹体——如哥伦比亚产的祖母绿。

竹节状包裹体——如乌拉尔产的祖母绿。

逗号状包裹体——如印度产的祖母绿。

两种互不混溶的液态包裹体——如托帕石。

睡莲叶状包裹体——如橄榄石。

管状包裹体——如碧玺。

密集排列的针状包裹体——如铁铝榴石。

蜈蚣足状包裹体——如月光石。

③观察双晶及双晶纹。这对鉴定某些天然宝石与合成宝石有重要意义。如天然红宝石具百叶窗式的双晶纹,而合成红宝石无双晶纹。

④观察生长纹和生长色带。生长纹和生长色带是鉴别某些天然宝石与合成品的重要特征。如天然蓝宝石具有平直或角状色带,合成蓝宝石的色带不平直;合成红宝石具弯曲生长纹,以此区别于天然红宝石。

⑤观察内部裂绺。裂绺会影响宝石的品质,它是区别天然宝石与仿制品的重要鉴别特征。

⑥观察宝石颜色的真伪。对多晶质体宝石和裂隙发育的单晶宝石的颜色鉴别,可经放大

观察判断是否经染色或炝色处理。如经染色处理，宝石的颜色会沿颗粒间隙或裂隙分布。

⑦观察双影线。透过宝石观察对面的棱线、包裹体、擦痕等，若有双影线，则可判断该宝石为双折射宝石。但是通常只有双折射率较大的宝石才能看到双影线，如橄榄石、锆石、碧玺等。

2. 用于显微照相

放大观察宝石过程中遇到有意义的典型现象（如特征包裹体），可在目镜上方架设照相机，将典型现象拍成照片。这些照片可作为鉴定依据，也可供教学或观赏用。

3. 用于测定宝石近似折射率

（1）贝克线法。将样品浸入已知折射率的浸液中，在显微镜下观察，当样品与浸液的折射率不同时，准焦后样品边缘出现亮线——贝克线。此时提升镜筒，若亮线向样品移动，说明样品的折射率大于浸液的折射率；若亮线向浸液移动，则反之。亮线移动速度快，说明两者之间折射率差值大；反之则小。

（2）柏拉图法。将样品浸入已知折射率的浸液中，观察样品，调节焦距，使之准焦于样品上方的液体中，若样品的折射率大，此时样品的边棱呈白色，下降镜身，准焦点下移，边棱变黑；若浸液比样品的折射率大，样品的边棱呈黑色，准焦点下移，边棱变白。

（3）直接测量法（真厚度/视厚度）。用此法测折射率，要求棱镜上安装游标卡尺，样品为圆多面型。测量步骤如下：

①用胶泥将样品固定在载玻片上。要求台面朝上，并平行于载玻片，底与载玻片接触，将固定有样品的载玻片置于物台上。

②转动变焦调节圈，在适当放大倍数（稍大一点）下观察样品。

③调节焦距，分别准焦于样品的台面（读数 1）和底部（读数 2），准焦时各自读出游标卡尺上的数据，两个数据相减，即获视厚度。

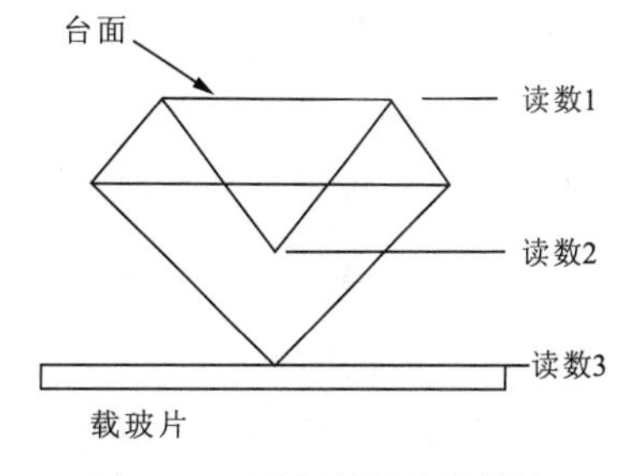

图 5－4　近似折射率的测定

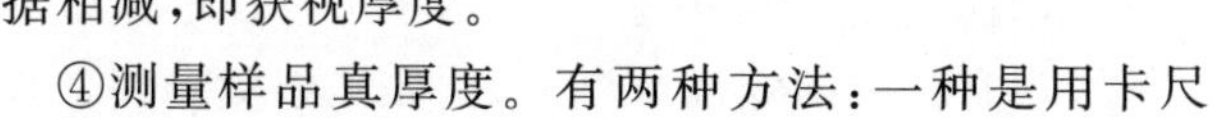

④测量样品真厚度。有两种方法：一种是用卡尺直接测量；另一种是测量视厚度后，将样品轻轻地移出视线，然后准焦于载玻片，并读出游标卡尺上的数据（读数 3），此数值与准焦于台面所获数值相减，即为真厚度，见图 5－4。用真厚度除以视厚度便获得样品的近似折射率。

五、宝石显微镜的使用方法及注意事项

宝石显微镜的使用

1. 使用方法

（1）首先擦净目镜（用专用的镜头纸轻轻擦拭），再擦净样品并置于宝石镊子上。

（2）打开顶光源或底光源，根据观察需要，随时调节光源照明方式、亮度、方向等。顶光源可以实施垂直、倾斜和水平照明；底光源可以用亮域或暗域照明，也可以顶光源与暗域照明同时使用或用锁光圈实施点光照明。

（3）调节焦距，转动调焦旋钮，双目同时观察样品表面特征，使样品特征清晰可见（准焦）。若图像有重影，可调节目镜（双筒）间的距离，使之出现一个清晰的立体图像，随观察内容的变

化,需随时调焦。

(4)调节变焦调节圈,观察样品过程中,首先用低倍放大,以便观察样品整体形象和特征;然后逐步放大倍数,以便仔细观察某一局部特征。随着放大倍数的增大,样品的视域变小,工作距离(焦距)变短,视域变暗。因此,高倍下观察样品较低倍下困难。

2. 注意事项

(1)注意宝石内部和外部特征的辨别,可使用下面任一方法区分。

①改变光源性质法:用透射光照射宝石时所观察到的明显特征,若用反射光观察不到,则说明此特征为内部的。

②焦平面法:某特征与宝石表面部位可同时准焦,则说明此特征可能在该表面部位上。

(2)为了减小表面反射光的干扰,有时可采用油浸法观察。将样品浸入水或浸油中,并在油槽下放置一白色或蓝色半透明塑料板(也可用纸巾代替),观察效果会更好。例如,用此方法观察扩散处理蓝宝石的颜色分布特征,效果非常好。

(3)调整物镜焦距时,要避免大幅度下降镜筒,以防物镜被宝石刮伤或压破。

(4)保持显微镜清洁,镜头不要用手指触摸,可用镜头纸擦拭。

(5)暂时不用时,将光源关闭。

(6)使用完毕后要盖上显微镜防尘罩。

检测实例分析

在宝石学中,10×放大镜多应用于钻石分级中。按照国际惯例与标准,用10×放大镜对钻石进行净度、切工分级,区别仿钻制品等。

1. 钻石内部特征和外部特征的观察

系统观察是正确判断钻石净度级别的基本特征。其观察顺序为冠部→亭部→腰棱。

(1)观察钻石的冠部。从台面开始,台面是窥视钻石内部的最佳窗口,通过台面寻找各种内含物,在观察中视线要逐渐从台面表层深入,直到底尖,稍稍地晃动钻石以免因光线和背景问题导致观察出现疏漏。观察完台面后,依次观察其余的冠部小刻面,例如先依次观察完8个星小面,8个上主小面,最后观察16个上腰小面。观察时要使视线与刻面垂直,以消除表面反光的影响。

(2)观察钻石亭部。绝大多数内含物都可以透过冠部发现,只有紧挨着腰棱下方的内含物,需从亭部一侧观察才能看到。同样观察时依次观察8个下主小面,然后再观察16个下腰小面。视线与刻面垂直。

(3)观察钻石腰棱。观察钻石腰棱较容易,不要求透过腰棱表面去探究内部,只需将注意力集中在腰棱表面所具有的特征。须注意的是,应保证整个腰棱都被观察到。

2. 钻石切工分级的观察

(1)观察圆钻的比例。圆钻比例是指各部分的长度相对于腰棱直径的比例,通常用百分数来表示。在钻石切工评价中,圆钻比例主要有五项参数,即台面百分比、冠部角大小、亭部深度百分比、腰棱厚度和底小面大小。

(2)观察圆钻的修饰度。修饰度包括对称性和抛光两项内容。其中对称性包括腰棱圆度偏差,台面偏心,底尖偏心,波状腰棱、台面倾斜,冠部和亭部各小刻面的不对称以及腰棱不对称等。

实习与思考　放大检查

一、实习目的和要求

(1)了解宝石显微镜及宝石放大镜的基本结构。

(2)掌握宝石显微镜及宝石放大镜的使用方法和操作步骤。

(3)学会观察宝石的表面特征和内部特征。

二、实习内容

观察宝石的表面特征和内部特征。

三、实习步骤

(1)检查宝石显微镜及宝石放大镜的工作状态是否正常,包括电源及附件情况。

(2)领取 20 个宝石标本,并核对无误。

(3)按照宝石显微镜及宝石放大镜的使用方法,对宝石进行逐个观察,并将观察到的现象详细记录在实习报告上。

(4)观察结束后,核对并交还宝石标本。

(5)宝石显微镜使用完毕后,应盖上防尘罩,并如实填写仪器使用记录。

四、注意事项

(1)要严格按照宝石显微镜及宝石放大镜的操作步骤进行实习。

(2)要轻拿轻放宝石标本,并保管好标本,不要损坏,更不能丢失。

(3)宝石显微镜是精密仪器,使用时要谨慎小心。

思考题

1. 简述宝石放大镜和宝石显微镜的用途。
2. 放大检查在宝石鉴定与品质评价中有何意义?
3. 宝石显微镜的照明方式有哪些? 分别用于观察哪些内容?
4. 宝石的表面特征和内部特征各包括哪些内容?
5. 如何在显微镜下观察宝石的弧形生长纹、色带和表面擦痕?
6. 如何检查宝石放大镜的质量?

第六章　折射仪

折射是一种十分重要的光学效应。宝石的化学成分和晶体结构决定了宝石的折射率,折射率是宝石最稳定的性质之一,利用折射仪可以测定宝石的折射率、双折射率、光性特征等性质,为宝石的鉴定提供关键性证据。

第一节　折射仪的工作原理

我们在第三章中详细介绍了光的折射、全内反射和双折射的有关原理,折射仪就是根据这些原理设计制造的。

那么折射是怎样随宝石的不同而变化的呢?在光性均质体中,这种折射是简单的,只有一条折射线;而在光性非均质体中,入射光被分解成两条偏振光线,并在相互垂直的方向上振动。如果入射光从光密介质进入光疏介质,在相邻两介质的接触面,在某些条件下光线会终止从光密介质向光疏介质的传播,并转变成全内反射而返回到光密介质中。

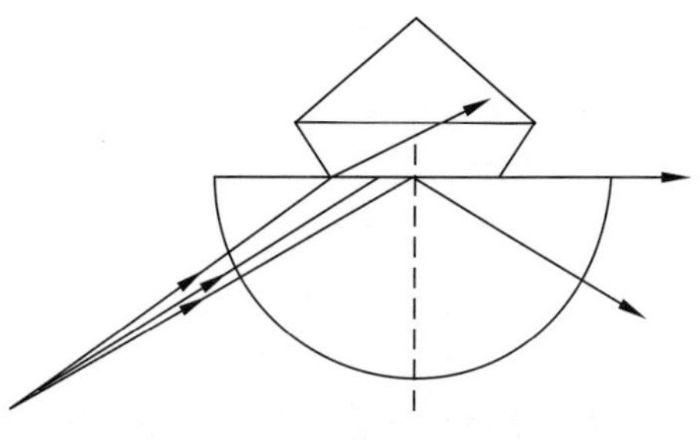

图 6-1　折射和全内反射

图 6-1 为折射和全内反射的示意图。用一块宝石代替光疏介质,用单折射的折射仪棱镜代替光密介质。从图中可以看到进入折射仪棱镜并与两介质间的分界面相遇的光线,其中一些光线折射通过宝石,当入射角等于临界角时,光线沿两介质之间的分界面通过,而另外一些则全内反射回到光密介质的棱镜中。

所有的宝石折射仪,不论其结构及型号如何,其工作的基本原理是相同的。折射仪的工作原理如图 6-2 所示。

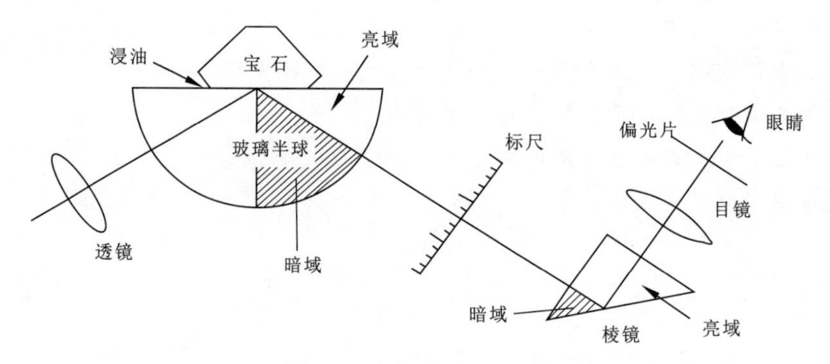

图 6-2　折射仪的工作原理

当把一颗宝石放置在工作台上时，我们可以从目镜观察到，视域被分成亮域和暗域两个部分，亮域与全内反射光线相对应，暗域与折射光线相对应。两部分中间形成阴影边界。

我们测量的正是这个阴影边界的位置。阴影边界的位置是由临界角值所决定的。由于临界角值取决于两个相邻介质的折射率，且折射仪棱镜的折射率为一常数，故标尺上可直接读出折射率。

第二节　折射仪的类型

1. 标准型折射仪

标准的宝石折射仪具有如图 6－3 所示的内部结构。这类折射仪使用一种被称为铅玻璃的高折射材料制作玻璃棱镜。这种材料的折射率高达 1.81，但其硬度较低，在使用这种仪器时应格外小心，避免损坏棱镜表面。有的折射仪使用尖晶石作为棱镜材料，尖晶石的硬度为 8，比玻璃的硬度大得多，故在使用过程中不易形成划痕。尖晶石还具较低的色散值，与许多宝石的色散值接近，当用日光观察时可产生较明显的阴影边界。它最主要的缺点是测定范围有限，所测的折射率只有 1.65 左右。另外还有用金刚石制作棱镜的，金刚石具有极高的硬度和高折射率，可以测定折射率更高的宝石，而且在使用过程中不用担心被划伤。

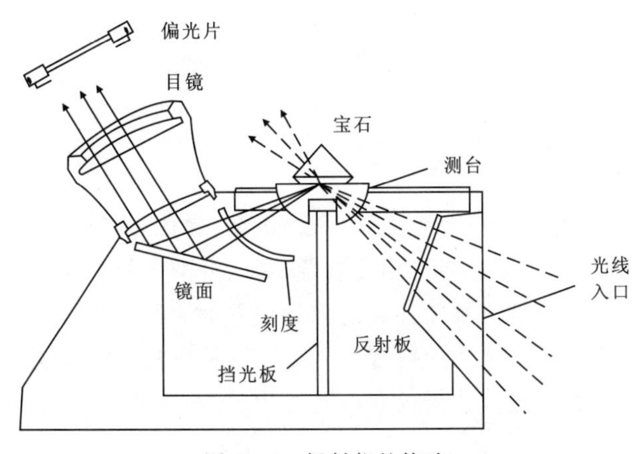

图 6－3　折射仪的构造

类似设备也有用闪锌矿的(闪锌矿棱镜)。还有一些高读数的折射仪是用折射率为 2.17、硬度大于 8 的立方氧化锆制作的棱镜。令人遗憾的是，所有高读数的折射仪均要求使用同样高折射率的接触液，以便扩大读数范围。但这些接触液十分危险，只能在实验室条件下由熟练人员来使用。

几乎所有的高折射率棱镜都具高的色散值，而大多数宝石具较低的色散值，这便意味着高色散棱镜与低色散宝石之间的临界角随照射光的波长而显著变化，在由许多不同波长(颜色)的光组成的白光照射下，其结果形成一条宽得像彩虹一样的阴影边界，影响我们准确地读出折射率。通过采用以下手段可获得较明显的阴影边界。

(1)单色光。

(2)单色滤色目镜。

(3)专用的低色散的折射仪棱镜。

普通的宝石折射仪有一个刻有折射率(从 1.30 到 1.83)的内标尺。标尺通常刻有两位小数,而第三位小数则靠操作者目估。此外,大多数折射仪备有推挽式或螺旋式聚焦目镜。

2. 右旋标度折射仪

这种经改进的标准型折射仪,取消了内标尺,取而代之的是一种刻有折射率的外度盘。由于外度盘可旋转,它操纵一条内黑带,使黑带的下边界与阴影边界排成一条线,外度盘上的标尺提供了折射率读数。许多使用者喜欢这种折射仪的清晰视域,因为这样能使非常不明显的阴影边界变得更容易看清。

3. 数字折射仪

数字折射仪的使用

数字折射仪是为了快速测定宝石的折射率而设计的。它的性能稳定可靠,是目前无损测定高折射率宝石的最好仪器,不仅能快速地将钻石和钻石仿制品区分开来,而且能确定宝石品种,可方便地测定宝石的折射率。它的测量范围较大,RI=1.33～2.99,解决了普通折射仪不能测量高折射率宝石的问题。但是数字折射仪只适用于刻面宝石,而且刻面宝石的抛光要好,弧面宝石和小刻面宝石是没办法检测的。

第三节 照 明

1. 白光

用白光测定宝石单折射率相对较容易,只需读出黄、绿色彩虹状阴影边界消失点的数值即可。由于双折射宝石的双色阴影边界可相互重叠,要区分两个折射率可能是困难的,甚至是不可能的。有时,当采用单色光难以判断读数的确切位置时,可先用白光,通过观察其微弱可辨的有色阴影边界,能有效地指示读数的位置。一旦用这种方法找到其近似位置,再返回用单色光照射,便可获得更精确的读数。如果仅有白光可用,那么加上一个偏光滤色目镜,便能使双折射宝石每条光线的阴影边界都依次可见。

2. 单色光

理想的是使用钠光灯产生的单色光,因为它能提供最明显的阴影边界。通常利用钠光来测定宝石的折射率。人们利用钠光 D 线(D 是由夫琅和费最初给予太阳光谱的这条吸收与发射谱线的测定符号)来测定折射率。例如,我们会看到金刚石 N_D=2.417 的写法,这是指利用的钠光 D 线所测定的折射率(N)为 2.417。钠光 D 线的波长为 589.5nm(实际上,那是两条波长非常接近的线,即 589.6nm 和 589.0nm)。钠光灯也有其不足的地方,它的价格相当昂贵,且需预热一段时间后方可达到最大强度。

也可使用黄光,适用的黄光也可用一些其他方法产生:①只能允许以 589nm 为中心的窄带宽度的光通过的干涉滤色镜;②发射黄光的二极管(LED);③与折射仪配用的“单色”滤色目镜。

第四节　接触液

为了在棱镜与宝石之间形成良好的光学接触，必须使用一种专门的液体，以便将两个表面之间的空气排除。如果不这样做，便不能获得读数。许多液体适用，主要的条件是其折射率应大于待测宝石的折射率。

常用的液体是：①二碘甲烷，折射率为 1.742；②二碘甲烷与溶解硫，折射率为 1.78；③二碘甲烷与溶解硫及四碘乙烯，折射率为 1.81。

上述接触液均适合于正常状态下使用。所有的接触液均有潜在危险性，而折射率大于 1.81 的接触液则特别危险。故只能在实验室条件下，由熟练人员使用。

折射率为 1.81 的标准接触液中含有溶解硫，容易在折射仪棱镜及宝石上结晶而留下硫的薄壳。在测定下一个宝石之前必须十分小心地将硫清除干净。哪怕在宝石与棱镜之间只有一小块固体硫，都将使宝石稍许抬高，产生不正确的结果，甚至完全没有读数。

同样地，硫也易从溶液中结晶出来，在瓶颈周围和滴管及液体表面留下硫的薄壳。通过对液体稍许加热便可使液体中的结晶物重新组合，或放置在温暖的环境下以阻止硫的结晶。

第五节　折射仪的使用方法

折射仪的使用

进行宝石折射率测试的前提条件是宝石样品应有良好的抛光面，因为在其他条件相同的情况下，样品抛光越好，折射仪的读数越精确。要准备好清洗剂、折射油及其他备品。光源可使用白光（日光或光纤灯）或单色光（钠光灯或黄光二级管灯）。开启光源后，折射仪的视域应明亮，刻度尺应清晰。

1. 测定刻面宝石的折射率

在进行宝石折射率测定之前，应先将宝石样品和工作台清洗干净，并接好光源。在工作台上滴一小滴接触液（折射率通常为 1.78～1.81），将宝石样品中最大且抛光最好的刻面放在油滴上，小心移动调整至工作台中央，盖上工作台盖子。眼睛在距离目镜 3～5cm 处上下移动或尽量靠近目镜，寻找刻度尺上的明暗交接处（阴影边）。若光源为单色光，则其明暗交接处为灰色的阴影边，读出此阴影截止边的刻度，即为该样品的折射率。

注意：载物台上必然有所加浸油本身的折射率阴影线或色散线，当宝石的折射率大于浸油的折射率时则只能见到浸油的阴影线。

（1）单折射率的测定。最好用单色光照明，从 0°～90°来回转动目镜上的偏光片，观察阴影边是否移动。若不移动，则从 0°～90°转动工作台上的宝石样品，每次转动宝石后再来回转动偏光片并观察阴影边；或者调换宝石的测试面（如将台面换为冠/亭部刻面），重复以上操作。依次从互相垂直的三个方向观测，若阴影边始终不移动，则说明所测试的宝石样品为单折射，属于均质体（等轴晶系晶体或非晶质体），阴影边的读数即其唯一的折射率。

（2）双折射率的测定。任意一束入射光进入非均质体矿物后会分解成两束具有不同折射率的偏振光。我们就是要利用折射仪测定这两束偏振光折射率的大小，从而确定宝石的品种。

所测的宝石刻面,从光率体的角度来理解,实际上就是一个椭圆切面,它有两个折射率,在使用折射仪测定时,可看见两条阴影边界。为了保证获得更精确的读数,最好用单色光照明,从0°～90°来回转动目镜上的偏光片,观察阴影边是否移动。每次转动宝石后再来回转动偏光片并观察,若阴影边界移动,说明所测试的宝石样品为双折射。但是仅从一个刻面上测到两个折射率,未必是"最大双折率"。因为所测的刻面并非具最大双折射率的切面,一轴晶宝石在 $NeNo$ 切面上、二轴晶宝石在 $NgNp$ 切面上才具有最大的双折射率。

(3)根据双折射率特征判断轴性和光性。具双折射率特征的宝石既可为一轴晶,也可为二轴晶;除测面恰好垂直样品的光轴方向外,在同一测面上均具两个数值不同的折射率,但二轴晶宝石的第三个折射率需调换测试面测试。根据双折射率特征判断其轴性和光性的方法如下:

①一轴晶宝石。一轴晶宝石有两个主折射率,其中一个折射率为常数(No),另一个折射率可变化(Ne)。当折射仪视域内出现两条阴影边界,转动宝石和偏光片时,阴影边界一条动一条不动,且动的阴影边界为高值,不动的为低值,即 $Ne>No$,则宝石为一轴晶正光性[图 6-4

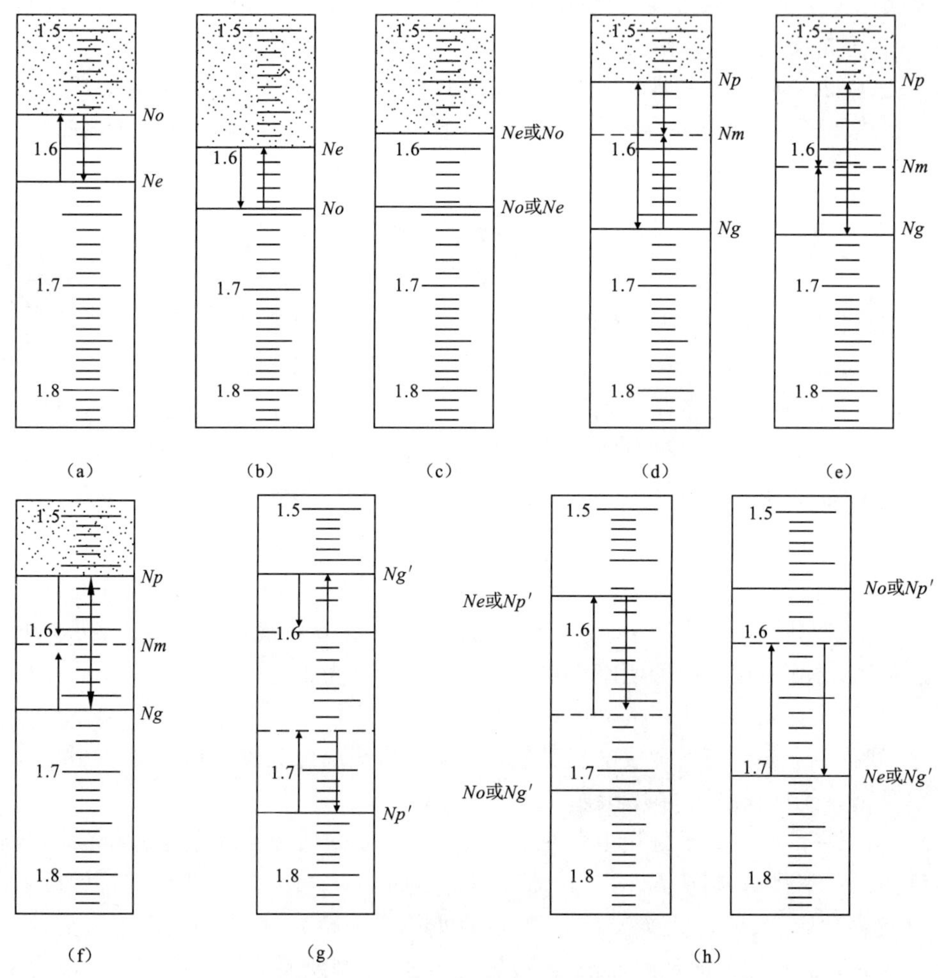

图 6-4　根据双折射率特征判断宝石的轴性和光性示意图

(a)一轴晶正光性;(b)一轴晶负光性;(c)一轴晶正、负光性不定;(d)二轴晶正光性;(e)二轴晶负光性;(f)二轴晶无光性(2V=90°);(g)二轴晶正光性不定;(h)轴性、光性不定

(a)]。如果动的阴影边界为低值,不动的为高值,即 $Ne<No$,则宝石为一轴晶负光性,如图 6-4(b)所示。

一轴晶宝石如果所测刻面垂直光轴,转动宝石和偏光片,表现为两条阴影边界均不移动,但这种情况发生的概率非常小[图 6-4(c)]。

②二轴晶宝石。二轴晶宝石有三个主折射率,它们分别是 Ng、Nm、Np,并且构成三个主切面,即 $NgNm$、$NgNp$、$NmNp$ 切面,如果所测的宝石刻面不是 $NgNp$ 面,那么就不可能获得最大的双折射率。在折射仪上所测的基本上都是任意切面,表现为上下移动的两条阴影边界,若高值阴影边界超过最大值与最小值的中线位置,则该宝石为正光性[图 6-4(d)]。若低值阴影边界超过最大值与最小值的中线位置,则该宝石为负光性,如图 6-4(e)所示。

二轴晶宝石光性正负的测定比一轴晶复杂,最好换几个刻面方向测定。

2. 测定小刻面宝石的折射率(远视法)

小刻面可出现于粒度小的宝石上,也可见于大宝石的侧翻面,即测面直径比载物台窄。选用最大且抛光良好的刻面,用白光、不放大(取下目镜),将微量接触液滴在样品上并将样品放置到工作台的中央,使样品的长轴方向平行于工作台的长轴方向。

观察样品所形成的影像,从刻度尺的上端(低值端)开始,寻找绿色阴影或暗阴影(色散度低时)的截止边;绿色阴影或暗阴影通过样品影像位置的读数为所测折射率,如图 6-5 所示。

注意:①谨防接触液过多而溢绕刻面四周,影响读数;②谨防接触液中有沉淀物,以免影响阴影线清晰度导致读数不准。

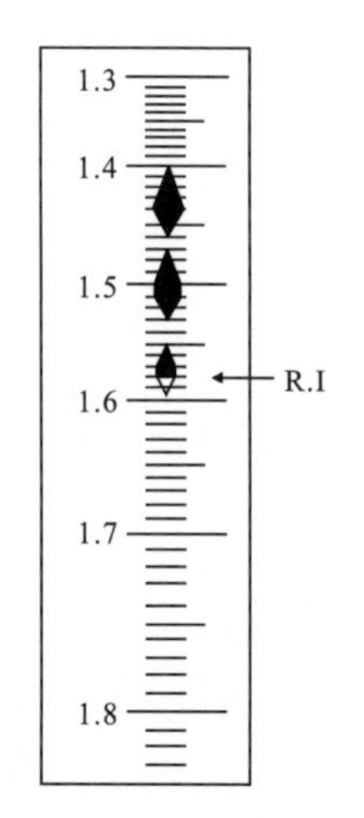

图 6-5　小刻面宝石折射率的测定

3. 测定弧面型宝石的折射率(点测法)

对于弧面型的宝石,选用宝石样品抛光最佳的部位,取下目镜,在折射仪的金属部位滴一小滴接触液,将待测面沾上接触液并放置到工作台的中央。若样品为卵形,则使样品的长轴方向平行于工作台的长轴方向,轻轻按住样品,使样品、棱镜折射油紧密接触,在距折射仪 30~35cm 处上下移动我们的眼睛来观察宝石样品点状影像的变化情况,并在下列三种点测法中选择一种进行读数,如图 6-6 所示。

(1) 1/2 法:取点状影像半明半暗位置时的读数,是点测法中较为精确的一种读数方法。

(2)明暗法:取点状影像急剧地由亮转暗位置的刻度值为所测折射率。

(3)均值法:点状影像亮度在刻度尺的某一区间内逐渐变化,取最后一个全暗影像与第一个全亮影像的读数的平均值为所测折射率。这是点测法中最不精确的一种读数方法。

使用该方法要注意的是:过多的接触液会使影像过大或产生暗色环,还可产生弯曲的阴影截止边,甚至明、暗域颠倒。若接触液过多,可将宝石样品垂直拿起,擦去工作台上的折射油,再将样品置于工作台中心,如此反复操作,直到点状影像的大小覆盖 2~3 个刻度,再进行读数。

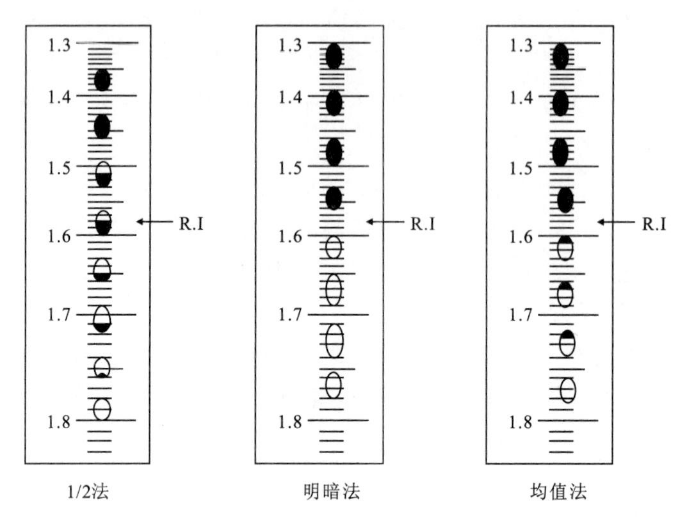

图 6-6　点测法的三种读数方法

第六节　图解法测定轴性和光性

图解法可以直观地反映各折射率之间的关系，对于初步学习使用折射仪的人来说，可以训练其测定折射率的准确性，其前提条件是待测的具双折射率的样品必须具有较大的抛光良好的平刻面，用单色光且放大(即用目镜)。

测定步骤：①将宝石放置于测台中央，使宝石的长轴与测台的长轴平行，转动目镜上的偏光片，读出并记下两个折射率读数(注意：在未将所有的数值测定之前不要作图)。②将宝石转动 15°，转动偏光片，记下高值折射率与低值折射率(注意：当正好测定的是光轴方向时，只能得到一个折射率)。③继续按上述步骤操作直到样品在测台上转过 180°。④将所得到的各对读数作图，把数据标在坐标纸上。将所有高值与低值折射率读数分别连接起来，这样就可以得到宝石的不同轴性和光性特征的图式。

1. 一轴晶特征图式(图 6-7)

(1)一轴晶正光性(U+)。一个折射率为常数，另一折射率为变量，两折射率折线有一交点，即为一轴晶的光性特征。

高值折射率为变量，而低值折射率为常数即为正光性。

(2)一轴晶负光性(U−)。一个折射率为常数，另一折射率为变量，两折射率折线有一交点，即为一轴晶的光性特征。

低值折射率为变量，而高值折射率为常数，即为负光性。

(3)一轴晶光性未定。两个折射率均为常数，呈一轴晶的光性特征。在图式上两折射率的折线无交点，光性符号不能确定，是因为样品的光轴与被测平面垂直所致。

如果必须测出光性，则需测定另一刻面(注意：由于样品已被确定为一轴晶，所以可能简单地在另一刻面上测出哪一折射率为变量，哪一折射率为常量，即可得知其光性)。

2.二轴晶特征图式

如图 6-8 所示,三个主折射率分别为:Np(低值折射率)、Nm(中值折射率)、Ng(高值折射率)。

(1)二轴晶正光性(B+)。两个折射率均为变量,呈二轴晶的光性特征。Nm 值可由 Np 与 Ng 的值来确定,Nm 较接近于 Np 正光性。

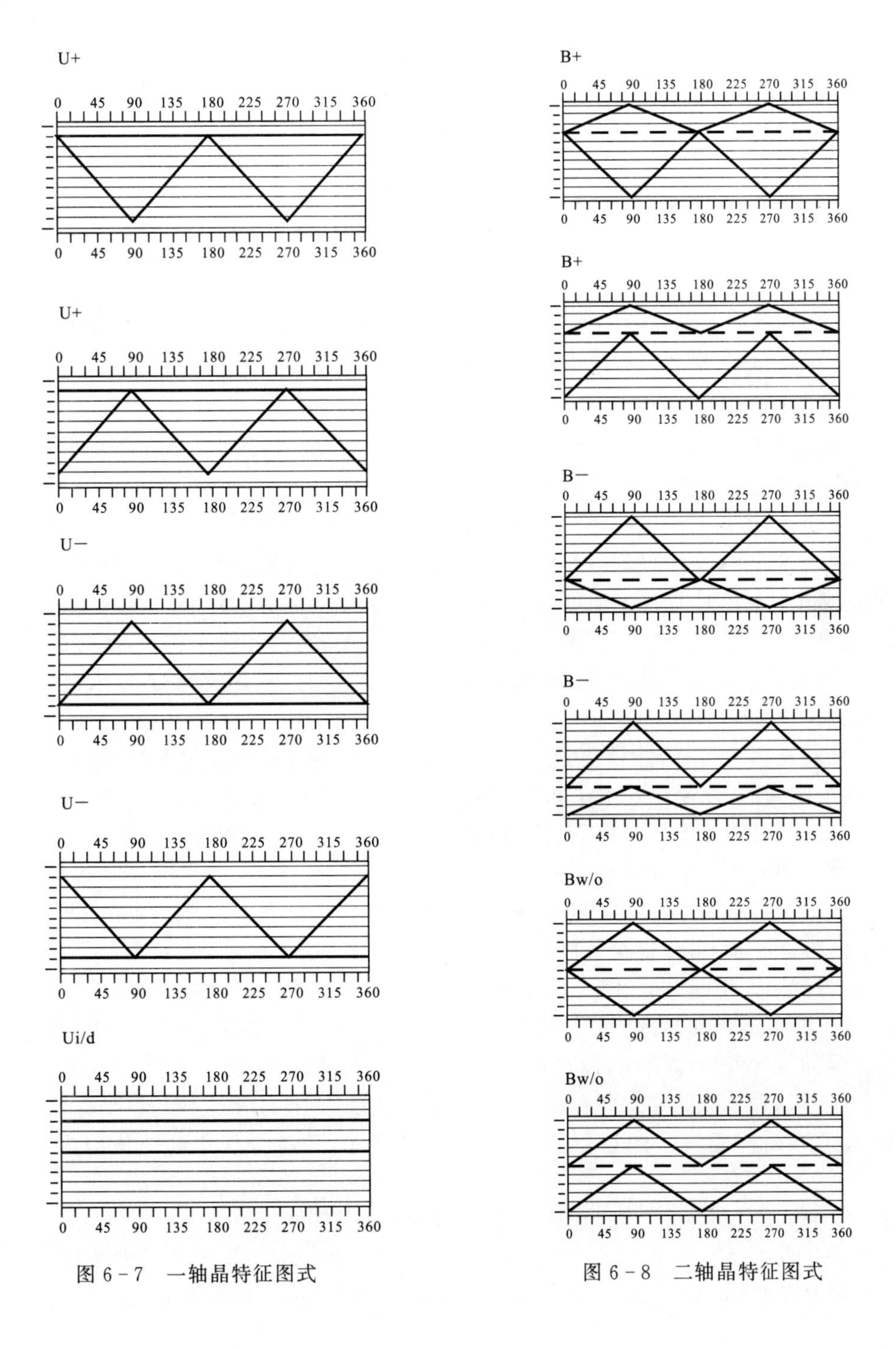

图 6-7 一轴晶特征图式

图 6-8 二轴晶特征图式

(2)二轴晶负光性(B—)。两个折射率均为变量,呈二轴晶的光性特征。*Nm* 值可由 *Np* 与 *Ng* 的值来确定,*Nm* 接近 *Ng* 则为负光性。

(3)二轴晶无光性。两个折射率均为变量,呈二轴晶的光性特征。*Nm* 值与 *Np* 及 *Ng* 值等距;无光性。这种图式很少见(仅当 2V 角为 90°时才出现,注意 2V 角是二轴晶两光轴之间的夹角)。

(4)二轴晶光性未定。两个折射率均为变量,呈二轴晶的光性特征。*Nm* 值不能确定,因为 *Np* 与 *Ng* 无共同值;光性未定。因为该图式的两折射率为变量,所以它不可能在一轴晶中出现。

(5)其他二轴晶图式。可能有许多其他的二轴晶图式,如果 *Nm* 为一常量,则不必要求有一交点,那么,*Nm* 折射率就不必位于其他两个折射率同一转动角度的位置上(注意:二轴晶的最大双折率通常不能在同一转动角度上测得)。

(6)轴性和光性未定。一个折射率是常数,而另一个折射率是变量,但样品转动 180°,两折线并不相交,则不能确定样品的轴性和光性。

由于利用图解法测定宝石的轴性和光性步骤较为繁琐,当我们能够熟练地测定折射率时,就不必每次都作图,可以在折射仪上直接判定宝石的轴性和光性。

3. 二轴晶宝石 *Nm* 值的确定

在有些情况下要确定宝石的 *Nm* 值,二轴晶有 *Ng*、*Nm* 和 *Np* 三个主折射率,但在二轴晶的测定中,每次测到的大小两个折射率,都是不固定的(也可能偶然有相同的折射率出现),大折射率在变动,小折射率也在变动。这种现象是由二轴晶的光学性质决定的,将每次测到的一对折射率记录下来,最后得到一组(若干对)数值,其中的最大值为 *Ng*(或其近似值),最小值为 *Np*(或其近似值),而 *Nm* 值可通过作图确定。如果在测定过程中,偶然碰到光线平行光轴(垂直光率体圆切面)方向入射,转动偏光片近 180°,明、暗分界线不移动,此时的折射率就是 *Nm*,这是获得 *Nm* 值的直接而准确的途径。不过,这种概率是极低的,绝大多数情况下,还是要通过作图来确定 *Nm* 值。

由二轴晶光率体可知,能够直接测到 *Nm* 值的切面有:垂直光轴的圆切面,*NgNm* 和 *NmNp* 两个主切面,以及 *Ng′Nm* 和 *NmNp′*两个任意切面(入射光线平行 *NgNp* 面)。只有在垂直光轴的圆切面上,才可以判定该折射率就是 *Nm*,在其余四个切面上,尽管测到了 *Nm*,也是无法判定的。而在其他所有的切面上(即 *NgNp* 面、*NgNp′*面、*Ng′Np* 面和 *Ng′Np′*面)是无法直接测到 *Nm* 的。但是在这些切面上所测到的大小两个折射率之间,都可以找到一个数值与 *Nm* 值相等,这个数值是客观存在的,因为 $Ng>Ng'>Nm>Np'>Np$。

总之,每测到大小两个折射率,其中有一个是 *Nm*,或在大小两个数值之间包含了 *Nm* 的值,这就是作图确定 *Nm* 值的根据。以纵坐标轴为折射率、横坐标轴为测定的先后顺序作图,将每次测得的大小两个折射率标在图上,并用直线连接起来,成平行于纵坐标轴的线段(图 6-9)。然后作一条能穿切所有线段的公共水平直线,则此水平直线与纵坐标轴相交处的折射率,就是 *Nm* 值或 *Nm* 的近似值。如图 6-9 所示,两条虚线中间的值即为 *Nm* 的近似值。

在确定了 *Ng*、*Nm* 和 *Np* 的数值后,就可以确定光性正负了。

当 $Ng-Nm>Nm-Np$ 时,为正光性;当 $Ng-Nm<Nm-Np$ 时,为负光性。

在测定宝石折射率的过程中,关于转动偏光片的角度问题,只有在近 180°范围内来回转

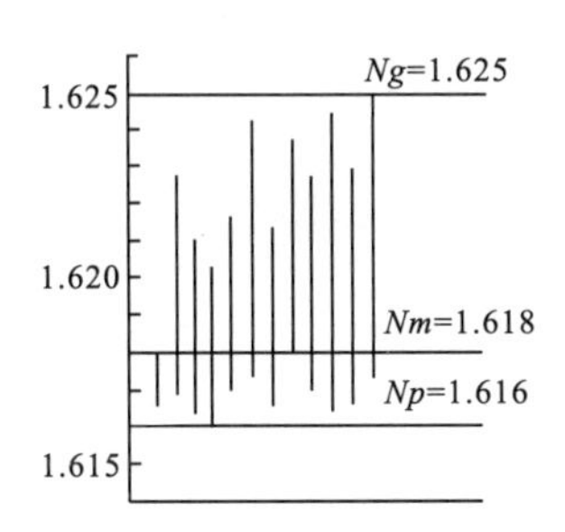

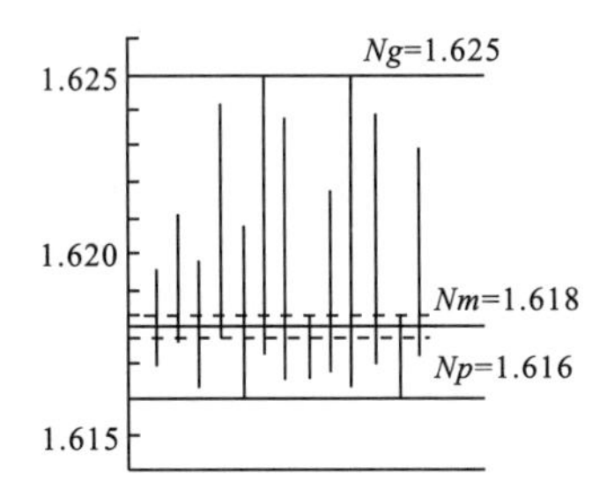

图 6－9　作图求 Nm 值

动偏光片，才能够测到该切面上最大的和最小的两个折射率。因为宝石放置到测试平台上，其相应的光率体椭圆切面的长、短半径所处的方向，测定者是不知道的，是任意的。而且偏光片的振动方向，测定者也是不知道的，也是任意的。当偏光片的振动方向与椭圆切面的长、短半径方向斜交时（这种情况是极普遍的），转动偏光片 90°，只能测到一个长半径（或短半径）的折射率，不可能再测到短半径（或长半径）的折射率，如图 6－10 所示。

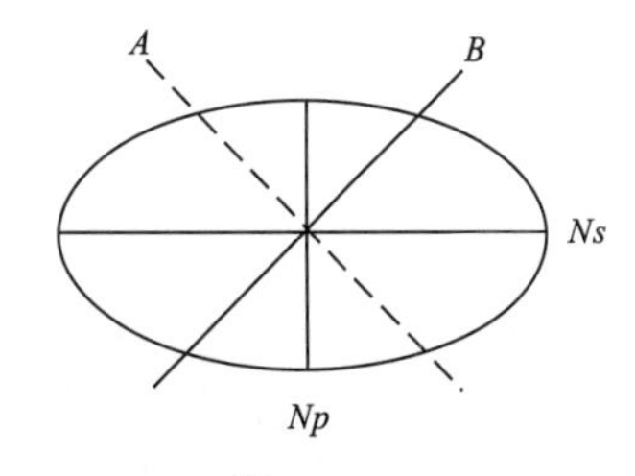

图 6－10
转动偏光片 90°，如 A 到 B，只能测到一个长半径（或短半径）的折射率

第七节　使用折射仪的注意事项

使用折射仪的注意事项：

（1）利用折射仪法测折射率有其局限性，能测得的折射率下限值约为 1.35，上限值（取决于接触液的折射率）约为 1.80 或 1.81。

（2）由于工作台的硬度低，易被划伤，因此要在镜头纸上滴些酒精，用平行拖洗的方法清洗工作台；并且要用手小心地拿放工作台上的样品，切不可使用镊子。

（3）折射率读数应精确到千分位（即误差＜0.005），并且其精度和可靠性还取决于宝石样品的清洁程度及抛光质量、工作台的状态、所用接触液的多少、折射仪是否标定（可用已知样品标定）和所用光源的类型等因素。

（4）具双折射率的单晶宝石样品可通过偏光镜下的干涉图进一步验证所测得的轴性和光性。

（5）弧面型宝石样品底部若有抛光的平面，可采用测定刻面宝石折射率的方法，因为阴影截止边的读数总是比点测法的读数更为精确。

（6）若待测宝石样品的折射率超过接触液的折射率，当运用折射仪读数时，在 1.80 和 1.81 附近可见阴影边或光谱色，这会影响折射率的确定。但光谱色也有可能是由过多的接触液、不平整的刻面或上部光源的散射引起，并且当测台棱镜脱胶时，即使不加浸油其边棱也可见光谱色（色散）。

（7）对石榴石与玻璃二层石样品，在使用白光且不放大的情况下测定折射率时，可见红色石榴石冠所反射的红光。该红色反射光来自影像的底部，称为“红圈效应”。

(8)接触液有较强的腐蚀性和毒性,测试完毕后要立即清洗工作台;若长期保存折射仪,应在工作台上涂一层凡士林油以防生锈。

各种宝石的折射率参见表6-1。

表6-1　各种宝石的折射率

宝石名称	折射率	常见值	双折射率	轴性、光性	备注
欧泊	1.370～1.470	1.450	—	—	非晶质体/火欧泊为1.370
萤石	1.433～1.435	1.434	—	—	单折射
合成欧泊	1.440	1.440	—	—	非晶质体
龟甲	1.450～1.550	1.550	—	—	有机宝石
塑料	1.460～1.700	—	—	—	非晶质体
玻璃	1.470～1.800	1.510	—	—	非晶质体
方钠石	1.480～1.486	1.483	—	—	多晶集合体
黑曜岩(天然玻璃)	1.480～1.510	1.490	—	—	非晶质体
珊瑚(钙质)	1.486～1.658	—	0.172	—	有机宝石
方解石	1.486～1.658	—	0.172	一轴(一)	双折射
青金石	1.500～1.670	—	—	—	多晶集合体
月光石(正长石)	1.518～1.536	—	0.005～0.008	二轴(一)	双折射
天河石(微斜长石)	1.518～1.534	1.522～1.530	0.008	二轴(一)	双折射
雪花石膏	1.519～1.530	1.520～1.529	—	—	多晶集合体
珍珠	1.530～1.685	—	0.155	—	有机宝石
贝壳	1.530～1.685	—	0.155	—	有机宝石
鱼眼石	1.530～1.538	1.535～1.537	0.003	一轴(一)	双折射
堇青石	1.531～1.596	1.542～1.551	0.008～0.012	二轴(一)	双折射
玉髓	1.535～1.544	1.540	—	—	多晶集合体
象牙	1.535～1.540	1.540	—	—	有机宝石
琥珀	1.539～1.545	1.540	—	—	有机宝石
日光石(更长石)	1.533～1.551	1.539～1.547	0.007～0.010	二轴(一)	双折射
方柱石	1.536～1.600	1.550～1.564	0.004～0.037	一轴(一)	双折射
滑石	1.538～1.600	1.540～1.590	—	—	多晶集合体
水晶	1.544～1.553	—	0.009	一轴(+)	双折射
蛇纹石	1.553～1.574	1.560～1.570	—	—	多晶集合体
拉长石	1.554～1.573	1.559～1.568	0.009	二轴(+)	双折射

表 6-1(续)

宝石名称	折射率	常见值	双折射率	轴性、光性	备注
独山玉	1.560～1.700	—	—	—	多晶集合体
绿柱石	1.560～1.600	1.577～1.583	0.005～0.009	一轴(－)	双折射
合成祖母绿	1.561～1.581	1.568～1.574	0.003～0.008	一轴(－)	双折射
菱锰矿	1.594～1.820	1.597～1.817	—	—	多晶集合体
软玉	1.600～1.641	1.610～1.620	—	—	多晶集合体
绿松石	1.610～1.650	—	—	—	多晶集合体
托帕石	1.609～1.637	1.619～1.627	0.008～0.010	二轴(＋)	双折射
葡萄石	1.611～1.675	1.616～1.649	—	—	多晶集合体
电气石	1.615～1.655	1.624～1.644	0.018～0.040	一轴(－)	双折射
磷灰石	1.628～1.650	1.634～1.638	0.002～0.008	一轴(－)	双折射
红柱石	1.629～1.648	1.634～1.643	0.007～0.013	二轴(－)	双折射
橄榄石	1.634～1.710	1.654～1.690	0.035～0.038	二轴(＋)	双折射
煤玉	1.640～1.680	1.660	—	—	有机宝石
锂辉石	1.655～1.681	1.660～1.676	0.014～0.016	二轴(－)	双折射
硅铍石	1.650～1.696	1.654～1.670	0.016	一轴(＋)	双折射
硬玉	1.652～1.688	1.660	—	—	多晶集合体
顽火辉石	1.653～1.683	1.663～1.673	0.008～0.011	二轴(－)	双折射
矽线石	1.653～1.684	1.659～1.680	0.015～0.020	二轴(＋)	双折射
孔雀石	1.655～1.909	—	—	—	多晶集合体
透辉石	1.675～1.701	1.680	0.024～0.030	二轴(＋)	双折射
斧石	1.673～1.693	1.678～1.688	0.010～0.012	二轴(－)	双折射
黝帘石	1.686～1.705	1.691～1.700	0.008～0.013	二轴(＋)	双折射
水钙铝榴石	1.690～1.730	1.720	—	—	多晶集合体
绿帘石	1.694～1.780	1.729～1.768	0.019～0.450	二轴(－)	双折射
尖晶石	1.710～1.735	1.718	—	—	单折射
符山石	1.700～1.721	1.710	—	—	多晶集合体
蓝晶石	1.712～1.735	1.716～1.731	0.012～0.017	二轴(－)	双折射
塔菲石	1.717～1.725	1.719～1.723	0.004～0.005	一轴(－)	双折射
合成尖晶石	1.720～1.740	1.728	—	—	单折射

表 6-1(续)

宝石名称	折射率	常见值	双折射率	轴性、光性	备注
镁铝榴石	1.726～1.756	1.746	—	—	单折射
钙铝榴石	1.730～1.760	1.740	—	—	单折射
蔷薇辉石	1.720～1.757	1.730	—	—	多晶集合体
金绿宝石	1.740～1.759	1.746～1.755	0.008～0.010	二轴(+)	双折射
蓝锥矿	1.757～1.804	—	0.047	一轴(+)	双折射
红宝石	1.757～1.779	1.762～1.770	0.008～0.010	一轴(−)	双折射
蓝宝石	1.757～1.779	1.762～1.770	0.008～0.010	一轴(−)	双折射
合成刚玉(焰熔法)	1.759～1.775	1.762～1.770	0.008	一轴(−)	双折射
铁铝榴石	1.760～1.820	1.790	—	—	单折射
合成刚玉(助熔剂法)	1.762～1.770	—	0.008	一轴(−)	双折射
锆石	1.780～2.024	1.925～1.984	0～0.059	一轴(+)	双折射
锰铝榴石	1.790～1.814	1.810	—	—	单折射
人造钇铝榴石	1.823～1.843	1.833	—	—	单折射
钙铁榴石	1.855～1.895	1.888	—	—	单折射
榍石	1.880～2.054	1.900～2.034	0.100～0.135	二轴(+)	双折射
人造钆镓榴石	1.970～2.030	1.970	—	—	单折射
锡石	1.991～2.102	1.997～2.092	0.096～0.098	一轴(+)	双折射
合成立方氧化锆	2.150～2.180	2.150	—	—	单折射
人造钛酸锶	2.409	—	—	—	单折射
金刚石	2.417	—	—	—	单折射
合成金红石	2.616～2.903	—	0.287	一轴(+)	双折射
赤铁矿	2.870～3.290	2.940～3.220	0.280	一轴(−)	双折射

检测实例分析

1. 托帕石和相似宝石的区分

托帕石由于价格低廉,因而鉴别时较容易。首先不会出现用高档的红宝石、蓝宝石等冒充低档托帕石的情况。市场上出现较多的是用价格比托帕石更低的黄水晶、合成蓝宝石、合成尖晶石、玻璃等来仿冒托帕石。由于合成尖晶石和玻璃是均质体,因而用偏光镜容易将它们与托帕石区分开。合成蓝宝石的折射率和相对密度与托帕石明显不同,也易将它们区别出来。最值得重视的是用水晶来仿冒托帕石的问题,对初次接触宝石的人来说,区别它们的确不太容易，因为其外观非常相像。但用仪器鉴别两者是相当容易的，托帕石的折射率为1.609～1.637，而水晶仅为1.544～1.553；另外我们还可以使用相对密度测定的方法来进行区分，托帕石的相对密度为3.53，而水晶则为2.65。

2.红色宝石系列的区分

常见的红色宝石有红宝石、尖晶石、石榴石、红色碧玺、红色绿柱石、红色托帕石、紫锂辉石、红色锆石等，从外观上看，这些宝石的颜色非常相像，但我们可以用折射仪将它们一一区分。尖晶石的折射率常见值为1.718，石榴石的折射率为1.74～1.78，均属于等轴晶系，先用偏光镜将它们与其他宝石区分后，再用折射仪就可以将两者区分。红宝石的折射率常见值为1.762～1.770，而其他的宝石折射率都小于1.70，红色绿柱石的折射率较低，常见值只有1.577～1.583，可以用折射仪将其区分出。红色锆石可用分光镜将其区分出。

3.白玉与相似玉的区分

当前市场上销售的外观与白玉最相似的玉石有石英岩玉、大理石(汉白玉、阿富汗玉)等，识别过程中应倍加注意。石英岩玉颜色洁白，结构细腻，呈粒状结构的致密块状，用手电透射见不到任何结构，就像一块较透明的毛玻璃，当前多用它来做一些长方形的浮雕玉牌和一些小雕件。市场上有许多造型逼真的白色大白菜玉雕，它的原料就是产于阿富汗的大理石。大理石的化学成分是碳酸钙，主要矿物是方解石和白云石，粒状结构，用透射光透射，呈致密的微透明状块体，遇盐酸起泡，外观很像白玉。对这些假冒白玉的相似玉，我们可以用点测法测定它们的折射率来进行区分。白玉折射率的近似值为1.62，石英岩玉的折射率为1.54，大理石的折射率为1.48。折射率是确定白玉的重要参数，很容易就可以将它们区分出来。当然，如果玉石的抛光质量不好，会影响测定折射率的准确性，这点要注意，如果没有把握，还可以利用相对密度和硬度的不同将它们区分出来。

实习与思考　宝石折射率的测定

一、实习目的和要求

(1)学会测定宝石折射率的四种方法。

(2)了解折射仪的构造及设计原理。

(3)掌握折射仪的使用范围及操作要领。

(4)学会用折射仪法测定宝石的双折射率。

(5)根据宝石双折射率的特征，学会判断宝石的轴性和光性。

二、实习内容

(1)大刻面宝石折射率的测定(近视法)。

①单折射率宝石的测定。

②双折射率的测定。

③宝石轴性、光性的判断。

(2)小刻面宝石折射率的测定(远视法)。

(3)弧面型宝石折射率的测定。

(4)利用油浸法测定宝石折射率。

(5)利用显微镜法测定宝石折射率。

三、实习步骤

(1)检查折射仪、显微镜及其附件的工作状况。

(2)领取宝石标本20粒。

(3)按照折射仪法的操作步骤,测定宝石样品的单折射率、双折射率,并根据其双折射率特征判断宝石样品的轴性和光性,将结果记录在实习报告上。

(4)测试完毕后,核对并交还宝石标本,同时上交实习报告。

(5)将仪器恢复到原始位置,清点好附件,并如实填写仪器使用记录。

思考题

1. 阐述折射仪的结构及使用方法,并解释其工作原理。
2. 宝石折射率的测定方法有哪些?
3. 如何用折射仪判断宝石的单折射率或双折射率?
4. 刻面型宝石和弧面型宝石折射率的测定方法有何差异?
5. 如何用折射仪判断宝石的轴性和光性?
6. 用折射仪法测定宝石的折射率有哪些局限性?
7. 折射仪的工作台应如何保养?
8. 影响折射仪法取得精确读数的因素有哪些?

第七章　宝石分光镜

在使用常规仪器鉴定宝石品种时，分光镜显得越来越重要了。如天然刚玉、优化处理刚玉和人工合成刚玉的区分，天然翡翠与染色翡翠的区分及各种拼合宝石的区分等都离不开分光镜。

第一节　分光镜的原理

分光镜是将透过宝石或从宝石表面反射的光线，按波长依次分解为红、橙、黄、绿、青、蓝、紫这样一个连续光谱，如果白光中缺失了某一波段的色光，光谱中该波段的位置上就会出现一条黑线或黑带。这是因为透明宝石的颜色是由于对光选择性吸收的结果，每种宝石都有自己独特的内部结构。即使是具有相同着色离子的宝石，由于其内部结构不同，所呈现的颜色也大不相同。例如，祖母绿、红宝石都是由于晶体中含有致色元素铬而呈色的，分别呈绿色和红色。每种宝石都有自己特有的吸收光谱，这就构成了鉴定宝石的基础。

1. 色散

当一束白光通过透明物体（如棱镜）的斜面时，白光中的单色光会按波长依次分开排列，出现光谱色，即红、橙、黄、绿、青、蓝、紫。各种颜色的波长如下：红色 700～630nm；橙色 630～580nm；黄色 580～550nm；绿色 550～490nm；蓝色 490～440nm；紫色 440～400nm。

2. 选择性吸收

所有物体对可见光都有不同程度的吸收，当把这些通过物体的光分解后，可以看到被吸收的光波波长，光波被吸收后，在光谱中呈现黑色。这种吸收作用往往与物质中的特定元素有关。

顺便指出，太阳光谱黑线，也叫夫琅和费谱线（Fraunhofer lines）（表 7－1）。大部分太阳光的吸收线是围绕太阳的赤色带气体元素的特征波长的吸收线，而少数吸收线（A 和 B 吸收线）是由地球大气层中的氧元素产生的谱线。

表 7－1　夫琅和费谱线特征

<table>
<tr><th>吸收线代号</th><th>波长/nm</th><th>元素</th><th>备注</th></tr>
<tr><td>A</td><td>762.8（深红）</td><td>氧</td><td rowspan="2">地球大气层中的氧</td></tr>
<tr><td>B</td><td>686.7（红）</td><td>氧</td></tr>
<tr><td>C</td><td>656.3（橙）</td><td>氢</td><td rowspan="2">太阳周围赤色带中的气体元素</td></tr>
<tr><td>D_1</td><td>589.6（黄）</td><td>钠</td></tr>
</table>

表 7-1(续)

吸收线代号	波长/nm	元素	备注
D_2	589.0(黄)	钠	太阳周围赤色带中的气体元素
E	527.0(绿)	铁	
b_1	518.4	镁	
b_2	517.3	镁	
b_3	516.9	铁	
b_4	516.7	镁	
F	486.1(蓝—绿)	氢	
G	430.8(蓝)	钙	
H	396.8(紫)	钙	

第二节　分光镜的类型和作用

无论是原石还是镶嵌好的宝石,都可以利用分光镜检查其吸收光谱,以研究揭示宝石着色的原因。特别是对于那些无法测定相对密度(如镶嵌好的宝石)和折射率(折射仪对折射率在1.81以上的宝石失去作用)的宝石,通过分光镜的观察测试来鉴定尤为重要。

鉴定宝石用的分光镜,根据仪器大小分为两类:台式分光镜(图 7-1)和手持式分光镜。根据仪器结构和性能的不同,又分为棱镜式分光镜和光栅式分光镜两种。

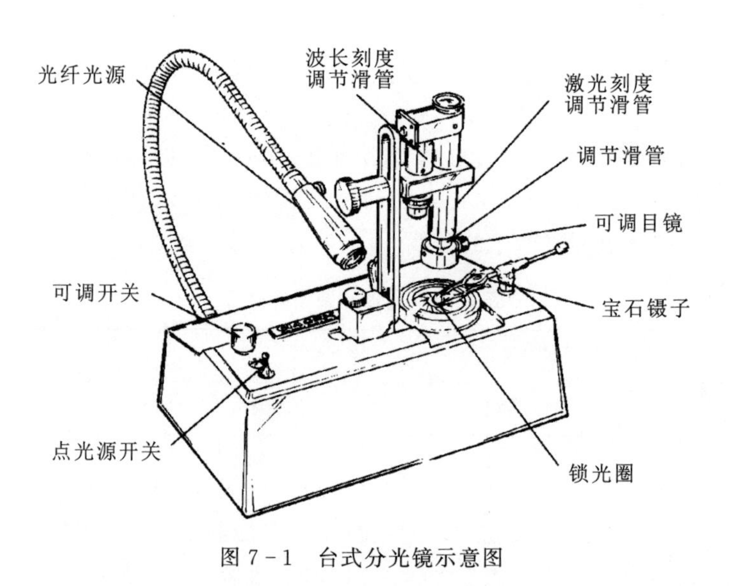

图 7-1　台式分光镜示意图

1. 棱镜式分光镜

棱镜式分光镜主要由狭缝、透镜、一组棱镜及目镜组合而成，如图 7－2 所示。棱镜的材料为铅玻璃或无铅玻璃，该种材料不发生双折射现象。同时，它们本身没有可见光吸收光谱，所以不干扰宝石的观测结果。

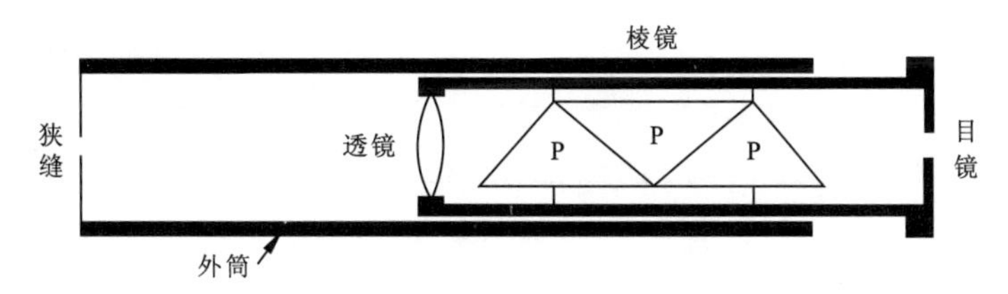

图 7－2　棱镜式分光镜结构图

为了产生一个较直的光径，采用三棱镜或五棱镜组合为佳，而且必须按交错的形式排列。可使所产生的可见光吸收光谱范围大小适中，既能清楚地见到宝石的特征吸收光谱，又能不超出观测范围。而且，光谱区的中心线与入射光的方向在一条线上。

该种分光镜中的狭缝为固定的和可调的两种。狭缝是用来控制进光量的窗口。对于透明的宝石，狭缝几乎完全闭合；对于半透明或透光弱的宝石，狭缝应开得稍大些。

由于每个人的眼睛焦距不同，调节目镜的焦距是必要的。通过目镜观察光谱图时，光谱各部分在距目镜略有差异的距离上聚焦，这是由于它们的折射角度略有不同的缘故。因而，观察红区和蓝区中的光谱时，需使用滑管调节焦距。

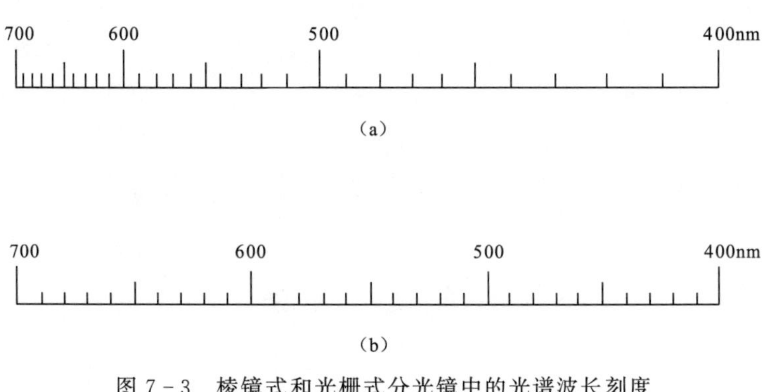

图 7－3　棱镜式和光栅式分光镜中的光谱波长刻度

(a)棱镜式分光镜；(b)光栅式分光镜

由于通过棱镜紫区的颜色比红区的颜色分离程度大，因而，棱镜式分光镜所观察到的宝石的红区谱线分辨率要比蓝区差，为非线性光谱，如图 7－3(a)所示。

棱镜式分光镜的光谱特点是光谱明亮，属非均等色谱，波长刻度不等分，紫色、蓝色区相对开阔，红区、黄区缩小(图 7－4)，一般对于颜色较深的宝石测试较为理想。

该图谱以纳米(nm)为单位，1 nm＝10^{-9}m。包括：①吸收线——狭窄，清晰易辨；②吸收带——比吸收线宽，较易辨别；③吸收阴影断面——完全吸收，从一个清晰的边延伸至光谱末端，常见于蓝紫区；④整体吸收——覆盖整个光谱，模糊不清，不易辨别。

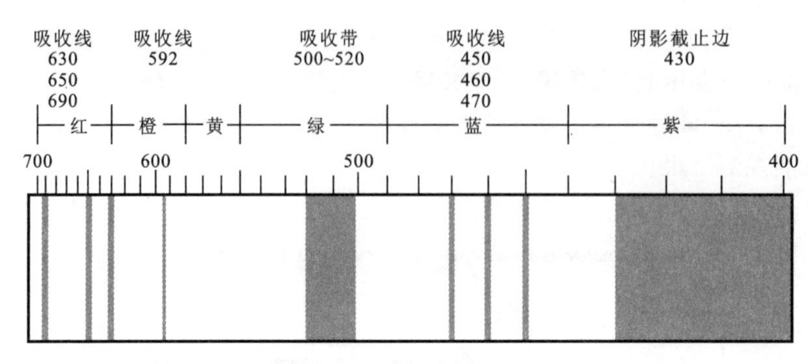

图 7-4 棱镜式分光镜图谱

2. 光栅式分光镜

光栅式分光镜主要由狭缝、准直透镜、棱镜及衍射光栅组成,如图 7-5 所示。

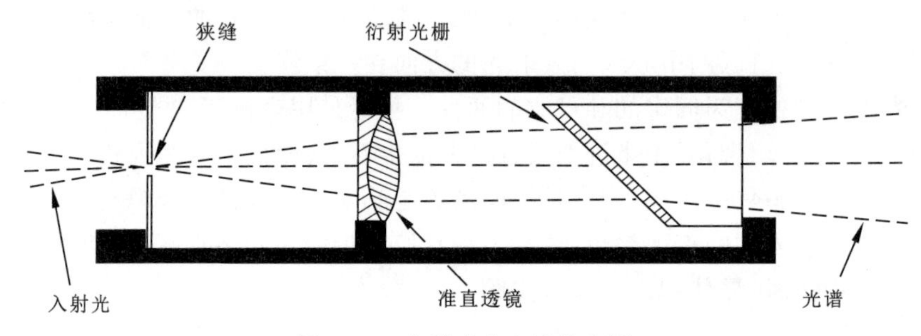

图 7-5 光栅式分光镜构造图

该种分光镜的优点是能产生线性光谱,光谱特点是光谱稍暗,所有波长的光谱都是等距排列,如图 7-3(b)所示。因而,其红区吸收谱线的分辨率比棱镜式分光镜中红区吸收谱线分辨率高。一般对于透明度好的宝石和在红区有吸收线的宝石测试有利。

第三节 分光镜的使用方法

分光镜的使用

1. 透射光法

把宝石放于光源和分光镜之间,用白色强光源照明,只允许透过宝石的光线进入分光镜的狭缝。调节滑管的焦距,使光谱和波长刻度清晰,调节狭缝的大小,控制进光量,通常在狭缝将要闭合的情况下观察宝石的吸收光谱最容易。但对于透明度弱的宝石来说,狭缝应在闭合的情况下逐渐开大,才会有最佳效果。观察宝石的光谱特征包括是吸收线还是吸收带,吸收的强度即黑线带的明显程度(强、中、弱)以及吸收的光波波长。

2. 表面反射光法

这种方法适用于不透光宝石的测试。光线从样品的上部照射,如图 7-6 所示,入射光和反射光与宝石样品台面的角度均呈 45°左右。将分光镜对准反射光方向观察。

3. 内反射法

此法适用于对颜色很浅、体积很小的透明—半透明宝石的观察和测试。将宝石的台面向下，使光线从样品的斜上方射入，并从台面反射，从宝石的另一侧射出。其入射光和反射光与样品台的角度约呈 45°。将分光镜对准反射出来的光线，如图 7 - 7 所示。此法与反射法类似。

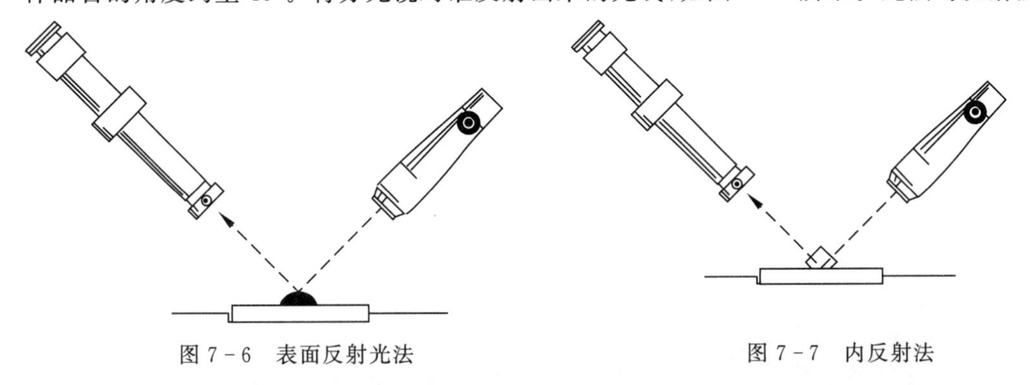

图 7 - 6　表面反射光法　　图 7 - 7　内反射法

第四节　色素离子与光谱

当白光透过含着色离子的透明宝石或光从不透明的宝石表面反射回来时，有一部分光被吸收，就会使我们感觉到宝石呈现颜色，所呈现的颜色与吸收的光线互为补色。宝石的颜色吸收与所含着色离子有关。总体上讲，不同的金属离子致色的宝石，吸收光谱特征均不相同。但同种金属离子致色的宝石吸收光谱特征相似，观察这些金属离子的吸收线，对鉴定宝石十分有益。

1. 主要色素离子光谱特征

(1)铬。铬离子致色的宝石在红端有很多窄的吸收线，693nm 处有三条清晰的吸收线，在 470nm 处有一至三条吸收线，在紫色、橙色区有灰色吸收带。合成红宝石不含铁，所以在 470nm 处无吸收线，如图 7 - 8(a)所示。

(2)铁。铁离子主要形成红、蓝、黄、绿等色，谱线的清晰程度远远小于铬离子。在蓝色区有三条铁的吸收线，在红、橙区有吸收带，如铁铝榴石、橄榄石。铁致色的宝石颜色通常较暗。合成蓝宝石因钛致色，所以为无铁的吸收线，如图 7 - 8(b)所示。

(3)锰。主要形成粉红色、橙红色，最强的吸收带位于紫区并可延伸到紫区外。如菱锰矿、蔷薇辉石，如图 7 - 8(c)所示。

(4)钴。三条强而宽的吸收带分别位于黄、绿、蓝区，如钴玻璃、蓝色合成尖晶石，如图 7 - 8(d)所示。

(5)铀。产生明显的吸收谱线，最稳定的谱线位于中红区，其他各区都有细而清晰的谱线，如锆石，如图 7 - 8(e)所示。

(6)钕和镨。钕和镨常共生在一起，在黄区和绿区形成特有的细线，如磷灰石、稀土玻璃，如图 7 - 8(f)所示。

2. 常见宝石吸收光谱图特征

(1)红色尖晶石：因铬致色，在红色区 693nm 附近有两条吸收线，橙、黄色区有灰色吸收

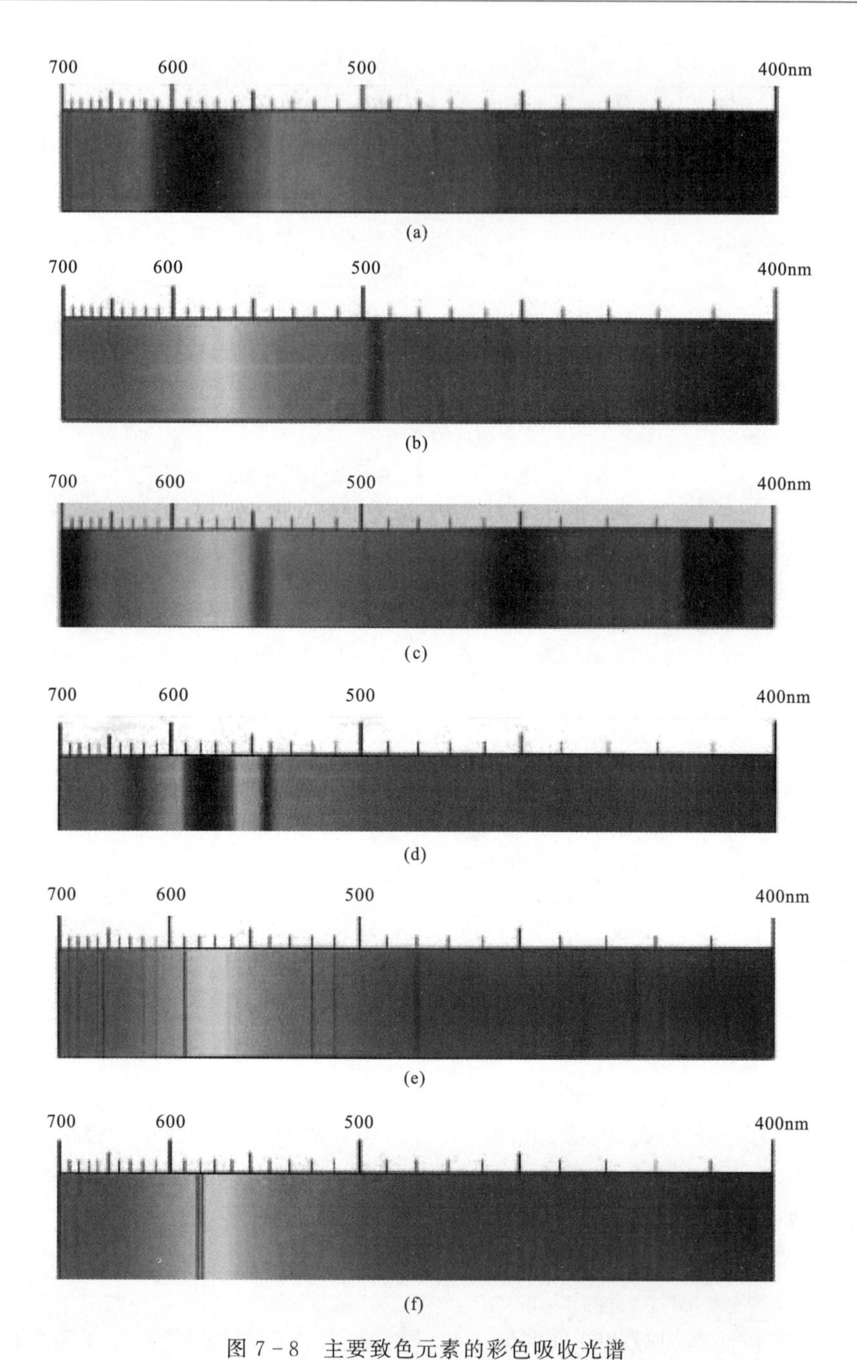

图 7-8　主要致色元素的彩色吸收光谱

(a)铬元素的吸收光谱(合成红宝石);(b)铁元素的吸收光谱(橄榄石);(c)锰元素的吸收光谱(菱锰矿);(d)钴元素的吸收光谱(Co 致色的蓝色合成尖晶石);(e)铀的吸收光谱(锆石);(f)钕和镨的吸收光谱(磷灰石)

带,粉红色尖晶石不含铁,在 470nm 处无吸收线。

(2)祖母绿:铬的标准吸收光谱,在红色区 680nm 附近有两条强的吸收线,在 662nm、646nm 处有两条模糊的吸收线,在黄、蓝、紫区有吸收带。

(3)绿色碧玺：因铬致色，在 470nm、490nm 附近有两条吸收线。

(4)红色碧玺：因锰致色，在蓝色区 458nm、450nm 处有两条吸收线，与红宝石相比，在红色区没有铬的吸收线。

(5)合成蓝宝石：因钛致色，故看不见铁的吸收线。

(6)海蓝宝石：在蓝色区 456nm、427nm 处有两条轮廓不清楚的吸收线，如样品较大，在 427nm 处吸收线较强。

(7)改色托帕石：为色心致色，在光谱图中无吸收线，可与海蓝宝石相区别。

(8)红色锆石：在红色区 653nm 处有弱的吸收线，但整个光谱中有平行排列的十数条吸收线，吸收线十分清晰可见。

(9)橄榄石：具有特征的铁的吸收光谱，在蓝区 493nm、473nm、453nm 处有三条吸收带。

3. 优化处理宝石的吸收光谱特征

(1)热处理宝石。热处理可以使宝石中所含有的致色元素发生变化或转化，从而使宝石呈现出美丽的颜色或改善其透明度。目前进行热处理的宝石主要是蓝宝石。产于澳大利亚的蓝宝石 90%以上都要经过热处理。产于中国山东省的蓝宝石也有相当一部分在经过热处理后颜色和透明度得到了明显的改善，改善前其 450nm、460nm、470nm 吸收线几乎彼此相连，改善后 470nm 吸收线明显分离出来，而且三条线较为清晰。斯里兰卡蓝宝石在热处理过程中会减弱或失去 540nm 的吸收线，产生 560nm 吸收线。再如黝帘石的吸收带中以 595nm 处吸收线最强，经过热处理后，595nm 处吸收线可能不是最强的。

(2)辐照宝石。有许多种辐照方法可以使宝石致色，其原理主要是使宝石产生缺陷形成色心。经过这种方法致色的宝石一般没有特征吸收光谱，只有少数出现吸收光谱。如经中子轰击显色的金刚石，在 498nm 和 504nm 处出现一对吸收线。经核辐射和热处理得到的黄色或褐色金刚石，其吸收光谱中 592nm 处有特征吸收线，据此可以将它们与天然黄色或褐色金刚石区分开来。

(3)染色宝石。可用分光镜对染色宝石进行鉴别，天然的绿色硬玉在 630nm、660nm、680nm 处有三条吸收线，而刚染完颜色的硬玉在 630～670nm 处出现一条宽的吸收带，褪色后，吸收线可能比较浅或只出现一条吸收线。

(4)填充宝石。绿松石常因颜色较浅、质地松软而用有色塑料填充，这种绿松石没有吸收光谱，而天然绿松石用反射光观察可见 460nm 的弱吸收线和 432nm 的强吸收线。

第五节　宝石吸收光谱的记录

(1)描述吸收线或吸收带的位置。通常用光的波长或分布的色区来表示，如某宝石的特征吸收光谱中有三条吸收线，分别为 450nm、653nm 和 670nm 吸收线；还有两条宽吸收带，分别为 400～440nm 和 480～600nm。若分光镜中不带标尺，此吸收光谱也可描述为：分别在蓝区有一条、红区有两条吸收线，在紫区有一条窄吸收带，并有一条宽吸收带覆盖了青、绿、黄区。

(2)描述吸收线或吸收带的亮度比。宝石内部致色离子浓度的不同会造成吸收光谱中吸收线或吸收带的深浅不同，因而吸收线或吸收带的明亮程度有差异。在记录宝石的吸收光谱时，还应描述吸收线或吸收带的亮度比，如在红区有三条深色(或暗色)的吸收线，在紫区有一条浅色的窄吸收带。

(3)注意正确描述截边吸收。某些宝石的吸收光谱会出现可见光谱末端全吸收(即全暗)现象。可用类似“450nm 以下全吸收”的方式描述。

(4)除用纯文字的方式描述宝石的特征吸收光谱外,还可借助简单明了的绘图方式进行记录。绘图时,应先认定吸收线和吸收带的起止色区、相对距离等,再在相应的可见光谱波段上准确画出吸收线或吸收带的位置及宽窄,还应在说明栏中对吸收线或吸收带的准确位置(波长数)、亮度比和截边吸收简单地加以说明。

第六节 使用分光镜的注意事项

使用分光镜的注意事项:

(1)分光镜使用的光源必须是强聚光的白色光源(白炽灯),不能使用太阳光(自然光)。因为太阳光谱中存在着夫琅和费谱线的吸收。也不能用荧光灯,因为它会发出汞的吸收光谱,造成与待测宝石吸收光谱混淆的状况。一般使用聚光笔式电筒、显微镜光源或偏光镜的光源。

(2)光源和分光镜的位置要适宜,尽量避免未透过宝石样品的光线(眩光)进入分光镜,使用手持式分光镜时,样品和分光镜的距离为 2～3cm。

(3)样品不要久放在光源下照射,以免宝石过热而影响光谱。宝石样品的粒度不能太小,否则将使宝石的吸收光谱太弱且不清晰。

(4)宝石不要用手握着观察,因为血液会产生 592nm 的吸收线。

(5)某些具多色性的宝石在不同方向上吸收光谱会有所不同,必须在各个方向上仔细观察。宝石的透明度和颜色深度与宝石吸收光谱的清晰与否关系密切。通常浅色透明宝石应从长轴方向透射观察,深色半透明宝石应从短轴方向透射观察。

(6)对于拼合宝石要在不同的方向上仔细观察,不同的部分吸收谱可能不同。一般拼合宝石不宜作吸收光谱的测试。

(7)鉴定宝石时应与其他鉴定仪器同时使用。如蓝宝石和合成刚玉拼合石在分光镜下呈现蓝宝石光谱;以石榴石为顶的拼合石可能呈现石榴石光谱,此时应利用显微镜进行鉴定、判别。

(8)应在暗环境下使用分光镜,排除某些荧光线的影响。如有些宝石在黄、绿、蓝和紫区有亮线,这是由于室内日光灯的光反射进入分光镜所致。

分光镜的使用很大程度上基于实践经验和宝石学知识,尤其是对宝石特征光谱的认识,只有熟记了特征光谱、过渡元素的特征谱线,才能有效地利用分光镜。

实习与思考 分光镜的应用

一、实习目的和要求

(1)了解分光镜的原理和基本构造。

(2)掌握分光镜的使用方法。

(3)学会利用宝石的特征吸收光谱进行对比鉴定。

二、课前预习

(1)分光镜的原理。

(2)分光镜的类型及其结构。

(3)分光镜的操作步骤。

(4)分光镜的用途。

(5)分光镜操作时的注意事项。

三、实习步骤

(1)检查实验仪器的工作状态是否正常。

(2)领取宝石标本 20 粒,核对好标本号。

(3)清洁宝石标本并校准分光镜。

(4)按照操作规程分别用台式分光镜和手持式分光镜进行测定标本的吸收光谱,并按要求认真完成实习报告。

(5)测试结束,清理好宝石标本和实验仪器。

(6)交还宝石标本,同时上交实习报告并如实填写仪器使用记录。

四、注意事项

(1)光源不宜长时间不间断地开启,以免发热而影响观察。

(2)观察宝石的吸收光谱时,不仅要观察宝石的吸收线和吸收带的位置,而且要注意宝石的吸收线和吸收带的宽窄和明暗比(亮度比)。

(3)应注意宝石的颜色、透明度和粒度对宝石吸收光谱的影响。

思考题

1. 简述棱镜式分光镜与光栅式分光镜的结构、工作原理。
2. 比较棱镜式分光镜与光栅式分光镜的光谱特征有何不同,请举例说明。
3. 分光镜有哪些用途?
4. 使用分光镜时应注意些什么?
5. 红宝石中,铬、铁等元素的吸收线和吸收带有何不同?
6. 宝石的特征吸收光谱中吸收线或吸收带的位置与哪些因素有关?
7. 宝石的特征吸收光谱中吸收线或吸收带的颜色深浅与哪些因素有关?
8. 如何利用分光镜对翡翠进行检测?

第八章　偏光镜

第一节　偏光镜的结构及工作原理

一、偏振光的概念

偏振光是指在垂直于光波传播方向上，沿一个固定方向振动的光。光线通过折射、反射和全反射可以产生偏振光，偏光镜是根据偏振光的特点制作的。非偏振光(自然光)是在垂直于光波传播方向的各个方向上振动的光。

自然光经过偏振滤光片(偏光片)偏振化后，只允许沿某一方向振动的光通过，其余方向的光均被阻挡，如图 8-1 所示。如果将 A、B 两个偏光片重叠(互成 90°角)，这时产生全消光，即无光通过，如图 8-2 所示。

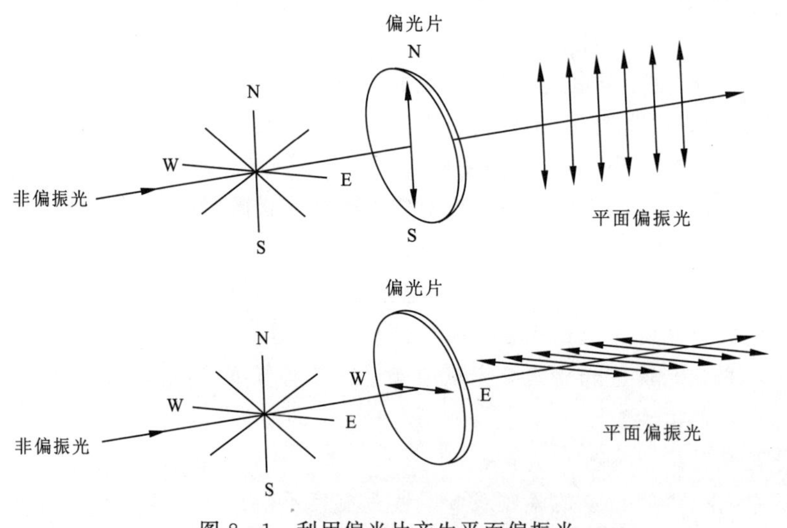

图 8-1　利用偏光片产生平面偏振光

二、偏光镜的结构

偏光镜是一种较简单的仪器，对确定宝石是均质体或是非均质体非常有用，为辅助鉴定仪器。

偏光镜主要由上、下偏光片，载物台和光源组成。如图 8-3 所示。

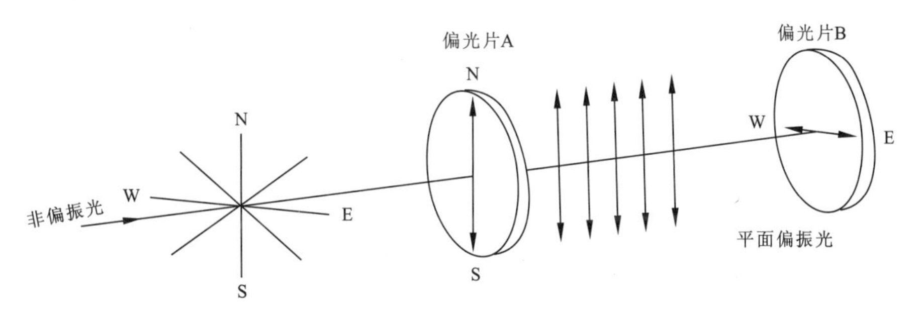

图 8-2　两个偏光片互成 90°重叠时产生全消光

上偏光片：可以进行 360°旋转。

下偏光片：固定。

载物台：位于下偏光片之上，也可以旋转。

光源：位于下偏光片之下，由普通灯泡提供照明。

图 8-3　偏光镜

三、偏光镜的工作原理

偏光片是由各向异性材料通过吸收作用，只允许一条偏振光通过而制成的。根据晶体光学的理论，我们把由两个偏光片组成的系统称为正交偏光系统。在正交偏光下，如果我们在两个偏光镜中间不放置宝石，下偏光镜允许光线通过的方向是南北方向（以 PP 表示），上偏光镜允许光线通过的方向是东西方向（AA 表示）。我们转动上偏光片，当上、下偏光片振动方向一致时，视域全亮；当上、下偏光片振动方向正交（互相垂直）时，来自下偏光镜的光线就不能通过上偏光镜，此时视域全暗，这种现象我们称为消光。

如果我们在两个正交的偏光镜中间放置不同光性的宝石，旋转载物台 360°，视域中会显示不同的明暗变化现象。因此，根据不同的现象可以判断宝石的光性。

第二节　偏光镜的应用

偏光镜的主要用途是判断宝石的光性，此外还可以观察各向异性宝石的干涉图，从而确定宝石的轴性，还可以在单偏光下观察宝石的多色性。

一、光性均质体和非均质体的观察

1. 操作步骤

(1)擦净载物台和样品,将样品置于载物台上,若是刻面宝石应台面朝上,以免产生假全暗现象。

(2)打开光源,转动上偏光片,使视域变到最暗,也就是说使上、下偏光镜正交。

(3)转动载物台,仔细观察样品明暗变化特点。

2. 观察现象与结论

(1)视域全暗。说明宝石是均质体。均质体宝石允许各个振动方向的光通过,来自下偏光片的偏振光通过各向同性材料后,振动方向不变,与上偏光片振动方向仍然是垂直的,光线不能通过上偏光片,因此任意转动宝石,视域全暗,即消光。

(2)视域四明四暗。说明宝石是非均质体。来自下偏光片的偏振光,进入各向异性材料后,被分解成振动方向互相垂直的两束偏振光。随着宝石转动 360°,两束偏振光的振动方向也随之变化。当宝石的两束偏振光振动方向与上、下偏光片一致时(转动宝石 360°出现四次),视域全暗;当宝石的两束偏振光振动方向与上、下偏光片不一致时,视域全亮;在宝石的两束偏振光振动方向与上、下偏光片振动方向相差 45°的位置上视域最亮。

(3)视域全亮。说明宝石是非均质集合体或隐晶质。因为多晶集合体的每个小颗粒的方向是随机的。当转动样品时,总有某些小晶体的两束偏振光振动方向与上、下偏光片振动方向不一致。因此在任何位置上样品总会有光透过,而使视域始终是亮的。

(4)异常消光。视域明暗变化无规律,有的呈斑纹状,有的呈黑十字消光(视域部分变暗)现象。这是由于均质体宝石如钻石、铁铝榴石、琥珀、合成尖晶石、玻璃等因受应力作用或类质同象替代使内部结构不均匀造成的。异常消光与四明四暗现象难以判别时,可以这样来区分:将样品转至最亮的位置,再转动上偏光片使视域全亮(即使上、下偏光片振动方向一致),此时在观察样品的变化,若样品变亮了,说明是均质体;若样品变暗或无变化,则为非均质体。另外还可以用折射仪来验证。

二、干涉图的观察

干涉图是非均质体在偏光镜下所呈现的由色环和黑带组成的图案。它是由锥形偏光、非均质体和上偏光共同作用而产生的干涉所形成的。根据干涉图的形状特征可判断宝石的轴性。

1. 观察干涉图的方法

(1)使宝石处于正交偏光下,并在上、下偏光片之间加一透镜(或干涉球),其作用是使通过它的平面偏振光变成锥形偏振光。在晶体光学理论中,我们称此系统为聚敛偏光系统。

(2)将宝石置于透镜(或干涉球)之下,来自下偏光片的偏振光进入非均质体宝石后分解成两束互相垂直的偏振光,它们透过透镜或干涉球,产生一定的光程差,再经上偏光片产生干涉作用,便出现了有黑带并伴有彩色色圈的干涉图。

2. 观察现象与结论

(1)一轴晶干涉图。观察时需转动样品,对一轴晶宝石来说,观察方向与光轴方向大致一致时，其干涉图为黑十字和色圈，如图 8-4 所示。其中水晶由于其内部结构的特殊旋光性，黑十字中心无交点（中空的），称为“牛眼干涉图”。某些水晶的干涉图在中心位置呈现四叶螺旋桨的黑带。

（2）二轴晶干涉图。对二轴晶宝石来说，当观察方向与两个光轴的锐角等分线 Bxa 基本一致时，干涉图由一个黑十字及“∞”字形与色圈组成，黑十字的两个黑带粗细不等，“∞”字形干涉色圈的中心为二轴晶的两个光轴出露点，越往外色圈越密，如图 8-5 所示。转动宝石时，黑十字从中心分裂成两个弯曲黑带，继续转动，弯曲黑带又合成黑十字（即宝石转动一周，黑十字出现分开、合并交替现象）。

当观察方向平行于某一光轴时，单光轴干涉图由一个直的黑带及卵形干涉色圈组成，转动宝石时，黑带弯曲，继续转动，黑带又变直，如图 8-6 所示。

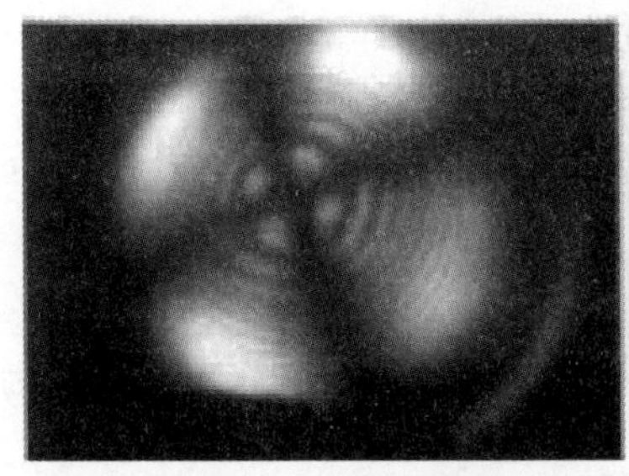
图 8-4　一轴晶垂直光轴干涉图

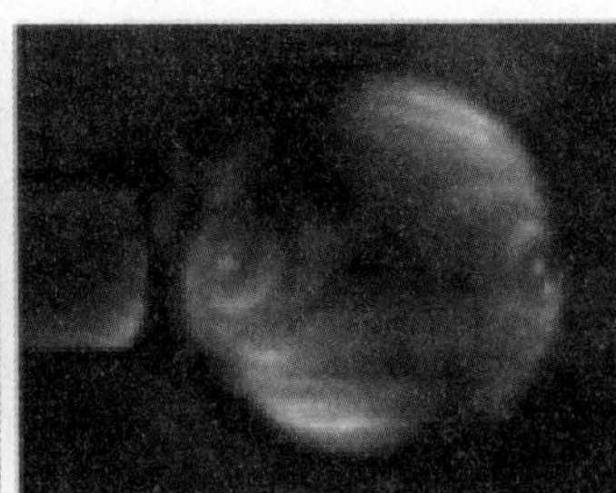
图 8-5　二轴晶双光轴干涉图

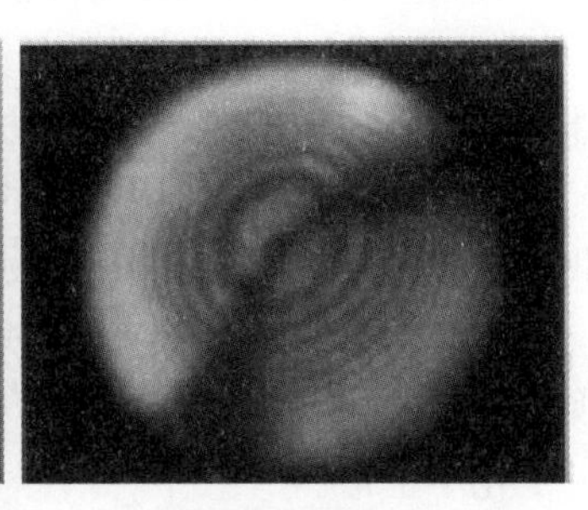
图 8-6　二轴晶单光轴方向干涉图

三、宝石多色性的观察

1. 宝石样品的要求

（1）要求宝石必须是单晶有色宝石。

（2）宝石必须呈透明至半透明。

（3）宝石表面清洁干净。

2. 观察方法及结论

（1）开启光源。

（2）转动上偏光片使其与下偏光片振动方向一致，即出现亮域。

（3）将样品放在载物台上（台面朝上）。

（4）转动载物台观察样品的颜色变化，只有非均质单晶宝石才可能出现颜色变化。观察过程中要记住样品在不同位置上的颜色特征，并加以对比来判断。

（5）如果宝石具有多色性，每旋转 90°，可见不同的颜色变化或同种颜色的不同色调。

3. 提示

（1）应从宝石样品的多个方向进行观察。

（2）在观察多色性之前，可先测定宝石的光性，以便相互验证所得到的结果。

（3）偏光镜下所测得的多色性在色品特征方面不如二色镜观察的准确，仅可作为辅助性的鉴定，但对于多色性弱的或体色浅的宝石样品而言，在偏光镜下较容易发现其多色性。

第三节 使用偏光镜的注意事项

在使用偏光镜对宝石的光性、轴性进行测试的过程中,要注意其适用范围及影响因素。

(1)用偏光镜测试的样品必须是透光性好(透明至半透明),用于观察干涉图的样品必须是透明的。

(2)样品不能太小,否则难以观察和解释。

(3)测定光性时,样品在载物台上的位置要避免样品的光轴方向与观察方向一致。因为光波沿光轴方向传播时不发生双折射,此时转动 360°,视域也是全暗的。因此,除了转动宝石外还应转换宝石的方位,以排除因光线沿光轴方向传播造成的假象。

(4)测试光轴时,宝石必须是透明的非均质体单晶。弧面形或圆珠形样品无需加透镜或干涉球也可出现干涉图(但观察方向需大致沿光轴方向)。

(5)具高折射率且切工好的样品(如钻石、合成碳硅石、锆石)应将台面朝上,若台面向下与载物台接触,会因全反射使视域全暗,误导观察结论。

(6)具有聚片双晶的样品或拼合石都可因不同部分消光方位不同而出现视域全亮。因此,观察时应排除其影响因素。多裂隙或多包裹体的样品,因光在其中传播受到影响,导致视域明暗变化不正常。

(7)有些均质体宝石如石榴石、玻璃、尖晶石、琥珀、欧泊等,可能出现许多不同的异常双折射现象,最好用二色镜、折射仪、显微镜等进行验证。

(8)黑十字形异常消光图无干涉色圈(如玻璃),而一轴晶干涉图却是黑十字与干涉色圈同时出现,应注意区别,以免混淆。

(9)测试时最好周围无其他干扰光源,以免影响测试结果。

实习与思考 偏光镜的应用

一、实习目的和要求

(1)了解偏光镜的构造及测定原理。

(2)掌握偏光镜的使用方法及操作步骤。

(3)学会利用偏光镜测定宝石的光性、轴性及检查宝石的多色性。

(4)学会判断宝石的异常双折射现象。

二、实习内容

(1)测定宝石的光性。

(2)测定宝石的轴性。

(3)检查宝石的多色性。

三、实习步骤

(1)检查偏光镜及其附件的工作状况。

(2)领取宝石标本15粒,其中用5粒测光性、5粒测轴性、5粒检查多色性。

(3)按照偏光镜测定宝石光性、轴性和检查宝石多色性的操作步骤,分别对宝石标本进行测试,并将结果记录在实习报告上。

(4)测试完毕后,核对并交还宝石样品,并提交实习报告。

(5)将仪器恢复到原始位置,清点好附件,并如实填写仪器使用记录。

思考题

1.偏光镜主要有哪些用途?并说明其局限性。

2.如何用偏光镜测定宝石的光性?

3.如何用偏光镜验证宝石具异常双折射?

4.如何用偏光镜测定宝石的轴性?

5.如何用偏光镜检查宝石的多色性?

6.用偏光镜测定宝石的光性时应注意些什么?

7.用偏光镜测定宝石的轴性时应注意些什么?

第九章　二色镜

第一节　二色镜的工作原理

当一束光线穿过非均质晶体时,被分解为两条相互垂直的偏振光。在各向异性的有色宝石中,在这些方向上传播的光线的某些波长可被选择性地吸收而产生不同的颜色或同一种颜色的不同色调,只要能将这两种振动的光分离开来,就可以看到不同的颜色,二色镜就是将这两束偏振光的颜色并排出现在窗口的两个影像中,使我们看到了不同的颜色。

一轴晶宝石有两个主折射率。宝石的差异选择性吸收使透过宝石的两束光线呈现两种不同的颜色或两种不同色调,称为二色性。

二轴晶宝石有三个主折射率,与其对应可产生三种颜色或三种色调,称为三色性。

例如:蓝宝石为一轴晶宝石,显示深蓝和浅蓝两种颜色。堇青石为二轴晶宝石,显示淡蓝、淡黄和深紫蓝色三种颜色。

第二节　二色镜的结构

宝石检测中最常用的是冰洲石二色镜。它主要由冰洲石菱面体、透镜(目镜)、进光窗口(小孔)等构成,如图 9 - 1 所示。

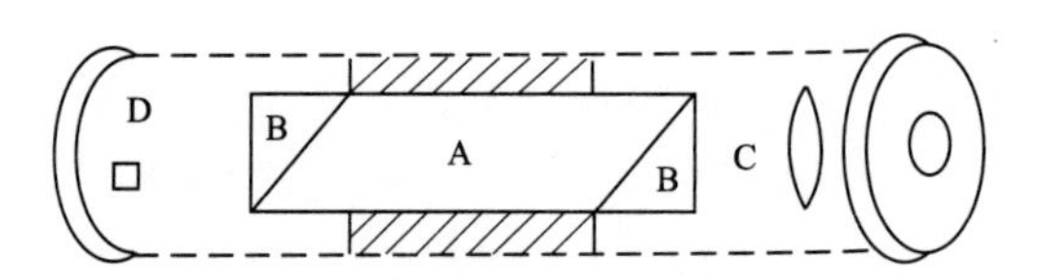

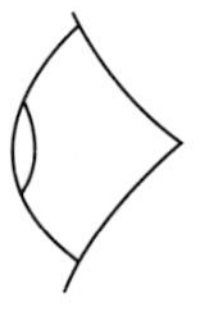

图 9 - 1　二色镜的结构

A. 冰洲石菱面体;B. 玻璃棱镜;C. 透镜;D. 小孔

冰洲石具很高的双折射率($No=1.658$、$Ne=1.486$、$No-Ne=0.172$)。菱面体是一个解理块,其晶体结构裂开的角度及解理块长度正好使来自非均质体宝石的两束偏振光再次分解,并经透镜聚焦后,并排出现在视域两个窗口中。故大多数具多色性的宝石,肉眼不易辨认,而在二色镜中可轻易辨别出来。

第三节　二色镜在宝石鉴定中的应用

1. 操作步骤

(1)将样品置于小孔前,样品尽量靠近小孔,以防样品表面反射光进入小孔(反射光有偏振化,会影响观察效果)。

(2)用较强的白光光源(阳光或白炽灯均可)透射样品,使经过样品的光进入小孔。

(3)边观察,边转动二色镜,注意两个窗口的颜色变化,如图 9-2 所示。

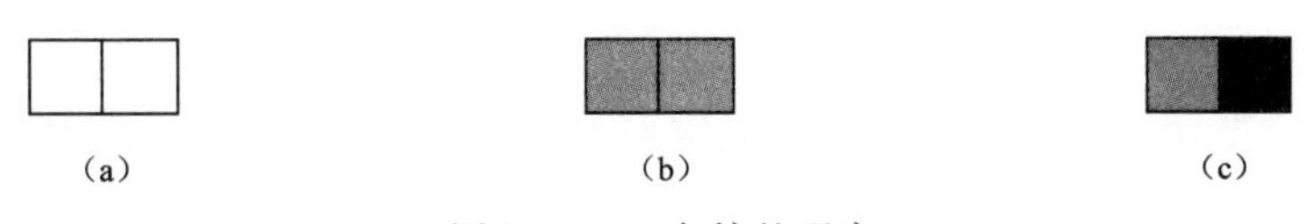

图 9-2　二色镜的观察
(a) 通过二色镜向一束光线看去所见到的图像;
(b)通过二色镜观察一块单折射宝石所见到的同颜色的图像;
(c)通过二色镜观察一块多色性双折射宝石所见到的不同颜色的图像

2. 现象与结论

(1)始终出现一种颜色,样品为各向同性(均质体宝石)。

(2)出现两种颜色或色调,样品为各向异性(非均质体宝石)。

(3)出现三种颜色或色调,样品为二轴晶宝石。

3. 多色性级别的划分

宝石多色性的强弱通常可以分为四级。

(1)强。肉眼可见宝石不同方向的色差。

(2)中。肉眼难以观察到多色性,但在二色镜中多色性明显者。

(3)弱。二色镜下难见宝石不同方向的色差。

(4)无。二色镜不能观察到多色性者为无。

在观察中,还要考虑到宝石的大小和体色的深浅,同品种的有色透明非均质体宝石(各向异性),体积大、颜色深的比体积小、颜色浅的多色性强些。

第四节　使用二色镜的注意事项

使用二色镜的注意事项:

(1)样品必须是透明至半透明的有色单晶宝石。

(2)避免单色光、偏振光进入小孔。日光灯管边缘的光线部分是偏振光,宝石表面的反射光或多或少会偏振化,偏振光会干涉颜色产生深浅变化。

(3)光源与样品不要靠得太近,宝石受热可能会影响颜色。

(4)在样品的某一位置上,转动二色镜观察时,两个窗口颜色互换,才是多色性的表现,若两个窗口颜色不同,但转动二色镜时并无交换变化现象,则可能是由另外进入的偏振光引起。

(5)沿光轴方向观察,宝石无多色性,当宝石振动方向与冰洲石菱面体的振动方向一致时,多色性最明显。

(6)某些样品的颜色不均匀或具色带,观察时勿将此误认为是多色性。此时二色镜两个窗口显示的图像是完全一样的,仔细辨认可区分。

(7)具三色性的宝石,其三种颜色在不同方向上显示,从一个方向观察,只能见到两种颜色。

(8)在二色镜中若见样品的颜色由深色—浅色—无色变化,或出现除两种颜色外的混合色和灰色,那都不是三色性的表现。

(9)宝石多色性的强弱与双折射率大小无关。

(10)二色镜主要用于确定有色透明单晶宝石的光性,但在加工时可用来帮助确定宝石最佳颜色出现的方位。

检测实例分析

应用二色镜可将下列有色宝石区分开来:

(1)蓝宝石和蓝色尖晶石。蓝宝石为一轴晶,在二色镜中观察具二色性(深蓝/浅蓝)。而蓝色尖晶石是等轴晶系,均质体宝石在二色镜中观察不具二色性。

(2)红宝石和红色尖晶石、红色石榴石、红色玻璃。在二色镜中观察,红宝石具二色性(深红/黄红),而红色石榴石、红色尖晶石、红色玻璃为均质体宝石,不具二色性。宝石多色性特征见表9-1。

表9-1　常见宝石多色性特征表

宝石名称	多色性明显程度	多色性的颜色
红宝石	强	浅黄红、红
蓝宝石	强	浅蓝绿、深蓝
绿色蓝宝石	强	浅黄绿、绿
紫色蓝宝石	强	浅黄红、紫
祖母绿	明显	浅黄绿、蓝绿
海蓝宝石	明显	无色、淡蓝
铯绿柱石	明显	浅粉红、深蓝粉红
金绿柱石	明显	柠檬黄、褐黄
金绿宝石(深色)	明显	无色、淡黄、柠檬黄
猫眼	明显	淡红黄、浅绿黄、绿
变石	强	深红色、橙黄、绿

表 9－1(续)

宝石名称	多色性明显程度	多色性的颜色
变石(缅甸)	强	紫色、草绿、蓝绿
碧玺(红)	强	粉红、深红
碧玺(绿)	强	浅绿、深绿
碧玺(蓝)	强	浅蓝、深蓝
碧玺(褐)	强	浅黄褐、深褐
橄榄石	弱	浅黄、绿
托帕石(黄)	明显	浅粉红黄、草黄、蜂蜜黄
托帕石(蓝)	明显	无色、淡粉红、蓝
托帕石(粉红)	明显	无色、淡粉红、粉红
托帕石(绿)	明显	无色、浅蓝绿、淡绿
紫晶	弱	浅紫红、紫红
黄晶	弱	淡浅黄、黄
烟晶	弱	浅红褐、褐
芙蓉石	弱	淡粉红、粉红
锆石(蓝)	明显	浅蓝、深蓝
锆石(褐红)	弱	淡红褐、褐色
红柱石	强	黄、绿、红
蓝锥矿	强	无色、浅绿、靛蓝
磷灰石(蓝、绿)	强	黄、蓝
顽火辉石	明显	浅黄绿、绿、淡褐绿
绿帘石	强	浅黄绿、绿、黄
堇青石	强	淡蓝、淡黄、深紫蓝
蓝晶石	明显	淡蓝、蓝、蓝黑
方柱石(紫)	强	淡蓝紫、紫
锂辉石(粉)	强	无色、粉红、紫
锂辉石(绿)	强	淡蓝绿、草绿、浅黄绿
锂辉石(黄)	强	淡黄、黄、深黄
黝帘石(蓝)	强	灰绿、紫红、蓝

实习与思考　测定宝石的多色性

一、实习目的和要求

(1)了解二色镜的设计原理及结构。
(2)学会使用二色镜的操作步骤。
(3)掌握利用二色镜对宝石多色性观察的方法。

二、课前预习

(1)二色镜的设计原理和二色镜的结构。
(2)二色镜的操作步骤和使用过程中的注意事项。
(3)各种宝石在二色镜下的颜色特征。

三、实习内容

测定宝石的多色性。

四、实习步骤

(1)检查二色镜的工作状态是否正常。
(2)领取宝石标本10粒,核对好标本号。
(3)仔细观察和记录二色镜下宝石标本的颜色特征,并按要求认真完成实习报告。
(4)测试结束,清理好宝石标本和实验仪器。
(5)交还宝石标本,提交实习报告并如实填写仪器使用记录。

五、注意事项

(1)应严格按照仪器的操作规程操作。
(2)发现问题及时向指导老师报告以便妥善解决。
(3)对某些较难判断的多色性现象可以从宝石标本的不同方向多次进行观察。
(4)有时二色镜可见一半无色、一半灰色的影像,不要将此现象与多色性混同。

思考题

1.二色镜的设计原理和结构是什么?
2.简要说明二色镜测试结果的解释方法。
3.滤色镜有哪些用途?使用时应注意些什么?
4.若宝石具二色性,是否据此可判断宝石的轴性?请举例说明。

第十章　滤色镜和紫外灯

第一节　滤色镜的结构和工作原理

一、结构

滤色镜是由能够吸收特定波长光的两片滤色片组成，其结构简单、小巧，便于携带，可同时观察多个样品，鉴别速度快。

查尔斯滤色镜由两片仅允许深红色和黄绿色光通过的滤色片构成。这种滤色镜由英国宝石测试实验室的安德森和佩恩研制，并首先在查尔斯工业学校使用，由此得名。这种滤色镜最初的功能是用于区分祖母绿的真伪。祖母绿几乎是唯一的能让光谱中深红区的大部分光透过并与此同时吸收黄绿色光的绿色宝石。祖母绿的这一特性是由于存在铬元素。因此，透过滤色镜观察，许多祖母绿呈红色，而大多数其他绿色宝石、绿色玻璃以及拼合石祖母绿则呈绿色。不过近年来，许多新产地出产的祖母绿(如南非)，在查尔斯滤色镜下并不变红，另外，随着合成祖母绿的大量上市，查尔斯滤色镜在鉴定祖母绿中的作用也越来越受到限制。不过在某些情况下，它仍不失为一种简便、快速的辅助鉴定工具，如图 10－1 所示。

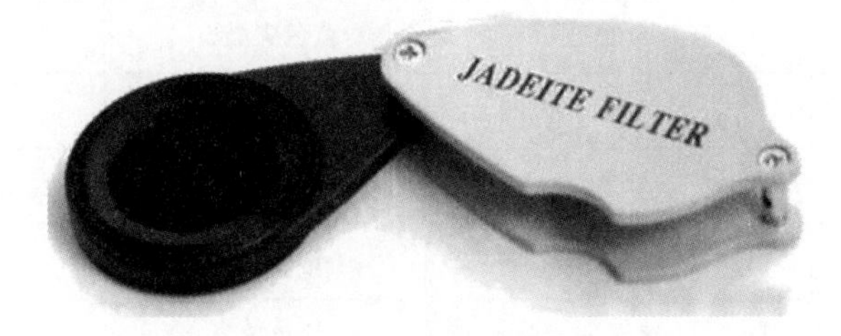

图 10－1　查尔斯滤色镜

二、原理

查尔斯滤色镜可区分颜色相似的宝石，其原理是：有色宝石的颜色是宝石对白光选择性吸收后的残余色，它由不同波长的光混合组成。不同宝石具相似颜色，但其组成中的各单色光不尽相同。

用滤色镜观察宝石，可对组成宝石颜色的某些波长的光(单色光)起“过滤”作用，使混合组分减少。这样，在滤色镜下原来颜色相似的宝石可显示不同的颜色，从而达到区分它们的目的。

同种宝石由于其产地、成因、杂质元素含量不同等，宝石在滤色镜下显现的颜色会有变化。

例如,祖母绿就是最典型的例子,有些祖母绿在查尔斯滤色镜下会变红,有些仍为绿色。因此,滤色镜的测试结果仅供参考。

三、使用方法

(1)样品置于光源下,使用白色光源。

(2)使用透射光和反射光均可,根据样品情况而定。

(3)手持滤色镜应靠近眼睛观察样品。

(4)在距样品上方 30～40cm 处观察。

第二节　查尔斯滤色镜在宝石鉴定中的应用

查尔斯滤色镜的使用

一、应用

目前有许多滤色镜,分别用于检测不同颜色的宝石。最早和最常用的是查尔斯滤色镜,主要用于检测相似的绿色和蓝色的宝石,还可以用它来鉴别其他一些有色宝石,见表 10－1。

表 10－1　部分宝石在查尔斯滤色镜下显示的颜色

宝石名称	显示颜色	宝石名称	显示颜色
祖母绿	红至粉红色①、绿色②	红宝石	红色、明亮红色
合成祖母绿	明亮红色	绿色钙铝榴石	粉红色
绿色玻璃	绿色	绿色人造钇铝榴石	明亮红色
绿色翡翠	绿色	蓝紫色蓝宝石	红色
染绿色翡翠	红色	蓝色尖晶石	浅红色
绿玉髓	绿色	红色尖晶石	红色
绿色碧玺	绿色	合成蓝色尖晶石	明亮红色、粉红色
青金石	暗红色	钴蓝玻璃	明亮红色
海蓝宝石	黄绿色	绿色萤石	浅红色
染绿色石英岩	红色	绿色锆石	红色

注:①南美和俄罗斯产;②印度、巴基斯坦和非洲产。

在查尔斯滤色镜下某些绿色、蓝色宝石的表现如下:

(1)颜色基本不变。常见的宝石有翡翠、澳玉、绿碧玺、海蓝宝石、天然蓝色尖晶石(Fe 致色)、蓝宝石、蓝色托帕石等。

(2)颜色变红。①天然宝石中常见的宝石有祖母绿、翠榴石、青金岩、铬玉髓、东陵石等;②人工合成宝石中有合成蓝色尖晶石(Co 致色)、钴玻璃(蓝色)、绿色钇铝榴石等;③经染色的绿色或蓝色宝石。

目前出现了一种以氧化镍作为染料的非铬盐染色的染色翡翠，悄然地渗入并迅速地充斥了市场。由于是氧化镍染色的染色翡翠，在查尔斯滤色镜下不会变色，与天然翡翠毫无区别，因此我们在鉴别染色翡翠时需要特别注意。仿灰绿色（油青色）、蓝绿色和飘蓝花的翡翠，在查尔斯滤色镜下其有色部位显示出暗红—紫红色调。仿油青色、仿蓝水种的B+C石英岩，在查尔斯滤色镜下观察也会显示出暗红—紫红色调。天然的油青色、蓝水种翡翠在查尔斯滤色镜下则不变色。

二、注意事项

（1）在观察过程中，样品颜色深时，光源要强一些。

（2）某些在查尔斯滤色镜下会变红的宝石不是每个样品都一定显示红色。若样品的含铁量高，铁会遏止红色的出现，故判断时要谨慎。

（3）经查尔斯滤色镜观察所见颜色的深度取决于待测样品的大小、形状、透明度及其本身颜色深度。

（4）虽然最初查尔斯滤色镜称为祖母绿滤色镜，但实际上它不能将常与祖母绿混淆的宝石材料区别开来（如绝大多数天然及合成祖母绿、某些涂层的绿柱石及某些三层石在查尔斯滤色镜下均变红色）。

（5）查尔斯滤色镜仅可作为补充的测试手段，绝对不能以此作为鉴定宝石的唯一依据。

第三节 紫外荧光灯

一、结构和原理

1. 结构

紫外荧光灯由辐射出一定范围紫外光波的灯管、特制的两片滤光片（只允许365nm及253.7nm紫外光通过）、黑色材料制成的暗箱和观察窗口挡板（或透明有机玻璃）构成。紫外光由开关控制，分别提供长波（365nm）和短波（253.7nm）紫外光。

2. 方法原理

某些宝石在紫外光辐射时会受到激发而发出可见光，称为紫外荧光。不同宝石品种甚至同一品种的不同样品，因其组成元素或微量杂质元素的不同，而呈现出不同的荧光反应，表现出不同的荧光颜色和荧光强度。其荧光强度可分为强、中、弱、无四级。

某些宝石在停止紫外光辐射后，仍能在一定时间内继续发出可见光，称之为磷光。

二、使用方法及操作步骤

（1）擦净样品。注意：油污和纤维都具有荧光，可干扰样品的观察效果。

紫外荧光灯的使用

（2）在未打开紫外灯开关之前，将样品置于样品台上（紫外灯黑色背景上）。

(3)关好玻璃挡板。

(4)观察黑暗中的样品,让眼睛适应,并注意周围有无灯光影响,使样品完全处于黑暗中。

(5)分别打开长波和短波开关,稍等片刻(等待紫外灯发射),观察样品的荧光颜色、发光部位、发光强度,并作记录。

(6)如需观察其磷光性,则关闭紫外灯开关,继续观察。

三、注意事项

(1)短波紫外线对人体有伤害,使用时应避免人体各部位(主要是手、眼)被紫外线照射。观察时应关好玻璃挡板,取、放样品时应关闭紫外灯或用镊子操作。

(2)样品必须放在紫外灯下的黑暗背景之中进行观察。

(3)样品表面对紫外光反射,会造成紫外荧光假象。

(4)要搞清样品局部发光的原因,特别是多种矿物组成的玉石,荧光可能发自其中某一矿物,如青金岩中的方解石有荧光;有的是因为宝石表面的油、纤维等发出的荧光,故应擦净样品,重新测试。

(5)在判断宝石的荧光时应考虑样品的透明度,透明样品与不透明样品发出的荧光有所不同。

(6)宝石的荧光颜色可能与宝石本身的颜色不同。

(7)同类宝石不同样品的荧光可能存在明显的差异。

(8)宝石的荧光特征仅作为一种辅助性的鉴定依据。

四、紫外荧光灯在宝石鉴定中的应用

1.帮助鉴定宝石品种

有些颜色相似的宝石(如红宝石与红色石榴石、祖母绿与绿玻璃、芙蓉石与月光石、蓝宝石与蓝锥矿等)之间的荧光性存在着极大的差异,这种差异可作为鉴定相似宝石的依据并能迅速得出鉴定结果。

从表10-2中可以看出,钻石和琥珀的荧光色是多变的。含铬的红宝石、红色尖晶石、某些祖母绿、变石以及黄色、粉色托帕石等发红色和橙色荧光;仅极少数宝石具磷光,如钻石、欧泊。此外,大多数人工宝石,尤其是玻璃、塑料和胶几乎都具发光性。

表10-2 常见宝石的荧光性

宝石名称	LW紫外线荧光色	SW紫外线荧光色	X射线荧光色
钻石	橙、黄、蓝、紫、绿	橙、黄、蓝、紫、绿	白、黄、绿、蓝
红宝石	红	红	红
斯里兰卡蓝宝石	红、橙	红、橙	红、橙
斯里兰卡黄色蓝宝石	橙	橙	橙
合成橙色蓝宝石	红、橙	红、橙	红

表 10-2(续)

宝石名称	LW 紫外线荧光色	SW 紫外线荧光色	X 射线荧光色
合成绿色蓝宝石	红、橙	橙	—
无色蓝宝石	橙	橙	红
红色尖晶石	红、橙	橙	红、橙
合成刚玉仿变石	红	红	红
祖母绿	红、绿	红	红
托帕石	红、橙	—	橙
变石	红	红	—
磷灰石	黄、绿、紫	—	—
锆石	黄	黄	黄、紫、蓝
赛黄晶	蓝	蓝	紫
萤石	蓝、紫	蓝、紫	紫
月光石	蓝	—	蓝
方柱石	橙、紫	橙、紫、蓝	橙
透辉石	紫	—	—
紫锂辉石	橙	—	—
方钠石	橙色斑点	—	黄、蓝
青金石	橙色斑点	橙、紫	黄、蓝
彩色玻璃	黄、绿、蓝	黄、绿、蓝	蓝(某些)

应该着重指出的是，宝石发光性受所含杂质的影响。铁的存在明显遏制了荧光的强度和颜色。同种宝石的发光性存在着差异，因此紫外灯测试也只能作为宝石鉴定的一种辅助手段。

2. 帮助判断某些天然宝石和合成宝石

天然红宝石或多或少含一些铁，在紫外灯下荧光色不如合成品明亮鲜艳；天然祖母绿的荧光色也不如合成品鲜艳；焰熔法黄色蓝宝石在长波下呈惰性或发出红色荧光，而某些天然橙红色蓝宝石却呈黄色荧光；焰熔法蓝宝石呈浅蓝白色或绿色，而绝大多数天然品却呈惰性。

3. 帮助鉴定钻石及其仿制品

钻石的荧光性变化非常大，可以从无到强，也可呈现各种各样的颜色。有强蓝色荧光的钻石通常具有黄色磷光。常见仿制品如合成立方氧化锆在长波紫外线下呈现惰性或发浅黄色荧光，人造钇铝榴石呈现黄色荧光，人造钆镓榴石则常呈粉红色。在短波下，合成无色尖晶石发出蓝—白色荧光，而无色刚玉呈弱蓝色荧光。因此，紫外灯对于鉴定群镶钻石十分有效，因为若都是钻石，其荧光性绝不会均匀，而合成立方氧化锆、人造钇铝榴石等，其荧光性则较为整齐。

4. 帮助判断宝石是否经过人工优化处理

某些经过人工处理的翡翠(如B货翡翠)会发出荧光,某些注油和玻璃填充的宝石可能会发出荧光,某些拼合石的胶层会发出荧光。用硝酸银处理的黑珍珠无荧光,而某些天然黑珍珠却可发出荧光。

5. 帮助判别某些宝石的产地

澳大利亚产的黄色蓝宝石在紫外光下不发荧光,而斯里兰卡产的则发出黄色荧光。

检测实例分析

一、长波紫外线检查

1. 金刚石

一般来说,在自然光(太阳光)下观察优质的无色金刚石时,往往呈蓝色色调。这是因为太阳光中含有紫外线,金刚石吸收了紫外线,激发了电子跃迁到较高的能级,从而释放出特定的能量,产生蓝色光。金刚石由于所含的杂质不同,表现的荧光有粉红色、蓝白色、黄色、绿色、橙色等。颜色等级低的金刚石,也就是带有黄褐色的金刚石,大部分荧光微弱,颜色混浊或根本无荧光。荧光对于鉴别金刚石的仿制品如立方氧化锆、钛酸锶、钇铝榴石等也有很大帮助。

2. 祖母绿

天然祖母绿由于其产地和所含杂质的不同,颜色也存在着差异,所以表现出的荧光特性也有差异。如哥伦比亚祖母绿,一般有包裹体的深绿色者常表现为暗红色荧光,而包裹体较少的艳绿色者往往显示鲜红色荧光;而有些产地的祖母绿则不具荧光或荧光极弱。但是合成祖母绿则都呈现较强的鲜红色荧光。天然祖母绿与合成祖母绿比较,合成祖母绿的荧光较天然祖母绿的荧光强。

3. 红宝石

红宝石的荧光特性根据其品质和颜色的不同也有微弱的差异,一般在长波紫外线照射下呈鲜红色荧光,品质次的或颜色浅的荧光也弱。而合成红宝石则呈较鲜艳的红色荧光。用荧光检查红宝石与红色石榴石很容易区分,红色石榴石一般不具荧光。值得注意的是,一些染色红宝石本身可能颜色较浅或呈灰白色,加色后为红色,也具有鲜红色荧光,所以应综合鉴定。

4. 蓝宝石

多数蓝宝石不具荧光,但斯里兰卡产的黄色蓝宝石、浅色的蓝宝石和近于无色的蓝宝石可呈橙色、粉色甚至暗红色荧光。合成蓝宝石以及粉红色、橙色、紫罗兰色和变色蓝宝石表现为红色荧光,镍着色的合成黄色蓝宝石一般不呈荧光,蓝色的合成蓝宝石均不显示荧光。

5. 尖晶石

天然红色尖晶石与红宝石非常相似,均呈鲜红色荧光,所以不能用荧光检查的方法来区别天然红宝石和红色尖晶石。合成红色尖晶石也显示红色荧光,用荧光检查的方法来与天然红色尖晶石进行区别也不太容易。合成的黄绿色、绿蓝色尖晶石由于是锰着色的,故表现出一种极其鲜艳的、明亮的绿色荧光。而蓝色的合成尖晶石则表现为红色荧光。

二、短波紫外线检查

1. 刚玉

天然红宝石在短波紫外线下呈暗红色荧光，合成红宝石呈鲜红色荧光；天然蓝宝石一般情况下不具荧光，而合成的蓝宝石呈乳白色荧光；经过热处理的天然蓝宝石也会出现乳白色的荧光，染色的红宝石在短波紫外线照射下也呈现鲜红色荧光，而且在裂隙和缺陷处更明显，应予以注意。此外，一种新型的蓝宝石双层拼合石目前已在市场上出现，它的冠面为一种天然的浅绿蓝色蓝宝石薄片，所以冠部较低，亭部为一种蓝色合成蓝宝石，两者在腰部用黏合剂胶接。这种胶结设计十分精细，在不严格检查的情况下，会误认为是天然的蓝宝石，特别是镶嵌好的就更难观察其亭部的生长线和气泡。但是它在短波紫外线下会显示出一种灰蓝色至浅绿色的荧光，据此可以加以识别。

2. 金刚石

天然金刚石在长波紫外线下基本上发荧光，而在短波紫外线下不发荧光或发较弱的荧光，合成金刚石，如戴比尔斯合成金刚石在长波紫外线下无反应，而在短波紫外线下根据其颜色不同而产生不同的荧光效应，褐黄色的发中等至强的黄色或绿黄色荧光，黄色的发弱至中等强度的黄色荧光，绿黄色的发一种弱黄色荧光，对于真空镀膜的金刚石来讲，在长短波紫外线下都没有荧光出现。

3. 锆石

无色的天然锆石在短波紫外线下的荧光反应与在长波紫外线下的荧光反应相同，都具有混浊的淡黄色荧光，而褐色的锆石则显示出强的黄色荧光。目前市场上的“苏联钻”以及大多数用于中低档宝石配镶的“白锆”等都是人工合成的立方氧化锆，都不具有荧光性。

短波紫外线下呈现荧光的强度一般较长波紫外线下的荧光弱，但是对一些合成的宝石和使用了着色剂后的宝石，其荧光性可表现得稍强。

三、紫外线透过检查

根据宝石能否透过紫外线的性质鉴定宝石是天然的还是人工合成的，这一方法是 B. W. 安德森在使用石英摄谱仪时发现的。天然的祖母绿不能透射波长约 300nm 以下的紫外线，而查塔姆合成的祖母绿却能透射低到 230nm 左右波长的紫外线，红宝石也是如此。因此，可以用紫外线照相法将合成红宝石、合成祖母绿与天然的红宝石、祖母绿区分开来。

实习与思考 滤色镜和荧光灯的应用

一、实习目的和要求

(1)了解滤色镜和荧光灯的设计原理及结构。

(2)学会使用滤色镜和荧光灯的操作步骤。

(3)掌握利用滤色镜和荧光灯对宝石进行鉴定的方法。

二、课前预习

(1)滤色镜和荧光灯的设计原理。

(2)滤色镜和荧光灯的结构。

(3)滤色镜和荧光灯的操作步骤。

(4)滤色镜和荧光灯在使用过程中的注意事项。

(5)各种宝石在滤色镜和荧光灯下的特征。

三、实习内容

(1)查尔斯滤色镜下宝石样品的颜色特征。

(2)用荧光灯测定宝石样品的发光性。

四、实习步骤

(1)检查实验仪器的工作状态是否正常。

(2)领取宝石标本20粒,核对好标本号。

(3)按照查尔斯滤色镜和荧光灯的操作方法分别对宝石标本进行测定。

(4)仔细观察和记录查尔斯滤色镜和荧光灯下宝石标本的特征反应,尤其是宝石的发光性应根据具体情况描述其强度、色调及出现的位置,并按要求认真完成实习报告。

(5)测试结束,清理好宝石标本和实验仪器。

(6)交还宝石标本,提交实习报告并如实填写仪器使用记录。

五、注意事项

(1)应严格按照仪器的操作规程操作。

(2)发现问题应及时向指导老师报告以便妥善解决。

(3)对某些较难判断的现象可以从宝石标本的不同方向多次进行测定。

(4)宝石标本在测试前要检查其是否是拼合石或是否具多色性。

思考题

1.查尔斯滤色镜的设计原理和结构是什么?

2.查尔斯滤色镜有哪些用途?使用时应注意些什么?

3.什么是宝石的发光性?可使宝石发光的外来能量有哪些?如何区别荧光和磷光?

4.荧光灯的设计原理、结构和用途是什么?

5.试述荧光灯的使用方法和注意事项。

第十一章　宝石相对密度的测定(静水力学法)

天平是用于测试宝石的相对密度不可缺少的仪器,为宝石鉴定提供可靠的相对密度定量数据。对于宝石相对密度的测试,国家标准要求天平精确到万分之一克。宝石的质量是评价宝石的一个必不可少的因素,因此准确称重是一项重要的技能。

不同的天平有不同的称重方法,如单盘、双盘、电子天平及弹簧秤等,但不论哪种天平,要保证称重读数的可靠性,必须做到以下三点:

(1)保持天平水平。

(2)使用前调到零位。

(3)称重时保证环境的相对静止,如防止天平台的震动、空气的对流等。

第一节　相对密度的概念

在结晶学中我们知道了原子是怎样结合在一起的,并且形成不同的结构和不同的物理性质。例如碳原子在不同条件下的相互结合可形成石墨或金刚石,因结合方式的不同,不仅其在硬度方面产生极大的差异,而且在质量与体积的比值上也产生差异。包括所有宝石在内,每种物质的质量与体积的比值均由其组成原子的排列方式所决定。

密度是以一个单位体积所含的质量单位数来度量的。

$$\rho=m/V$$

式中:ρ 表示密度;m 表示质量;V 表示单位体积。密度的单位为 g/cm^3、kg/m^3 等。

物质的密度值取决于参考密度。如甲烷的相对密度:相对于水,为 0.95;相对于空气(标准状态下),为 1.78。

相对密度是指材料的密度与水的密度之比。

由于给定质量的水的体积随温度而变化,故采用 4℃时等体积水的质量。在 4℃时,$1cm^3$ 水的质量几乎精确地为 1g。

在宝石学中,密度被定义为单位体积材料的质量,并通常用 g/cm^3 作为标准度量单位。宝石的相对密度在标准大气压下就是宝石的密度与 4℃水的密度之比,即

$$材料的相对密度=\frac{材料的密度}{水的密度}$$

把金刚石与水相比,将会发现,金刚石比等体积水重约 3.52 倍。因此,3.52 被说成是金刚石的相对密度。

金刚石的原子结构与石墨的原子结构不同,其碳原子的堆积更紧密。金刚石的相对密度为 3.52,而石墨的相对密度为 2.21。

取一只玻璃壶或饮水杯,注入 2/3 的普通自来水。随后,在玻璃上标记水位。此时,小心地投放一颗圆滑的、约鸡蛋大小的干净卵石到壶中。要确保这个卵石不是由多孔的矿物组成,并且不要将水溅出而使水量减少。

在壶上标出表示新的水位的另一条线。为达到这个新水位所需的水量精确地等于卵石的体积,因为卵石排开了与自身体积相等的水,如图 11-1 所示。

图 11-1　投入卵石后壶中水位的变化

如果使用一个精确的量筒进行同样的试验,用增高水位的读数减去最初水位的读数,便能相当精确地计算出卵石的体积。

假设由卵石所排开的水的实际体积,即两个水位之间的差数是 $10cm^3$。这个数值本身并不能计算出相对密度,因为我们既需要知道卵石的体积,还需要知道卵石的质量。

通过使用一台简单的、称重精确度为 1/100g 的实验天平,便能相当精确地称重卵石。假定卵石的称重为 26.50g。利用前面所述的同一原理,我们来比较一下卵石的质量与其体积。于是:

$$\text{密度}=\frac{26.5}{10}(g/cm^3)=2.65(g/cm^3)$$

$$\text{相对密度}=\frac{2.65g/cm^3}{1g/cm^3}=2.65$$

因而,卵石的相对密度为 2.65。参考矿物相对密度表便可知这块卵石可能是石英。

当涉及较小的宝石或小块宝石原石时,用我们上述实验中的排水法来测定微小的体积是不精确的。因此,我们需求助于另一种方法,该方法将需要一些专门的仪器。这部分将在后文中介绍。

第二节　阿基米德定律

在讨论相对密度测定方法之前,我们需要学习一下阿基米德定律。为便于理解和应用这个著名的定律,下面描述一个简单的实验。

取一适当质量的物体,最好是具规则形态的,如一块砖(这里我们可对该材料的孔隙度忽略不计),用一根结实的绳子悬挂这块砖,随后用弹簧秤称重并记录其质量,接着用弹簧秤悬挂这块砖并将砖小心地放入盛冷水的容器中,条件是使砖能完全被水所淹没。当砖块完全被水浸没后,称重并记录其新的质量。可以发现它的质量比原先小。

现在,我们来解释这种现象。假设在水桶中被砖块所占据的空间,现被一块体积完全相同的水"块"所占据。存在两种作用于水"块"的垂向力,它们是:①垂直向下作用的水"块"的重力;②周围水体的上浮力。

这两种力完全相等,且方向相反,使水"块"处于平衡状态。现假设将这两种力施加在砖块上,于是作用在砖块上的两种垂向力是:①垂直向下作用的砖块的重力(称为 A);②水的上浮力,它等于被排开的水的质量(称为 u)。

这种上浮力等于由砖块所排开的那部分体积水的质量,不管该体积是砖块本身还是假设的水。上浮力并不取决于砖块的质量。

如果 u 为被排开的水的质量,那么,最终向下的力是 $A-u$。这就是当砖块浸入水中时弹簧秤上所记录的质量。我们称该质量为 W。

如果我们变更 A 和 u 的值,当 $A>u$ 时,下沉力大于上浮力(即该物体的质量比所排开液体的质量大),物体下沉。当 $A<u$ 时,上浮力大于下沉力(即该物体的质量比所排开液体的质量小),物体上升并漂浮在液面上。

当 $A=u$ 时,出现平衡状态,物体既不下沉也不上浮,在液体中任何位置上自由悬浮。即

$$W=\text{砖块在空气中的质量}-\text{所排开的水的质量}$$

阿基米德定律:当物体浸入液体中时,液体作用于物体的上浮力等于所排开液体的质量。

如果我们知道一个物体的质量及该物体浸入液体后所失去的质量,该物体的相对密度便可计算出来。通过静水力学法测定相对密度,这便是阿基米德定律的应用。

第三节　测定相对密度的方法

1.静水力学法一(使用一个双盘天平)

该方法包括使用一台双盘天平,并准备一个可挂金属丝兜的合适挂钩;一只玻璃烧杯,并向其中注入 2/3 的蒸馏水或冷开水。

将"架"横跨在天平的左吊盘上。使用天平时,"架"不可触及底盘。用一块薄铝板(其他金属亦可)弯曲成如图 11-2 所示的形状即可。另外再准备两条几寸长的细金属丝和几寸长的直径较粗的金属丝。

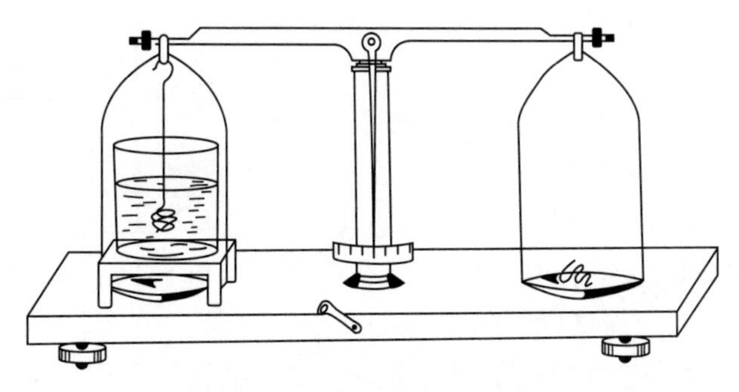

图 11-2　测定相对密度的双盘天平

用一把小漆刷来消除浸在液体中的样品及金属丝兜上的所有气泡。在水中滴一滴洗涤剂(清洁剂),用来减少玻璃烧杯中水的表面张力。

测定步骤:

(1)首先按常规方法使用天平,尽可能精确地称重样品,并记录此质量。

(2)在架子上放置一烧杯水,调节所悬挂的细丝的长度,直到只是较粗的金属丝兜浸没在

水中。然后,把剩下的金属丝放置在右吊盘上,使样品兜与吊丝处于平衡。调节右吊盘上金属丝的质量,直到使两个吊盘达到精确的平衡为止。

(3)再次称重已浸入水中的样品,并记录此质量。由此已获得计算样品相对密度所需的全部数据。

假设样品在空气中的称重质量(第一次的称重)为 1.60g,而浸入水中后的称重质量为 1.20g,用以下公式便可计算出样品的相对密度,即

$$相对密度=\frac{宝石在空气中的质量}{宝石在空气中的质量-宝石在水中的质量}$$

将所记录样品的称重质量分别代入式中,则

$$样品相对密度=\frac{1.60}{1.60-1.20}=4.00$$

在没有核对该样品光性特征的情况下,所测结果表明可能是刚玉。因为刚玉的相对密度介于 3.90～4.10 之间。

如果所使用的液体不是 4℃时的水,那么,所测出的相对密度值应乘以在测量温度下液体的相对密度。这从以下计算中便可证明。

如当水温为 20℃时,水的相对密度为 0.998 2,得到的样品相对密度为 4.00。

该样品的校正相对密度为

$$4.00\times0.998\,2 = 3.992\,8$$

事实上,由于水的相对密度随温度的变化非常之小,这个校正完全是在该测定方法允许的误差范围内,故这种温度校正完全可以忽略不计。

某些宝石是多孔的(如绿松石和一些蛋白石),不适宜做相对密度测定,可选择其他的鉴定测试方法。

2.静水力学法二(使用一个单盘天平)

该方法使用一台单盘电子天平。这种方法用来测量宝石在烧杯液体中的下沉力,它等于双盘天平法所测得的上浮力。测定方法如下:

(1)按常规方法在天平上称重宝石并记录其结果。

(2)往烧杯中加入 2/3 体积的蒸馏水,并放置在天平的托盘上,将金属丝兜全部投入水中,但不可触及烧杯边部或底部。在金属丝兜的悬丝上用记号标出浸点,以便再次放入时精确地达到同一深度(图 11-3),并称重。

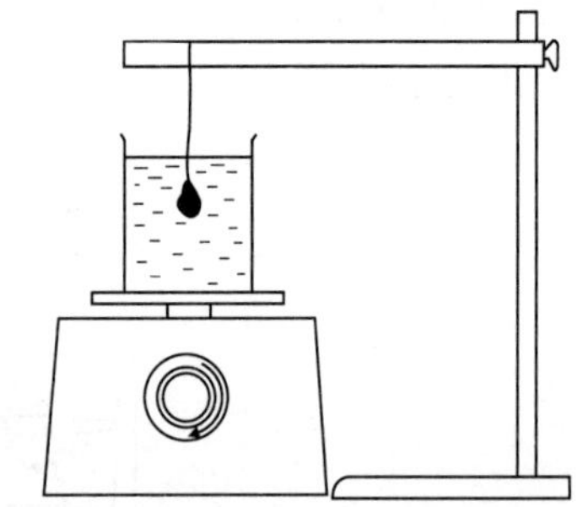

图 11-3　利用单盘天平测定相对密度

(3)把宝石装入金属丝兜中,但不可将水溅出。再次将金属丝兜浸没至标记处,重新称重。确认宝石被完全浸没,且所有的气泡均被排除。将此得出的质量减去第(2)步称的质量,即宝石排开同体积水的质量。

(4)用宝石在空气中的质量除以等体积水的质量,便得出宝石的相对密度。

$$相对密度=\frac{宝石在空气中的质量}{宝石在液体(水)中排开同体积水的质量}$$

该方法的精确度取决于天平的灵敏度。这种测定方法在多种类型的称重仪上均可使用,前提是待测宝石的颗粒要足够大,这样能弥补仪器的不精确性。

需要注意的是在操作过程中,烧杯里的水不可以有一滴外溅,因此在操作时要格外小心。下面我们介绍一种更简便的测定宝石的相对密度值方法。

如图 11－4 所示,准备一个烧杯支架,横跨在电子天平的称重盘上,然后把烧杯放在支架上,注意烧杯支架不可压在秤盘上。

准备金属丝兜及金属丝兜支架各一个,金属丝兜用细铜丝编制,浸没在液体中,放置样品,以称取样品在液体中的质量。金属丝兜上端挂在金属丝兜支架上,金属丝兜支架放在天平秤盘上。金属丝兜和金属丝兜支架的质量不宜过大。

测定方法:

(1)打开电子天平的电源开关,待稳定后按调零键,使天平归零,这时相当于天平没有放置任何物品(实际上金属丝兜和金属丝兜支架在秤盘上)。

(2)清洗样品并擦干,用镊子夹住样品放在天平上称重,并记下读数。

(3)用镊子夹起样品,此时天平应自动恢复到零位,然后将样品放在液体中的金属丝兜里,称取样品在液体中的质量,并记下读数。

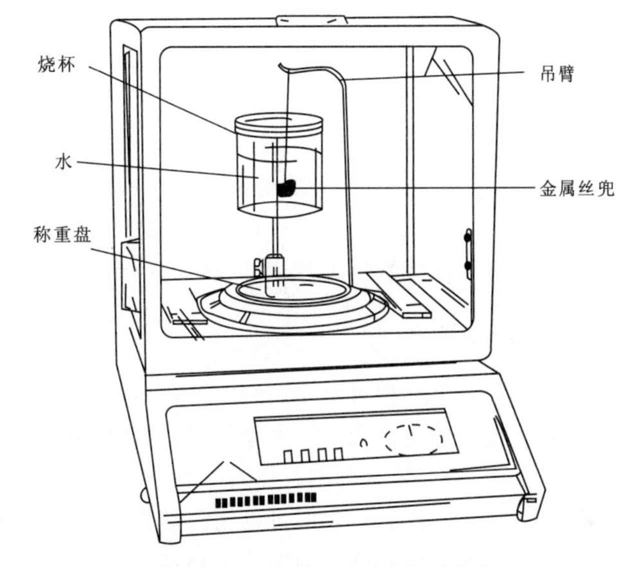

图 11－4　单盘天平测定相对密度

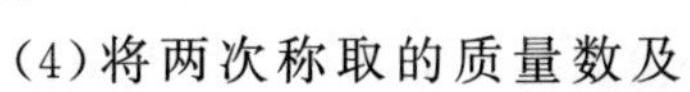

(4)将两次称取的质量数及所用液体在室温条件下的相对密度值代入公式(由于水的相对密度随温度的变化非常小,故这种温度校正可以忽略不计),便可得到样品的相对密度。

$$\text{相对密度}=\frac{A}{A-W}$$

式中:A 为宝石在空气中的质量;W 为宝石在液体中的质量。

第四节　影响测试精度的因素

1.天平的精确度

天平应能称重 0.01ct 的物体。通常情况下,宝石越大则误差越小。比如重 2ct 的蓝宝石,若在水中的称重误差为 0.01ct,则最后的相对密度值误差可达 0.08。据统计,测量质量为 3～4ct 的宝石,误差应小于 0.10;质量为 2～3ct 者,误差为±0.15;质量为 1.25～2ct 者,误差为±0.20;质量为 0.75～1.25ct 者,误差为±0.25。由此可见,即使严格按照操作步骤在标准天平上称重,也有误差。越小的宝石其误差越大,导致错误结论的可能性也就越大。所以建议不采用此法称量 1ct 以下的宝石。

2. 水的表面张力和附着于铜丝或宝石上的气泡

水的表面张力和附着的气泡都会影响宝石在水中的称重误差。将水烧开可减少气泡，加入1～2滴清洁剂可减少水的表面张力。此外，为了减少水的表面张力，实验室中也常用四氯化碳来代替水，计算公式变为

$$\text{相对密度}=\frac{\text{宝石在空气中的质量}}{\text{宝石在空气中的质量}-\text{宝石在液体中的质量}}\times\text{四氯化碳的相对密度值}$$

四氯化碳的相对密度随温度变化而有所变化，但在室温下，取其相对密度为1.586即可。

利用静水力学法称重测试相对密度，不受宝石的相对密度值限制，但不适用于测试多孔宝石，因为其孔洞中充填有不易排出的空气，在水中称重时会使测得的质量值较小，计算出的相对密度值就会比实际小。然而只要宝石的质量足够大，比如重3～4ct，由于多孔所造成的误差则不会引起太大的误差。尽管如此，该法有一个很大的局限，那就是测试一块宝石所需的时间太长，即使有经验者也需几分钟方能完成所有步骤。此外，许多宝石的相对密度值本身就有一个变化范围，因此从鉴定意义上看，在许多情况下只需要测试宝石相对密度的大致范围，为此实验室也常采用重液比较法进行测试，这种方法将在后面章节详细介绍。

检测实例分析

体积较大的宝玉石相对密度的测定：

一些体积较大的白玉、石英、大理岩玉的雕件，它们的外观很相似，对其进行鉴别时，因为要保证无损鉴定，不能直接刻划来测其硬度，或者因为抛光质量不好，用点测法很难准确地测定其折射率，在这种情况下，我们可以用测定相对密度的方法来进行区分。

用一个普通的有容积刻度的玻璃量杯，向杯中注入普通自来水，在玻璃量杯上记下标记水位。然后小心地将待测样品投放到玻璃量杯中，不要将水溅出而使水量减少。在玻璃量杯上标出表示新的水位的另一条线。这时，用增高水位的读数减去最初水位的读数，这样可以直接确定出玉石所排开水的实际体积，即两个水位之间的体积差数是多少。利用公式就可以计算出被测定玉石的相对密度值。因为白玉的相对密度值为2.95左右，而石英的相对密度值为2.65，因此很容易就可以将它区分。如果没有带容积刻度的玻璃量杯，我们也可以用一个普通的玻璃杯，将两个水位之间的体积水用吸管吸出然后称重，同样也可以计算出玉石较为精确的相对密度，只不过这样的测定稍微麻烦一点。

第十二章　宝石相对密度的测定(重液法)

第一节　重液的基本概念及常用重液

重液(浸油)是油质液体,利用其相对密度测定宝石的相对密度时,常称为重液;利用其折射率观察宝石时常称为浸油或浸液。理想的重液要求其挥发性尽可能小、透明度好、化学性质稳定、黏度适宜,尽可能无毒无臭,因此宝石学中常用的重液种类并不多。配制具某种相对密度或折射率的中间型混合重液时,除需满足上述要求外,还应考虑:

(1)低值重液与高值重液能无限混溶,混合后不产生第三种物质。

(2)两种纯重液的挥发性要尽可能相近,否则混合重液的相对密度或折射率会随时间而变化。

常用的重液有以下四种(英国宝石协会要求考生在参加证书课程实践部分考试时只使用下列重液来测定宝石的相对密度):①三溴甲烷(稀释),相对密度为2.65;②三溴甲烷,相对密度大致为2.89;③二碘甲烷(稀释),相对密度为3.05;④二碘甲烷,相对密度为3.33。

除了以上这四种纯液或混合液之外,还有其他几种具中间相对密度值的混合液可以使用。

例如,三溴甲烷与溴萘相混合形成的相对密度为2.00左右的混合液,可作为象牙及仿象牙制品(如骨骼)的检测液,值得注意的是,这些液体对某些塑料仿制品有溶解作用。

二碘甲烷与三溴甲烷相混合形成的相对密度为3.18的混合液能检测诸如锂辉石、红柱石、萤石及磷灰石等宝石。

克列里奇液(相对密度为4.15)与水混合可配制成相对密度为3.33～4.15的重液,但克列里奇液的毒性较大,一般情况下不推荐使用。

为了便于在测试过程中观察宝石在重液中的位置,所有的液体均应装在透明无色的玻璃瓶中,瓶颈最好大些,并带有毛玻璃瓶塞。

将少量金属铜投入这些液体中,有助于防止液体因分解而颜色变深。这种铜片不需经常更换。由于这些液体具挥发性及感光性,故应将它们贮藏在黑暗、凉爽的环境下。由于它们的蒸发气体具毒性,所以应在通风良好的条件下使用。

第二节　配制混合重液的方法

在配制重液时,用石英和粉红色电气石作为指示物可以配制相对密度为2.65和3.05的重液,因为石英的相对密度为2.65,粉红色电气石的相对密度为3.05,所配制的液体静止时若指示物能保持自由悬浮的状态,就表明相应相对密度的重液配好了。

(1)首先确定所使用的两种液体中哪一种具较大的相对密度。相对密度大的重液在一个特定的瓶中通常要占绝大部分体积,至少应先将该液体所需数量的一半倒入瓶中,然后少量地添加相对密度较低的重液,并经常地用一根玻璃棒搅动,直至液体静止、指示物保持自由悬浮状态。

(2)在混合(配制)过程中,一定要清洗并擦干玻璃瓶和漏斗。混合液一经配好,立刻在瓶上贴上标签,这样做有助于防止交叉污染,同时用笔在毛玻璃塞表面标出该液体的相对密度。

(3)在配制过程中从液体中取出任何一种指示物,在重新使用之前应确保该指示物及夹子完全干燥。这样做是为了避免交叉污染。操作结束之后应仔细地清整所用物品并彻底地清洗双手。

第三节　重液的使用方法

重液可用来测定宝石近似或精确的相对密度。这种近似测定方法简单、快捷,在多数情况下,当与其他测试手段配合使用时,其测试结果相当精确。然而,能用这种方法测定的相对密度,其范围是有限的。

1. 近似相对密度的测定

首先,待测的宝石应擦净,然后,用宝石镊子小心地将其投入一系列不同的重液中,直到找出宝石在其中缓慢下沉、缓慢上升或呈悬浮状态的一种重液。该重液的相对密度就近似等于所测宝石的相对密度。若宝石呈悬浮状态,则它的相对密度已精确测定。

无论是对宝石做精确的还是近似的测定,测试过程中重液瓶均应举到与眼睛平齐的位置,然后用宝石镊子轻轻地将宝石夹住放到重液中央,宝石在这个位置上停 2~3s,便能观察到其他几个有用的特征,如果宝石是二层石,其着色层将立刻显现出来;如果宝石的小面变得几乎看不到,这种现象则表明宝石的折射率与重液的折射率可能非常接近。

对宝石观察几秒钟后,轻轻地将宝石镊子放开,以便宝石自由地沉、浮或保持悬浮状态,应尽可能避免由于宝石镊子的移动而对宝石产生影响。这是因为,宝石处于自由悬浮状态时,宝石镊子的轻微移动会使其上、下运动,从而造成对宝石相对密度值测定的误判。

如图 12-1 所示,它说明了这种测定方法的实质。我们看到,当物体的质量大于所排开等体积液体的质量时,它便下沉;当物体质量小于所排开液体的质量时,它则浮起;当物体质量与所排开液体的质量相等时,则保持自由悬浮状态。

图 12-1 中表示了同一种宝石分别放入比宝石相对密度高、相等及较低的重液中(从左到右观察)的情况。近似测定的目的在于把待测宝石依次放入四种重液中(每次浸入和取出后均应仔细地清洗干净并擦干宝石及宝石镊子),直至找出一种使宝石能缓慢地下沉、缓慢地上升或保持自由悬浮状态的重液。

为了节省时间,最好先将宝石放入相对密度为 3.33 的重液中。因为,如果它在这种液体中下沉,那就无需再试验其他三种。如果浮起来,则应将它放入下一种相对密度为 2.65 的重液中。如果宝石在相对密度为 2.65 的重液中仍浮起,则必须求助于其他的测试手段了。注意,从液体中取出浮起的宝石比取沉下的宝石要容易得多,因此,一般情况下应首先使用相对

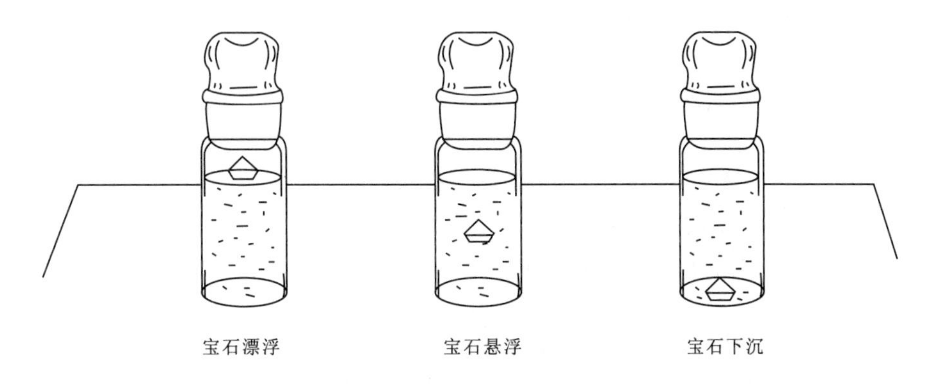

图 12-1　利用重液近似地测定宝石的相对密度

密度较大的重液。但是,如果宝石相对密度介于 2.65～3.33 之间,则应进行以下步骤:将宝石依次放入所剩的两种重液中,宝石将在一种或两种重液中下沉或浮起,其中必有一种情况其过程是相当慢的,宝石甚至保持悬浮状态。

现在取一颗粉红色的具二色性的小面型宝石作为实例。它会在相对密度为 3.33 的重液中浮起,在相对密度为 2.65 的重液中下沉,在相对密度为 2.89 的重液中缓慢地下沉,在相对密度为 3.05 的重液中缓慢地上浮。于是,这颗宝石的相对密度假定是 2.98 与 3.05 的近似中值。查对鉴定表,这颗宝石则可能是赛黄晶或硅铍石。

为了得出最后的结论,需做进一步的测试,其中也包括采用别的仪器来进行测试。

从上述例子的测试过程看,我们只能获得宝石的近似相对密度。现在,让我们来看看如何才能获得宝石精确的测值。

2. 精确相对密度的测定

利用以下两种方法中的任一种均可测定宝石精确的相对密度。

(1)改变原有重液的相对密度。将待测样品放入重液中,不断改变重液的相对密度,直至宝石在其中能保持自由悬浮。重液的相对密度可通过比重瓶获得。如果使用的重液量很少,也可用精确测量过体积的液体称重。无论哪一种情况,用液体的体积(cm^3)除以液体的质量,即可得出它的密度。注意:在计算过程中不应把比重瓶(或称重容器)的质量包括在内。

假如要测定一颗无色宝石的相对密度。已知该宝石的近似相对密度为 2.98～3.05,因而可按下列步骤进行:

①由于待测宝石浮起与下沉的现象发生在纯三溴甲烷(相对密度为 2.89)及三溴甲烷与二碘甲烷的混合液(相对密度为 3.05)之间,故我们知道,只需要使用这两种液体便可获得精确的测定结果。

②为了不破坏已配制好的相对密度为 3.05 的重液,另取一个新的瓶子,并利用被测样品(宝石)作为指示物配制新的液体。改变三溴甲烷与二碘甲烷的混合液的比例,直至宝石保持自由悬浮状态。此时,所配制的液体的相对密度与宝石的相对密度一致。现在可使用一个清洁的比重瓶(如果有足够的重液去充满它)去测定这种配制好的液体的相对密度。

③使用一台精密天平用来称重空瓶和瓶塞。假设称重后质量为 85.00g。

④将重液注入瓶中至几乎充满为止,然后小心地插入瓶塞。

⑤把瓶塞牢固地塞入瓶子后,多余的重液便通过毛细管流出,这时应小心地将它们擦净,确信瓶内无气泡混入后,再次称重装满重液的瓶子,假设称重后质量为 160.00g。

用充满重液的瓶子的质量(160.00g)减去空瓶的质量(85.00g),便得到重液的质量(75.00g)。我们已知此重液瓶可容纳 25.00cm^3 的液体,所以,用重液体积来除它的质量,即:75.00÷25.00=3.00。这样,便可知重液的相对密度为 3.00,因为宝石在该重液中处于悬浮状态,其精确相对密度也为 3.00。

查阅鉴定表,表明该宝石可能是赛黄晶,但仍有可能是硅铍石。因此,须采用光学测试来区分它们。

(2)测定重液的折射率。如上所述,使重液的相对密度与宝石精确相当,然后在折射仪上测定一滴该液体的折射率。从绘制的与所用重液成分有关的折射率和相对密度之间的相互关系图中查出其相对密度,如图 12-2 所示。

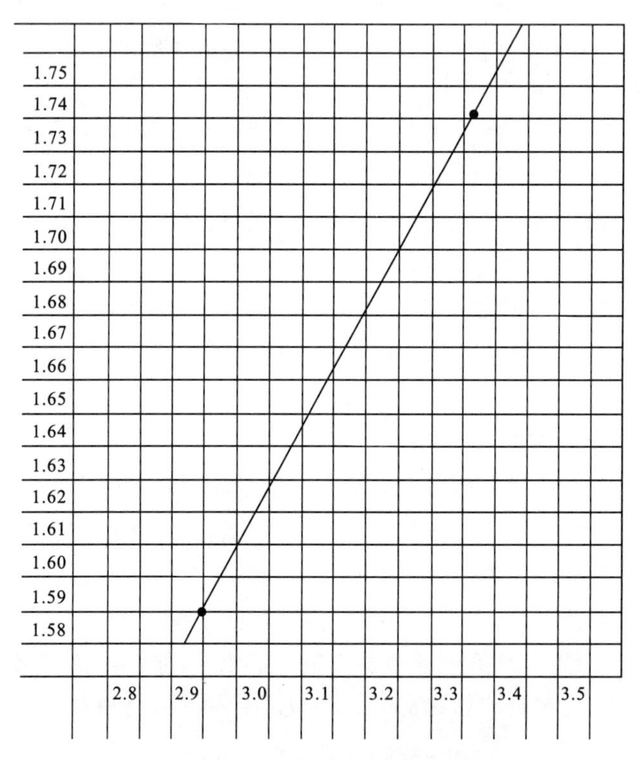

图 12-2　二碘甲烷与三溴甲烷混合液的相对密度与折射率之间的相互关系图

可用这种方法测定特殊混合液的相对密度。此方法的主要依据是,当两种液体相混合时,混合液的折射率随相对密度的改变而相应地变化。

首先,必须准确地知道这两种纯液体各自的相对密度和折射率。三溴甲烷的相对密度为 2.89,折射率为 1.59。二碘甲烷的相对密度为 3.33,折射率为 1.724。

取一张方格纸,按图 12-2 所示绘图,以便能画出折射率与相对密度的对应线。

我们所要测定的折射率最低的是纯三溴甲烷,为 1.59,而最高的折射率是二碘甲烷,为

1.742。于是纵坐标可从 1.59 标至 1.742,或稍微超出一点,至 1.75。

纯三溴甲烷的相对密度最小,为 2.89;二碘甲烷的相对密度最大,为 3.33。于是,横坐标便可从 2.89 标至 3.33,或稍微超出至 3.35。

准备好坐标纸后,我们来进行具体的操作和作图,并进行结果的验证。

①精确地量 $1cm^3$ 的三溴甲烷装入调配罐中,然后,精确地加入 $1cm^3$ 的二碘甲烷并充分混合这些液体,测定该混合液的折射率。

②计算混合液的相对密度。例如,$1cm^3$ 三溴甲烷称重为 2.89g,$1cm^3$ 二碘甲烷称重为 3.33g;$2cm^3$ 的混合液总质量为 6.22g。

因而,$1cm^3$ 混合液的质量为:$6.22 \div 2 = 3.11$g,混合液的折射率为 1.668。

③由这些数值所标绘的点应为一条直线,如果完全吻合最好,继续进行④步骤。如果与图形不符,那可能是出了差错。

④再精确地量 $1cm^3$ 的二碘甲烷加入混合液中,充分搅拌,并取得折射率数值。按如下办法计算其相对密度:$1cm^3$ 的三溴甲烷称重为 2.89g。$2cm^3$ 的二碘甲烷称重为 6.66g。$3cm^3$ 的混合液总质量为 9.55g。

因而,$1cm^3$ 的混合液质量为:$9.55 \div 3 \approx 3.18$g,混合液的折射率为 1.696。

测定这种液体的折射率并将其标在直线图上,它的相对密度应是 3.18,如果吻合,就继续进行核对。随后,再添加 $6cm^3$ 的三溴甲烷至混合液中,并计算其相对密度:$7cm^3$ 三溴甲烷称重为 20.23g,$2cm^3$ 二碘甲烷称重为 6.66g,$9cm^3$ 混合液总质量为 26.89g。

因此,$1cm^3$ 混合液的质量为:$26.89 \div 9 \approx 2.99$g,混合液的折射率为 1.627。

测定该混合液的折射率并与图解相比较,所得出的相对密度应为 2.99,如果相吻合,即可测试用近似法不能确定的宝石类别。

从可以使无色宝石保持自由悬浮状态的重液中取出一滴液体,并测定其折射率。与标绘在图上的折射率相应的相对密度为 3.00。这样,便可以求出该宝石的相对密度。在这里重液的折射率只能用来确定重液和宝石的相对密度,不能用来确定宝石的折射率。

使用这种方法的优点是,只要有足够的重液使宝石能保持自由悬浮状态即可。由于供测定使用的只有两种已知的纯净液体,重液的相对密度可在适当的范围内上、下调整,完全不必担心其原先的相对密度是多少。当必须获得新的重液的配比时,可简单地添加多一些的二碘甲烷或三溴甲烷。当测出该液体的折射率之后,便可从图中读出相对密度值。

第四节　宝石相对密度测试注意事项

实验室使用重液测试宝石相对密度常采用的是重液比较法,其基本原理与静水称重法相同。因此当已知重液的相对密度时,根据宝石在其中的运动状态(下沉、悬浮或上浮),即可判断出宝石的相对密度范围。

然而,在使用重液测试的过程中可能遇到一些问题,需要在实际操作中注意。

(1)多孔的宝石能吸收一些重液,虽然其中大部分通过使用合适的溶剂清洗能被排除,但仍有可能影响宝石的颜色。

(2)被多孔宝石吸收的重液能从一个容器转移到另一个容器中,这样便可能污染几种不同相对密度的液体。

(3)一些仿琥珀的塑料放入重液后可能会被软化。

(4)重液渗入多孔的宝石会造成二层和三层石(如蛋白石)的破坏或使黏结层逐渐软化。

(5)使用重液之后一定要冲洗双手,重液应在通风良好的地方准备和使用,尽量避免吸入这些重液的蒸发气体。尽管在教材中介绍过克列里奇溶液,但它是一种非常有害的液体,故不推荐使用它。

(6)含碘或溴的重液在光线下有可能变暗,故应将它们贮藏在黑暗、凉爽的地方,并往瓶内投入一小片纯铜。

(7)由于用来测定相对密度的大多数重液易于挥发,如可能的话,在瓶中应放入永久指示物,需要时即调节液体的相对密度。

为了防止重液与光和空气发生作用进而挥发,必须将重液贮存在棕色油瓶中,每次使用完毕后一定要将浸油瓶盖好。每瓶重液都有其相对密度或折射率的标记,并应在瓶盖和瓶身上贴上与其数值相同的标签,再涂上一层薄蜡,而后按数值大小顺序依次放入浸油箱中。浸油箱应放在阴暗处,并防止温度过冷或过热。

检测实例分析

1.碳硅石与钻石的区分

20世纪80年代后期,科学家成功地将天然的硅和碳结合,制造出了体积较大的碳硅石。碳硅石为六方晶系,折射率为2.65,色散为0.104,硬度为9.25,相对密度为3.21。由于碳硅石折射率高,色散强,硬度仅次于钻石,所以目前是钻石的最佳替代品。因碳硅石的热导性质与钻石十分相近,所以用热导仪不能将两者区分。我们利用重液比较法则可以很容易地将两者区分开来,当我们把一颗钻石和一颗碳硅石同时放在二碘甲烷中,由于钻石相对密度更大(3.52),故会在二碘甲烷中下沉。相反,碳硅石由于相对密度小于二碘甲烷,则会在二碘甲烷中上浮。

2.海蓝宝石与蓝色托帕石的区别

在绿柱石类宝石中,海蓝宝石的价格不高,人工合成无利可图,故它没有人工合成品,但是,海蓝宝石有代用品或冒充品,常用廉价的合成尖晶石、玻璃冒充海蓝宝石。合成尖晶石和玻璃是光性均质体,而海蓝宝石是光性非均质体。除用折射仪测定它们的折射率来进行区分外,还可以用偏光镜在正交系统下进行区分。另一种类似宝石是蓝色托帕石,从外观上看,两者非常相似。海蓝宝石的相对密度为2.68～2.8,而蓝色托帕石的相对密度为3.53～3.56,明显大于海蓝宝石,我们可用相对密度为2.89的三溴甲烷来进行测试,将宝石投入三溴甲烷中,海蓝宝石或绿柱石类宝石上浮,而蓝色托帕石则下沉。

3.在浸油中观察宝石的有关特征

不同相对密度的浸油具有不同的折射率,将宝石样品放入浸油中可以更清楚地观察到宝石的有关特征,当宝石的折射率与浸油的折射率相近时,宝石表面的反射光、漫反射光减弱,有利于对宝石的内部特征如生长带、色带、包裹体等进行观察和研究,例如可以观察拼合石及拼合层的特征,观察合成祖母绿的复式生长层和扩散处理蓝宝石等。此外由于减少了反射光和折射光,加上正交偏光镜,还能清楚地观察其干涉图。

实习与思考　宝石相对密度的测定

一、实习目的和要求

(1)了解静水力学法和重液法测定宝石相对密度的基本原理。

(2)学会测定宝石相对密度的方法。

(3)熟练掌握静水力学法和重液法测定宝石相对密度的步骤。

二、实习内容

(1)用静水力学法测定宝石的相对密度。

(2)用重液法测定宝石的相对密度。

三、实习步骤

(1)检查实验台上的用具是否完备。

(2)领取宝石标本 20 粒,核对好标本号。

(3)前 10 号宝石标本用于静水力学法测定宝石相对密度,后 10 号宝石标本用于重液法测定宝石相对密度。

(4)利用静水力学法测定宝石的相对密度时,应先对天平进行调零,然后严格按照操作规程进行测定并精确计算。

(5)利用重液法测定宝石的相对密度时,应先用标准指示物检查重液的相对密度,之后认真完成每一粒标本的测试。

(6)测试结束后,清理好宝石标本和实验仪器。

(7)交还宝石标本,提交实习报告并如实填写仪器使用记录。

四、注意事项

(1)实习过程中,要有条不紊、井然有序。

(2)使用仪器要小心谨慎,轻拿轻放宝石标本,以免介质或重液溅出。

(3)打开重液盖后,应将瓶盖朝上放在实验台上,避免重液受到污染。

(4)利用静水力学法测定宝石的相对密度时,每次要对天平进行调零;利用重液法测定宝石的相对密度时,每次更换重液均要清洗宝石标本和镊子,或换用各瓶重液专用的镊子。

思考题

1. 测定宝石相对密度的方法有几种?

2. 利用静水力学法和重液法测定宝石的相对密度分别依据什么原理?

3. 用单盘天平测定宝石相对密度又可分哪两种方法?其操作步骤和计算公式有何不同?

4. 利用静水力学法测定宝石的相对密度应注意哪些方面?

5. 常用的重液有哪些?如何配制?如何贮藏?

6. 利用重液法测定宝石的相对密度有哪些限制?

7. 利用重液法测定宝石的相对密度时应注意些什么?

第十三章　热导仪

物质的热能可通过三种方式进行传递:传导、对流和辐射。在室温条件下,热能主要是通过传导的方式传递。热能有四种固有的特性,即热导率、热扩散率、传热系数和比热容。其中热导率对于物质而言是一常数,表示每秒钟通过一定厚度的物质的热量。热导率的测量单位为瓦特每米摄氏度(W/m·℃)。热导仪是根据宝石的导热性能设计并制造的,它是一种用途较为专一的鉴定仪器。由于在所有宝石中,钻石具有极高的导热性能,因此,热导仪主要用于鉴别钻石及其仿制品。

第一节　热导仪的设计原理

对于非均质体晶体而言,因为晶体结构的各向异性,不同的方向其热导率不同。通常认为热量的传递是通过自由电子和光子进行的,因此,金属的热导率较非金属大;而非晶质体中由于结构单元的无序性,光子产生更多的散射,因此晶体的热导率较非晶体大。然而钻石是一例外,虽为非金属,但其热导率却比金属还要大(表 13-1)。其原因是,钻石的热导率与钻石晶体中 C 原子振动或共振频率有关。在钻石晶体中,C 原子非常轻,而结合的键力却很强。因此,原子的振动或共振频率非常高,并且 C 原子振动时消耗的能量非常小,热量可以非常迅速地传过钻石而不会被吸收。

表 13-1　几种材料的热导率

材料名称	热导率 λ/W·(m·℃)$^{-1}$
钻石	669.89～2 009.66
银(100%)	418.68
铜	388.12
金(100%)	296.01
铝	203.06
铂	69.5
刚玉	34.92(Z 轴)
	32.32(Y 轴)
尖晶石	9.5
绿柱石	5.48(Z 轴)
	4.35(Y 轴)

第二节　热导仪的结构

热导仪由热探针、电源、放大器和读数表四部分组成。读数表可由信号灯或蜂鸣器代替，用于显示测试结果。电源为热探针供热，并为整个仪器供电。整个热导仪的关键元件是热探针，热导仪外观如图 13－1 所示。

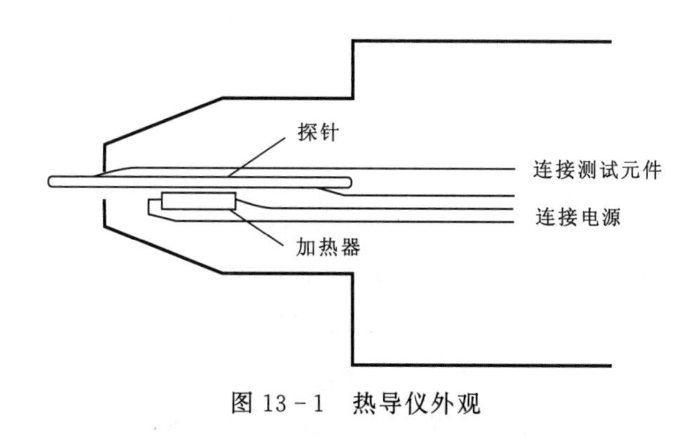

图 13－1　热导仪外观

电热元件为铜针，铜针两端连接仪表形成电路，即组成了热电偶。接通电源，经预热，铜针升至一定温度即可测试。当铜针外端与宝石表面接触时，热量传递给宝石，铜针外端降温，其温度变化通过热电偶测出，再经过放大器和读数表或蜂鸣器显示其结果。

第三节　热导仪的测试方法

热导仪的测试方法：

(1)待测宝石必须干燥和干净，测试应在室温下进行。

(2)打开仪器开关预热。手握探测器，以直角对准测试宝石，若探头接触了金属托，仪器则会自动发出警报声。

(3)施加一定的压力，仪器显示出光和声信号，便得到测试结果。

第四节　使用热导仪的注意事项

使用热导仪时，应注意如下事项：

(1)热导仪的探头非常精细，因此在使用过程中，必须谨慎地操作，以免造成损坏，使用完毕后应立即盖上保护罩。

(2)当电池的电力不足时应及时更换，以免影响测量结果的准确性。

(3)长时间不使用仪器时，应将电池取出，以免造成仪器的腐蚀与损坏。

(4)应定期清洁探头,并在测试前将探头在一张软纸上轻轻地擦拭干净。

(5)测试裸石时,应使用金属托盘作为底托,热导仪通常有此附件。测试小粒宝石时,光和声信号可能不会很强。

(6)在测试时,应尽可能使铜针与被测试宝石的表面垂直地接触。

(7)应保持宝石表面的干净和干燥。

(8)尽量控制室内空气的流通,如呼吸不要过于急促,不要正对着空调或窗户进行测试等。

第五节 590型无色合成碳硅石/钻石测试仪

用热导仪测试钻石和合成碳硅石时,其结果均显示为钻石,二者无法区分。为此美国C3公司设计了590型无色合成碳硅石/钻石测试仪,用于热导仪测试之后进一步区分钻石和合成碳硅石。该测试仪体积小,携带方便,用途专一,操作简便。

该测试仪的设计目的是检测宝石对紫外光的吸收情况。钻石不吸收紫外光,紫外光可以穿透钻石,而合成碳硅石对紫外光的吸收能力较强。

测试时使宝石台面与仪器光导纤维探头端部保持垂直并接触(镶嵌钻石的金属托不能与探头接触)。如果是钻石,就能激活蜂鸣器和绿色指示灯;如果是合成碳硅石,只要宝石的台面与探头保持接触且未翻转,则绿色指示灯和蜂鸣器就应处于关闭状态。

该测试仪为精密光导纤维电子仪器,必须在正常温度、湿度下使用,不得储存在有化学品的地方。光导纤维探头的端部应保持清洁。清洁探头时,应使用蘸过酒精的棉签轻轻擦拭其端部,然后用柔软的棉布擦干。由于光导纤维探头从测试仪中伸出,所以必须小心操作,以免对其造成损伤。测试仪在不用时,必须把防护滑板盖住测试口以保护探头。不得用手指直接触摸。从测试仪的窗口可以看见卤灯,因为卤灯在点亮后温度很高,并且皮肤上的盐分和油分对其有损坏,所以应尽量避免皮肤接触。如果卤灯被手指触摸过,必须在使用前用蘸过酒精的棉签将其擦拭干净。

第十四章　反射仪

在宝石鉴定中，反射仪主要用于测试折射率超过标准折射仪极限的高折射率宝石的近似折射率，如人造钇铝榴石、人造钆镓榴石、人造钛酸锶、合成立方氧化锆、钻石等。

第一节　反射仪的工作原理

反射率是指单位时间内界面单位面积上反射光的强度与入射光的强度之比。宝石对光线的反射程度取决于该宝石的分子结构和成分，还取决于宝石表面的抛光程度。

反射仪是根据宝石的反射率性质设计的一种仪器，它可以测量从宝石表面返回的光量。宝石的反射率与折射率之间存在准线性关系，即

$$反射率(R)=反射光的强度/入射光的强度=(n_1-n_2)^2/(n_1+n_2)^2$$

式中：R 为反射率；n_1 为宝石的折射率；n_2 为周围介质的折射率，空气的折射率为 1。

根据各种宝石的折射率，可以依上式计算出各种宝石的反射率。由于宝石的折射率有一定的变化范围，因此宝石的反射率也存在一定的变化范围(表 14－1)。

表 14－1　常见宝石的折射率(n)与反射率(R)

宝石名称	n	R	宝石名称	n	R
普通玻璃	1.40～1.60	2.53～2.78	人造钆镓榴石	2.03	11.55
黄玉	1.61～1.64	4.46～5.88	合成立方氧化锆	2.15	13.33
尖晶石	1.71～1.73	6.86～7.15	人造钛酸锶	2.41	17.09
刚玉	1.76～1.77	7.58～7.73	钻石	2.42	17.23
人造钇铝榴石	1.83	8.66	合成金红石	2.60～2.90	19.75～23.73
锆石	1.92～1.99	9.93～10.96	合成碳硅石	2.65～2.69	20.29～20.97

第二节　反射仪的结构和使用

特朗姆帕(Trumper)于 1959 年设计出了世界上第一台测定宝石反射率的仪器。目前使用的电子反射仪，是利用远红外线发光二极管作为入射光源，用袖珍的光电管检测从宝石表面反射的光量，从而达到鉴定宝石品种的作用。

反射仪的右上角(或下半部)有一个圆形测光孔，其孔内构造如图 14－1 所示，由一个发光

二极管和一个光电接收器组成。测试时，将宝石抛光良好的台面对准测光孔，盖好遮光罩，打开开关。仪器通电后二极管发出一束波长为930nm的红外光，以大约7°～10°的入射角射到宝石台面上，经台面反射后，射入光电管的接收器。接收器的光电管产生光电流，所产生的电流大小与从宝石台面反射回的光的强度成正比。光电流传到反射仪的仪表显示器中，通过指针偏转所指的刻度，即可知道所测宝石的品种。

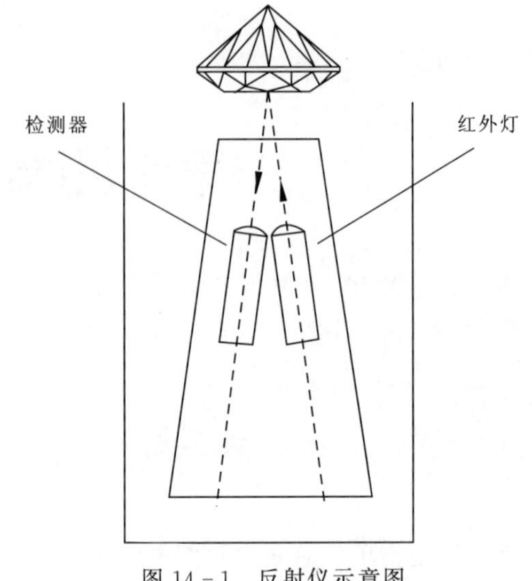

图14-1　反射仪示意图

反射仪显示器上的刻度分为高、低两挡。低挡反射率范围是2.78%～8%，高挡反射率范围是8%以上。两挡在测定时可由按钮变换。只有宝石的折射率大于1.80，即反射率高于8%时，才适用于反射仪。

第三节　使用反射仪的注意事项

目前，大多数型号的反射仪已把反射率转换成了折射率，但其测量精度不如常规折射仪，只能达到±0.05。使用反射仪应注意以下事项：

(1)对于折射率低于1.80的宝石，不宜使用反射仪，尽量用折射仪来测定。

(2)所测样品必须具有抛光良好的平面且大于测试孔，否则会接收不到仪器信号或导致读数过低。

(3)样品内部包裹体的反光可导致读数出现偏差。

(4)每个样品应从多个方向进行测量，以保证结论的准确性。

(5)要求样品表面洁净无污物，否则影响光的反射，导致其结论发生错误。

(6)可以将热导仪和反射仪结合使用。

另外，应特别注意合成碳硅石在空气或氧气中经高温处理后，表面可形成一层二氧化硅薄膜，从而降低合成碳硅石的反射率，使它在反射仪上的读数与钻石相似。

第十五章　宝石的有损检测

在绝大多数情况下，我们对宝玉石产品的检测都是无损检测，但由于一些特殊情况，不得已要采取有损检测的方法，下面介绍几种有损检测的方法，在实践中可慎重地选择使用。

第一节　硬度测试和条痕测试

1. 硬度测试

硬度测试的目的是确定宝石的摩氏硬度级别。摩氏硬度是用矿物之间的刻划能力来确定，常用的硬度笔由刚玉(9)、托帕石(8)、水晶(7)、长石(6)、磷灰石(5)组成，用他们刻划被测的样品。

在使用时要注意：

(1)要选择样品不显眼的位置。

(2)硬度笔的尖端尽量垂直样品的表面，小心地划一小道。

(3)用棉花把被刻划的表面擦干净，再用放大镜观察是否被刻划上了。

在利用摩氏硬度值确定宝石相对硬度时，还可以借助一些日常生活中常见物质的相对硬度加以补充，如指甲为2.5，铜针为3，普通钢小刀为5.5。

大气中的灰尘含有大量石英微粒，石英硬度为7。硬度小于7的宝石抛光面变“毛”，就是由灰尘的经常磨蚀引起的。这是某些镶宝首饰的肉眼鉴定特征之一。

应注意的是，硬度检测属有损检测，在不得不用硬度笔对宝石进行测试时，应遵循先软后硬的顺序，并尽量选择隐蔽处测试，以使宝石表面尽可能少地留下痕迹。

2. 条痕测试

条痕是指样品在粗糙的白色瓷板上摩擦后留下的粉末的颜色。测试时选择样品不显眼的凸出部位，按在瓷板上划一短道，然后观察这一划痕的颜色。

部分宝石的条痕特征如下：

赤铁矿为红褐色，仿赤铁矿为黑褐色；青金石为蓝色，染色碧玉为白色。

注意事项：

(1)通过查看宝石的光泽和抛光度，不必直接作硬度测试，即可比较准确地估计其硬度。

(2)样品的硬度越大，被测的表面越光滑，就越易过高地估计其硬度。

(3)当用硬度笔测试时，若用力过大，任何硬度的样品都能被刻划。

(4)因这种方法具有损害性，故应严格限制在宝石鉴定中的使用，主要适用于宝石矿物原料或半透明到不透明的雕刻装饰石(如鉴别蛇纹石与软玉)。绝对不可用于透明的翻面型宝石鉴定。

第二节　热针测试

热针是针尖温度可以加热到200℃以上的一种仪器，通常是一段折叠的电炉丝，用电池供电。测试时，把加热到暗红色的针尖靠近样品的表面，或者短暂地接触样品，检测样品烧焦的气味和"出汗"现象。

1. 气味检测

热针短暂地接触样品的不显眼位置后，把样品放到鼻子下闻样品发出的气味。龟甲、角质珊瑚等天然有机宝石发出烧焦头发的气味，煤精发出焦油的气味，琥珀发出香料味，而塑料仿制品则发出辛辣的气味。

2. "出汗"现象

在显微镜下，把热针靠近样品一不显眼的表面，观察样品的表面是否有"汗珠"冒出。充填了油和蜡的多孔宝石，如绿松石、祖母绿，会出现这种现象。

热针主要测试有机宝石和塑料及合成树脂类仿制品宝石。

第三节　化学反应测试

可通过化学反应测试来鉴定碳酸盐宝石、染色宝石、染色黑珍珠等。

1. 检测碳酸盐宝石

把一小滴稀盐酸滴在宝石不显眼的位置，用放大镜观察是否出现冒泡现象，并立即将盐酸擦掉。也可以刮一点样品的粉末进行测试。方解石、珊瑚、珍珠、贝壳、菱镁矿、青金石等会发生冒泡反应。

2. 染色宝石测试

用棉签蘸上丙酮或者其他有机试剂，擦拭样品不显眼的位置，然后检查棉签是否染上颜色，如果染上颜色，说明宝石是染色的。测试完要及时把丙酮擦净。

3. 黑色珍珠的检测

用棉签蘸上稀硝酸溶液，擦拭黑珍珠样品不显眼的位置，然后检查棉签是否染上颜色，如果染上颜色，说明是染色的。测试完要及时把稀硝酸擦净。

第十六章　大型测试仪器在宝石学中的应用

随着现代高新科技的发展，新的合成、人造宝石及优化处理宝石品种相继面市。它们与天然宝石之间的差别日趋缩小，使得一些宝玉石鉴定中的疑难问题应运而生。一些传统的宝石鉴定仪器及鉴定方法已难以满足珠宝鉴定的要求。近年来，国外一些大型分析测试仪器的引进及应用，使我国珠宝鉴定与研究机构初步摆脱了过去那种单一的鉴定对比模式。不容置疑，先进的分析测试技术在宝石鉴定与研究领域中将发挥出愈来愈重要的作用。

第一节　X射线荧光光谱仪

1895年伦琴(Roentgen)发现X射线之后，1913年莫斯莱(Moseley)发表了第一批X射线光谱数据，阐明了原子结构和X射线发射之间的关系，并验证出X射线波长与元素的原子序数之间的数学关系，为X射线荧光分析奠定了基础。1948年由弗里特曼和伯克斯设计出第一台商用波长色散X射线光谱仪。20世纪60年代后，电子计算机技术、半导体探测技术和高真空技术的发展日新月异，促使了X射线荧光分析技术的进一步拓展。X荧光分析是一种快速、无损、多元素同时测定的现代测试技术，已被广泛地应用于宝石矿物、材料科学、地质、文物考古等诸多领域研究。

一、基本原理

自然界中产出的宝石通常由一种元素或多种元素组成，用X射线照射宝石时，可激发出各种波长的荧光X射线。为了将混合在一起的X射线按波长(或能量)分开，并分别测量不同波长(或能量)的X射线的强度，以进行定性和定量分析，常采用两种分光技术。

1. 波长色散光谱仪

它通过分光晶体对不同波长的X射线荧光进行衍射而达到分光的目的，然后用探测器探测不同波长处的X射线荧光强度。

2. 能量色散X射线荧光光谱仪

它通过半导体探测器对不同能量的X射线荧光进行检测。与波长色散光谱仪相比，它的优点是：不必使用分光晶体；检测效率高；工作稳定、仪器体积小。缺点是：能量分辨率差；探测器必须在低温下保存；对轻元素检测困难。

三、应用

1. 鉴定宝石种属

自然界中,每种宝石具有其特定的化学成分,采用X射线荧光光谱仪可分析出所测宝石的化学元素和含量(定性—半定量),从而达到鉴定宝石种属的目的。

2. 区分某些合成宝石和天然宝石

由于部分合成宝石致色或杂质元素与天然宝石之间存在一定的差异,据此可作为鉴定依据。如早期的合成欧泊中有时含有天然欧泊中不存在的Zr元素;合成蓝色尖晶石中存在Co致色元素,而天然蓝色尖晶石中存在Fe杂质致色元素;采用焰熔法合成的黄色蓝宝石中普遍含有天然黄色蓝宝石中缺乏的Ni杂质元素;合成钻石中有时存在Fe、Ni或Cu等触媒剂成分;等等。

3. 鉴别某些人工处理宝玉石

采用X射线荧光光谱仪有助于快速定性区分某些人工处理宝石。如目前珠宝市场上的Pb玻璃充填处理红宝石中普遍富含天然红宝石中几乎不存在的Pb杂质元素;同理,熔合再造处理翡翠中富含天然翡翠中不存在的Pb杂质元素;有些染色处理后的黑珍珠中富含Ag元素。

第二节　电子探针

一、基本原理

电子探针(EPMA)又称为X射线显微分析仪。它利用集束后的高能电子束轰击宝石样品表面,并在一个微米级的有限深度和侧向扩展的微区体积内激发,产生特征X射线、二次电子、背散射电子、阴极荧光等。电子探针通常由电子枪、电子透镜、样品室、信号检测、显示系统及真空系统组成。现代的电子探针多数配有X射线谱仪,根据不同X射线的分析方法(波谱仪或能谱仪),可定性或定量地分析物质的化学成分、表面形貌及结构特征,是一种有效、无损的宝石化学成分分析仪器。

二、分析方法

1. 波谱仪(波长分散谱仪)

入射电子束激发宝石产生的特征X射线一般是多波长的。波谱仪利用某些分光晶体对X射线的衍射作用来确定元素。为了排除波谱仪检测条件不同所产生的影响,一般采用化学成分已知的标样进行标定。

2. 能谱仪(能量色散谱仪)

能谱仪与波谱仪不同,它是利用特征X射线的能量不同而确定元素的方法。

三、宝石学应用

1. *点分析*

点分析即对宝石表面或露出宝石表面的晶体包裹体选定微区作定点的全谱扫描，进行定量、定性或半定量分析。首先用同轴光学显微镜进行观察，将待分析的宝石样品微区移到视野中心，然后使聚焦电子束固定照射到该点上，这时驱动谱仪的晶体和检测器连续地改变 L 值，记录 X 射线信号强度随波长的变化曲线。通过检查谱线强度峰值位置的波长，即可获得所测微区内含有元素的定性结果，测量对应某元素的适当谱线的 X 射线强度就可以得到这种元素的定量结果。

2. *面扫描分析*

聚焦电子束在宝石表面进行光栅式面扫描，将 X 射线谱仪调到只检测某一元素的特征 X 射线位置，用 X 射线检测器的输出脉冲信号控制同步扫描的显像扫描线亮度，在荧光屏上得到由许多亮点组成的图像。亮点就是该元素的所在处。根据图像上亮点的疏密程度就可确定某元素在试样表面上分布情况，将 X 射线谱仪调整到测定另一元素特征 X 射线位置时就可得到那一成分的面分布图像。电子探针面扫描分析有助于探讨宝石中化学元素在空间上的配比与分布规律。

3. *线扫描分析*

在光学显微镜的监视下，把样品要检测的方向调至 X 或 Y 方向，使聚焦电子束在宝石的生长环带或色带的扫描区域内沿一条直线进行慢扫描，同时用计数率计检测某一特征 X 射线的瞬时强度。若显像管射线束的横向扫描与试样上的线扫描同步，用计数率计的输出控制显像管射线束的纵向位置，这样就可以得到特征 X 射线强度沿试样扫描线的分布特征。

4. *表面微形貌分析*

二次电子是电子束轰击到试样时逐出样品浅表层原子的核外电子，由于一定能量的电子束所逐出的二次电子的激发效率和样品元素的电离能以及电子束与样品的夹角有关，因此根据二次电子的强度可作形貌分析。

第三节　傅里叶变换红外光谱仪

宝石在红外光的照射下，引起晶格(分子)、络阴离子团和配位基的振动能级发生跃迁，并吸收相应的红外光而产生的光谱称为红外光谱。19 世纪初，人们通过实验证实了红外光的存在。20 世纪初，人们进一步系统地了解了不同官能团具有不同红外吸收频率这一事实。1950 年以后出现了自动记录式红外分光光度计。1970 年以后出现了傅里叶变换红外光谱仪。近年来，红外光谱法在宝石鉴定与研究领域得到了广泛的应用。

一、基本原理

能量在 4000～400cm^{-1} 的红外光不足以使样品产生分子电子能级的跃迁，而只是振动能级与转动能级的跃迁。由于每个振动能级的变化都伴随许多转动能级的变化,因此红外光谱是一种带状光谱。分子在振动和转动过程中,当分子振动伴随偶极矩改变时,分子内电荷分布变化会产生交变电场,当其频率与入射辐射电磁波频率相等时才会产生红外吸收。

红外光谱产生的条件:①辐射应具有能满足物质产生振动跃迁所需的能量;②辐射与物质间有相互耦合作用。对称分子没有偶极矩,辐射不能引起共振,无红外活性,如 N_2、O_2、Cl_2 等,而非对称分子有偶极矩,具红外活性。

1. 多原子分子的振动

多原子分子由于原子数目增多,组成分子的键或基团和空间结构不同,其分子真实振动光谱比双原子分子要复杂,但在一定条件下分子任意复杂的振动方式都可以看成是有限数量的、相互独立的、比较简单的振动方式的叠加,这些相对简单的振动称为简正振动。

2. 简正振动的基本形式

一般将简正振动形式分成两类:伸缩振动和弯曲振动(变形振动)。

(1)伸缩振动。原子间的距离沿键轴方向发生周期性变化,而键角不变的振动称为伸缩振动,通常分为对称伸缩振动和不对称伸缩振动。对同一基团,不对称伸缩振动的频率要稍高于对称伸缩振动,而官能团的伸缩振动一般出现在高波数区。

(2)弯曲振动(又称变形振动)。指具有一个共有原子的两个化学键键角的变化,或与某一原子团内各原子间的相互运动无关的、原子团整体相对于分子内其他部分的运动。多表现为键角发生周期变化而键长不变。变形振动又分为面内变形和面外变形振动。面内变形振动又分为剪式和平面摇摆振动。面外变形振动又分为非平面摇摆和扭曲振动。

二、红外光区的划分

红外光谱位于可见光和微波区之间,即波长为 0.78～1000μm 范围内的电磁波,通常将整个红外光区分为以下三个部分。

1. 远红外光区

波长范围为 25～1000μm,波数范围为 400～10cm^{-1}。该区的红外吸收谱带主要是由气体分子中的纯转动跃迁、振动-转动跃迁、液体和固体中重原子的伸缩振动、某些变角振动、骨架振动以及晶体中的晶格振动所引起的。在宝石学中应用极少。

2. 中红外光区

波长范围为 2.5～25μm,波数范围为 4000～400cm^{-1},即振动光谱区。它涉及分子的基频振动,绝大多数宝石的基频吸收带出现在该区。基频振动是红外光谱中吸收最强的振动类型,在宝石学中应用极为广泛。通常将这个区间分为两个区域,即基团频率区和指纹区。

基团频率区(又称官能团区),在 4000～1500cm^{-1} 区域出现的基团特征频率比较稳定,区内红外吸收谱带主要由伸缩振动产生。可利用这一区域特征的红外吸收谱带鉴别宝石中可能存在的官能团。

指纹区分布在 1500～400cm^{-1} 区域,除单键的伸缩振动外,还有因变形振动产生的红外吸收谱带。该区的振动与整个分子的结构有关,结构不同的分子显示不同的红外吸收谱带,所以这个区域称为指纹区,可以通过该区域的图谱来识别特定的分子结构。

3. 近红外光区

波长范围为 0.78～2.5μm，波数范围为 12 820～4000cm^{-1}。该区吸收谱带主要是由低能电子跃迁、含氢原子团（如 O—H、N—H、C—H）伸缩振动的倍频吸收所致。如绿柱石中 OH 的基频伸缩振动在 3650cm^{-1}，伸/弯振动合频在 5250cm^{-1}，一级倍频在 7210cm^{-1} 处。

三、仪器类型和测试方法

红外光谱仪软件安装

红外光谱仪的使用

按分光原理，红外光谱仪可分为两大类：色散型（单光束和双光束红外分光光度计）和干涉型（傅里叶变换红外光谱仪）。色散型红外光谱仪的主要不足是扫描速度慢，灵敏度和分辨率低。目前宝石测试与研究主要采用傅里叶变换红外光谱仪。

傅里叶变换红外光谱仪首先把光源发出的光经迈克尔逊干涉仪变成干涉光，再让干涉光照射样品，经检测器（探测器—放大器—滤波器）获得干涉图，由计算机将干涉图进行傅里叶变换得到光谱。其特点是：扫描速度快，适合仪器联用；不需要分光，信号强，灵敏度高。

用于宝石的红外吸收光谱的测试方法可分为两类，即透射法和反射法。

1. 透射法

透射法又可分为粉末透射法和直接透射法。粉末透射法是一种有损测试方法，具体做法是将样品研磨成 2μm 以下的粒径，用溴化钾以 1∶100～1∶200 的比例与样品混合并压制成薄片，即可测定宝石矿物的透射红外吸收光谱。直接透射法是将宝石样品直接置于样品台上，由于宝石样品厚度较大，表现出 2000cm^{-1} 以外波数范围的全吸收，因而难以得到宝石指纹区这一重要的信息。直接透射技术虽属无损测试方法（图 16-1），但从中获得有关宝玉石的结构信息十分有限，由此限制了红外吸收光谱的进一步应用。特别是对一些不透明宝玉石、图章石和底部包镶的宝玉石饰品进行鉴定时，则难以具体实施。

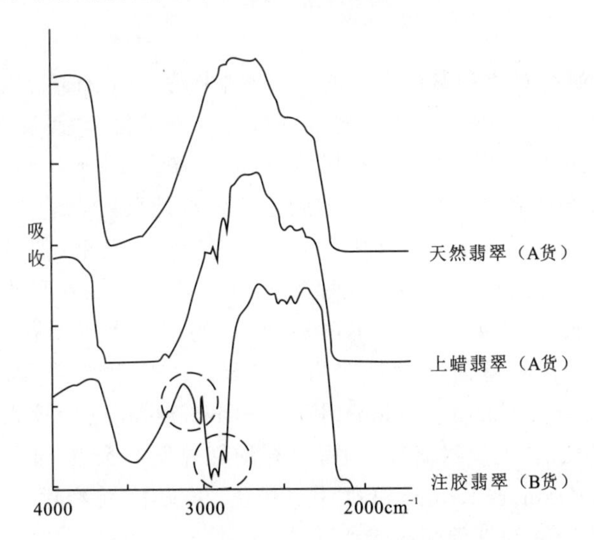

图 16-1　充填处理翡翠红外吸收光谱（透射法）

2. 反射法

红外反射光谱是红外光谱测试技术中的一个重要分支,根据采用的反射光的类型和附件分为:镜反射、漫反射、衰减全反射和红外显微镜反射法。红外反射光谱(镜、漫反射)在宝石鉴定与研究领域中具有较广阔的应用前景。了解透明或不透明宝石的红外反射光谱表征,有助于获取宝石矿物晶体结构中羟基、水分子的内、外振动,阴离子、络阴离子的伸缩或弯曲振动,分子基团结构单元及配位体对称性等重要的信息,特别是为某些充填处理的宝玉石中有机高分子充填材料的鉴定提供了一种便捷、准确、无损的测试方法(图 16-2)。

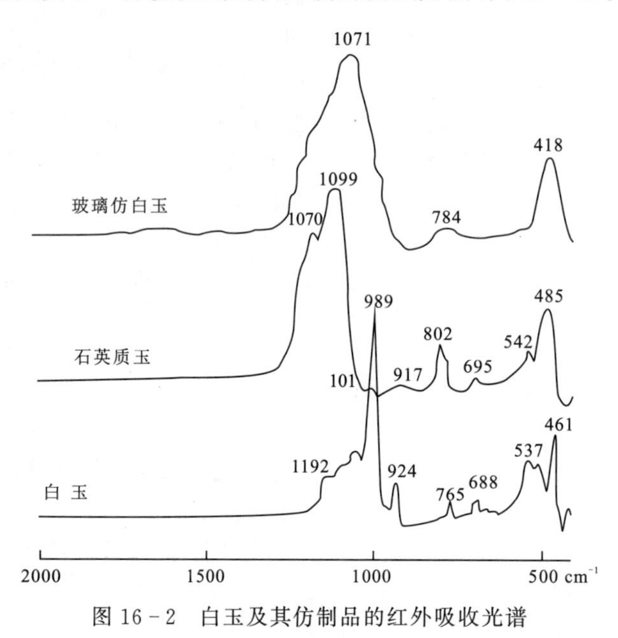

图 16-2　白玉及其仿制品的红外吸收光谱

(反射法 经 K-K 变换)

基于宝石样品的研究对比和鉴定之目的,可分别采用 Nicolet550 型傅里叶变换红外光谱仪及镜面反射附件和 TENSOR-27 型傅里叶变换红外光谱仪及"漫反射附件"。

在测试过程中视样品的具体情况,采用分段测试的方法(即分为 $4000\sim2000cm^{-1}$,$2000\sim400cm^{-1}$)对相关的宝石样品进行测试。考虑到宝石的红外反射光谱中,由于折射率在红外光谱频率范围的变化(异常色散作用)导致红外反射光谱带产生畸变(似微分谱形),要将这种畸变的红外反射光谱校正为正常的并为珠宝鉴定人员所熟悉的红外吸收光谱,可通过 Dispersion 校正或 Kramers Kronig 变换(简称 K-K 变换)的程序予以消除。具体方法为:若选用 Nicolet550 型红外光谱仪的镜面反射附件测得宝石红外反射光谱,则采用 OMNIC 软件内 Process 下拉菜单中 Other Correc-Tions 里选择 Dispersion 进行校正;同理,若采用 TENSOR-27 型红外光谱仪的"漫反射附件"测得宝石的红外反射光谱,可用其 OPUS 软件内谱图处理下拉菜单中选择 Kramers Kronig 变换予以校正,下文中,将经过 Dispersion 校正或 K-K 变换的红外反射光谱,统称为红外吸收光谱。

四、宝石学中的应用

红外吸收光谱是宝石分子结构的具体反映。通常,宝石内分子或官能团在红外吸收光谱中分别具有自己特定的红外吸收区域，依据特征的红外吸收谱带的数目、波数位及位移、谱形及谱带强度、谱带分裂状态等项内容，有助于对宝石的红外吸收光谱进行定性表征，以期获得与宝石鉴定相关的重要信息。

1. 宝石中的羟基、水分子

基频振动（中红外区）作为红外吸收光谱中吸收最强的振动类型，在宝石学中的应用最为广泛。通常将中红外区分为基频区（又称官能团区，4000～1500cm^{-1}）和指纹区（1500～400cm^{-1}）两个区域。

自然界中，含羟基和 H_2O 的天然宝石居多，与之对应的伸缩振动导致的中红外吸收谱带主要集中分布在官能团区 3800～3000cm^{-1} 波数范围内。而弯曲振动导致的红外吸收谱带则变化较大，多数宝石的红外吸收谱带位于 1400～17 000cm^{-1} 波数范围内。通常情况下，羟基或水分子的具体波数位置，亦受控于宝石中氢键力的大小。与结晶水或结构水相比，吸附水的对称和不对称伸缩振动导致的红外吸收宽谱带中心主要位于 3400cm^{-1} 处。

例如，天然绿松石晶体结构中普遍存在结晶水和吸附水，其中由羟基伸缩振动致红外吸收锐谱带位于 3466cm^{-1}、3510cm^{-1} 处，而由 $v(M_{Fe,Cu}—OH)$ 伸缩振动导致的红外吸收谱带则位于 3293cm^{-1}、3076cm^{-1} 处，多呈较舒缓的宽谱态展布。同时，在指纹区内显示磷酸盐基团的伸缩与弯曲振动导致的红外吸收谱带。

反之，在官能团区域内，吉尔森仿绿松石中明显缺乏天然绿松石所特有的由羟基和水分子伸缩振动致红外吸收潜带，同时显示由高分子聚合物中 $v_{as}(CH_2)$ 不对称伸缩振动致红外吸收锐谱带（2925cm^{-1}）、$v_s(CH_2)$ 对称伸缩振动致红外吸收锐谱带（2853cm^{-1}），同时伴有 $v_{as}(CH_3)$ 不对称伸缩振动致红外吸收锐谱带（2959cm^{-1}）。指纹区内，显示碳酸根基团振动的特征红外吸收谱带。测试结果表明，吉尔森法绿松石实属压制碳酸盐仿绿松石。

同理，根据助熔剂法合成祖母绿与水热法合成祖母绿的红外吸收光谱中有无水分子伸缩振动致吸收谱带而给予区分。助熔剂法合成祖母绿是在高温熔融条件下结晶而成，故其结构通道内一般不存在水分子；而水热法合成祖母绿是在水热条件下结晶生长而成，在其结构通道中往往存在不等量的水分子和少量氯酸根离子（矿化刑）。

2. 钻石中杂质原子的存在形式及类型划分

钻石主要由 C 原子组成，当其晶格中存在少量的 N、B、H 等杂质原子时，可使钻石的物理性质如颜色、导热性、导电性等发生明显的变化。基于红外吸收光谱特征，有助于确定杂质原子的存在形式，并作为钻石分类的主要依据之一。

3. 人工充填处理宝玉石的鉴别

由两个或两个以上环氧基，并以脂肪族、脂环族或芳香族等官能团为骨架，通过与固化剂反应生成三维网状结构的聚合物类的环氧树脂，多以充填物的形式，广泛应用在人工充填处理翡翠、绿松石及祖母绿等宝玉石中。环氧树脂的种类很多，并且新品种仍不断出现。常见品种为环氧化聚烯烃、过醋酸环氧树脂、环氧烯烃聚合物、环氧氯丙烷树脂、双酚 A 树脂、环氧氯丙烷-双酚 A 缩聚物、双环氧氯丙烷树脂等。由图 16－1 可以看出，与蜡质物的红外吸收光谱特征明显不同的是，在充填处理翡翠中，环氧树脂中由苯环伸缩振动致红外吸收弱谱带位 3028cm^{-1} 处；与之对应由 $v_{as}(CH_2)$ 不对称伸缩振动致红外吸收谱带位 2922cm^{-1} 处，而 $v_s(CH_2)$ 对称伸缩振动致红外吸收锐谱带则位 2850cm^{-1} 处。

利用镜反射附件对底部封镶的天然翡翠饰品(如铁龙生)进行红外反射光谱测试时,要注意排除粘结在贵金属底托上的胶质物的干扰,因为贵金属底托起到背衬镜的作用,由此反射回的红外光一并穿透胶质物和未处理翡翠样品,有时易显示充填处理翡翠的红外吸收光谱特征。图 16-3 为充填处理绿松石的红外吸收光谱。官能团区内,除绿松石中羟基、水分子伸缩振动致红外吸收谱带外,在 $2930cm^{-1}$、$2857cm^{-1}$ 处显示由外来高分子聚合物中 $v_{as}(CH_2)$、$v_s(CH_2)$ 的不对称和对称伸缩振动,其苯环伸缩振动致红外谱带多被 v(M—OH)吸收谱带所包络。

4. 相似宝石种类的鉴别

日常检测过程中,检验人员时常会遇到一些不透明或表面抛光较差的翡翠及其相似玉石的鉴别难题,而红外反射光谱则提供了一个快速无损的测试手段。利用红外反射光谱指纹区内硬玉矿物中 $Si-O_{nb}$ 伸缩振动和 $Si-O_{br}-Si$ 及 $O-Si-O$ 弯曲振动致红外吸收谱带(经 K-K 变换)的波数位置及位移、谱形及谱带强度、谱带分裂状态等特征,极易将它们区分开(图 16-4)。

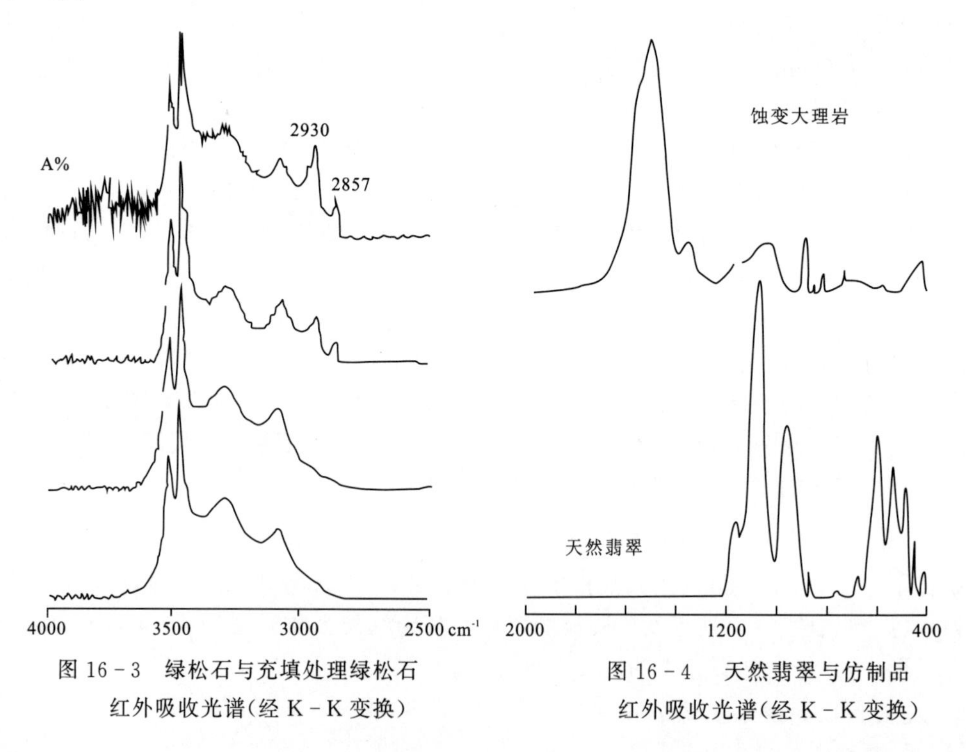

图 16-3 绿松石与充填处理绿松石红外吸收光谱(经 K-K 变换)

图 16-4 天然翡翠与仿制品红外吸收光谱(经 K-K 变换)

5. 仿古玉的红外吸收光谱

一些仿古玉器在制作过程中,常采用诸如强酸(如 HF 酸)腐蚀或高温烘烤等方法进行老化做旧处理。经上述方法处理的玉器表面呈白(渣)化或酸蚀残化(斑)、牛毛网纹状,对其玉质的正确鉴别往往带来一定的难度。利用“漫反射红外附件”有助于对这类老化做旧处理玉器进行鉴别。

第四节　激光拉曼光谱仪

1928年，印度物理学家拉曼(Raman)首次发现拉曼效应，由此获得诺贝尔物理学奖(1930年)。20世纪60年代初，激光的问世给拉曼光谱的产生提供了一种理想的单色光源。70年代后，单色仪、检测器、光学显微镜和计算机等新技术的发展，极大提高了激光拉曼光谱仪的测试性能。作为一种微区无损分析和与红外吸收光谱互补的技术，拉曼光谱能迅速判断出宝石中分子振动的固有频率，判断分子的对称性、分子内部作用力的大小及一般分子动力学的性质，为宝石鉴定工作者提供了一种研究宝石中分子成分、分子配位体结构、分子基团结构单元、矿物中离子的有序—无序占位等快速、有效的检测手段。

一、基本原理

激光拉曼光谱是一种激光光子与宝石分子发生非弹性碰撞后，改变了原有入射频率的一种分子联合散射光谱。

激光光子和分子碰撞过程中，除了被分子吸收以外，还会发生散射。由于碰撞方式不同，光子和分子之间存在多种散射形式。

1. 弹性碰撞

光子和分子之间没有能量交换，仅改变了光子的运动方向，其散射频率等于入射频率，这种类型的散射在光谱上称为瑞利(Rayleigh)散射。

2. 非弹性碰撞

光子和分子之间在碰撞时发生了能量交换，既改变了光子的运动方向，也改变了能量，使散射频率和入射频率有所不同，此类散射在光谱上被称为拉曼(Raman)散射。

3. 拉曼散射的两种跃迁能量差

当散射光的频率低于入射光的频率，分子能量损失，这种类型的散射线称为斯托克斯(Stokes)线；若散射光的频率高于入射光的频率，分子能量增加，将这类散射线称之为反斯托克斯线。前者是分子吸收能量跃迁到较高能级，后者是分子放出能量跃迁到较低能级。

由于常温下分子通常都处在振动基态，所以拉曼散射中以斯托克斯线为主，反斯托克斯线的强度很低，一般很难观察到。斯托克斯线和反斯托克斯线统称为拉曼光谱。

二、宝石学中的应用

1. 宝石中包裹体的成分及成因类型

宝石中包裹体的成分和性质对其成因、品种及产地的鉴别具有重要的意义。传统的固相矿物包裹体的鉴定与研究方法是将矿物包裹体抛磨至样品表面后采用电子探针分析测试。而对流体包裹体的研究则主要采用显微冷、热台去观察冷冻和加热过程中流体包裹体内各物相的变化特征，测定均一温度、低共熔点温度及冷冻温度，最终通过相平衡数据去推断或计算流体包裹体的分子成分、密度、形成温度、压力及盐度等。上述方法均属破坏性测试，显然不适于宝石鉴定与研究。

拉曼光谱具有分辨率和灵敏度较高且快速无损等优点,特别适于宝石内部 1μm 大小的单个流体包裹体(图 16－5)及各类固相矿物包裹体的鉴定与研究。例如,利用拉曼光谱对辽宁50 号岩管金刚石包裹体进行测试,结果表明,该地区金刚石中常见的矿物包裹体类型为橄榄石、铬铁矿、铬镁铝榴石、镁铝榴石、金属硫化矿物、石墨及流体包裹体。

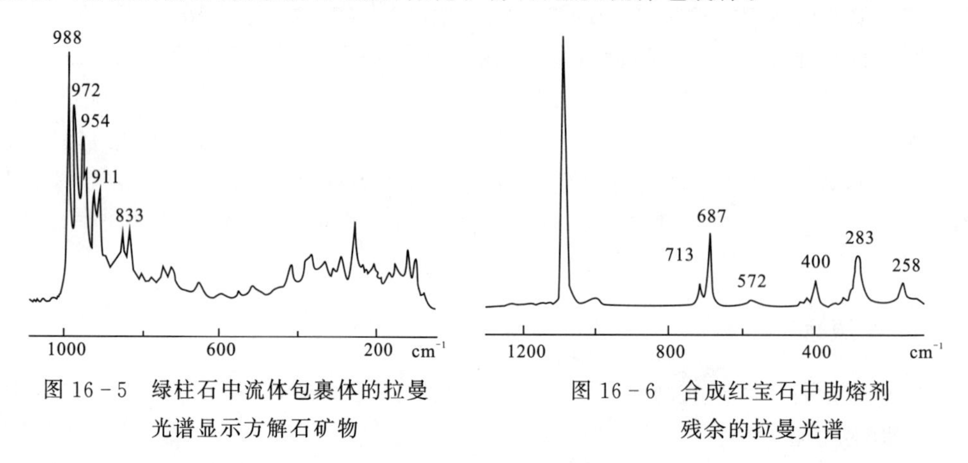

图 16－5　绿柱石中流体包裹体的拉曼光谱显示方解石矿物

图 16－6　合成红宝石中助熔剂残余的拉曼光谱

又如,利用拉曼光谱对桂林水热法合成黄色蓝宝石中流体包裹体进行了测试,确定液相中含有具鉴定意义的碳酸根(矿化剂)成分。再如,利用拉曼光谱对助熔剂合成红宝石和熔合处理红宝石进行了测试,确定助熔剂残余物(晶质体)和次生玻璃体(非晶体)的拉曼谱峰,前者在 800～1000cm^{-1} 范围内显示一组密集、相对计数强度较高的拉曼锐谱峰(图 16－6)。

2. 人工处理宝石的鉴定

近年来,珠宝市场上的人工充填处理宝石类型多为人造树脂充填处理翡翠、祖母绿、绿松石和铅玻璃充填处理红宝石、钻石等。宝石裂隙中的各类充填物质给珠宝鉴定带来一定的困难,然而,利用拉曼光谱分析测试技术有助于正确地鉴别它们。

例如充填处理翡翠中环氧树脂的拉曼谱峰具体表征为,由苯环伸缩振动致红外吸收弱谱带位于 3069cm^{-1} 处,与之对应由 $v_{as}(CH_2)$不对称伸缩振动致红外吸收谱带位于 2934cm^{-1} 处,而 $v_s(CH_2)$对称伸缩振动致红外吸收谱带则位于 2873cm^{-1} 处。利用拉曼光谱分析测试技术对染色处理黑珍珠和海水养殖黑珍珠的鉴定也获得了满意的结果。

3. 相似宝玉石品种的鉴定

自然界中,分布最广的硅酸盐类宝石的拉曼光谱主要由复杂的硅氧四面体组合基团或基团群的振动光谱组成,由于各硅酸盐类宝石中分子的基团的特征振动频率(Si－O 伸缩振动、Si－O－Si 和 O－Si－O 弯曲振动)存在明显的差异,导致各自拉曼光谱的表征不一。例如,利用拉曼光谱测试技术能有效地鉴别黑色翡翠及其相似玉种,如黑色角闪石质玉、黑色钠铬辉石质玉、黑色蛇纹石质玉及黑色软玉等黑色相似玉种。

第十七章　常见宝石鉴定特征

第一节　钻　石

一、基本特征

（一）化学成分

钻石为单质矿物，成分简单，即由碳元素组成，化学成分是碳（C）。碳原子与碳原子之间以共价键相联结，其结合十分牢固，导致钻石具有高硬度、高熔点、高绝缘性和强化学稳定性等特征。除主要化学成分碳外，还含有微量的氮、硼等成分，因此可将钻石分为两种类型，即Ⅰ型和Ⅱ型。

（二）晶体特征

（1）晶系：钻石为等轴晶系，均质体。

（2）结晶习性：钻石原石晶体的单形常为八面体、菱形十二面体和立方体以及它们间的聚形。

（3）表面特征：由于受内部结构的控制，钻石晶体八面体解理发育，并在表面产生特殊的三角形凹坑，成为钻石原石重要的鉴定依据。

（三）物理特征

1. 光学特征

（1）颜色：变化大，常为无色、黄、黑等色，少量为绿、红、蓝等色。

（2）光泽：钻石的反射率为17.23，为典型的金刚光泽。

（3）透明度：透明至不透明。

（4）光性：各向同性，因此在偏光镜下为全消光，但钻石因受构造作用影响而发生晶格扭曲，因而常显异常干涉色。

（5）折射率：2.417，无双折射。

（6）色散：0.044。较高，表现出很强的火彩。

（7）多色性：无。

（8）吸收光谱：黄色系列钻石在紫区415.5nm处有一强吸收线；淡褐色到淡绿色钻石在绿区504nm处有一窄带，在绿和蓝绿区有两个弱带，415.5nm吸收线也可出现。

（9）荧光：不同钻石所发荧光的强度和色调往往是不同的。有的钻石在短波紫外线下可显磷光。

2. 力学特征

(1)解理和断口:四个方向完全的八面体解理,解理面平行于晶体的八面体面。断口呈阶梯状(图 17-1)。

(2)硬度:硬度为 10,是世界上最硬的物质,绝对硬度为刚玉的 140 多倍。但同一颗钻石的不同方向其硬度存在差异,这是钻石能够切磨钻石的根本原因。

(3)韧度:钻石虽很硬,抗压性很大,但性脆,撞击易破裂。

(4)相对密度:3.52。

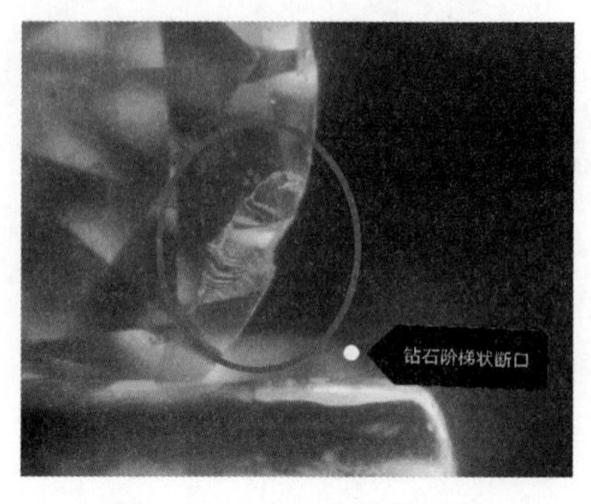

图 17-1 钻石的阶梯状断口

3. 其他物理特征

(1)热学性质:钻石的热膨胀性非常低,因此,温度的突然变化对钻石的影响极小。无裂隙或无包裹体的钻石,在真空中加热至 1800℃而后快速冷却,不会给钻石带来任何损害。但在氧气中加热,则只需达到较低的温度(650℃),钻石便缓慢燃烧变为 CO_2 气体,激光打孔和切磨均是利用这一原理,在很少的区域内提供集中热量,利用空气中的氧气将钻石烧掉。

钻石的热传导率是所有已知物质中最高的。利用这一特殊性质制成的热导仪成为钻石检测中最快捷有效的工具。在电子工业中则用作散热片和测温热感应器件。

(2)电学性质:除少数罕见的天然蓝色钻石(II_b 型)外,钻石一般是绝缘体。钻石越纯净,其晶格越完美,则其电绝缘性就越好。

(3)表面吸附性:水滴在钻石表面而不散开,但具特殊的亲油性。这一特性常被用于钻石的鉴定和选矿中。

二、鉴别特征

在鉴赏或购买钻石时,前提是确定鉴赏或购买的对象是否为天然的钻石。随着科学技术的发展,越来越多的钻石仿制品进入钻石市场,有些与天然钻石极为相似,甚至可以达到以假乱真的地步,一般的消费者甚至钻石鉴定师有时都感到困惑。钻石有不少仿制品,例如以前大家常常听说或看到"苏联钻""美国钻""瑞士钻"、锆石、合成尖晶石和玻璃等,这些仿制品还比较容易鉴定。但是近年来,随着合成钻石的成本降低,越来越多的合成钻石也悄悄进入钻石市场。同时合成碳硅石也大量出现,若没有一定的专业知识和仪器,要鉴定它们是一件比较困难的事。

(一)钻石仿制品的鉴别

天然宝石和人造材料均可用来仿制钻石。能用来作钻石仿制品的天然宝石相对较少,主要有锆石、蓝宝石、托帕石和水晶等;人造材料却较多,有玻璃、合成蓝宝石、合成尖晶石、合成金红石、人造钛酸锶、人造钇铝榴石、合成人造钆镓榴石、合成立方氧化锆(CZ)和合成碳硅石等。其中有些人造材料的物理性质和外观与钻石极相似,因此具有很大的欺骗性。

上述仿制品的物理特性与钻石相差较大(表 17-1)。只要通过各种办法测得其物理特性,就容易将它们区分开来。但有时在加工成成品后,其物理性质不易测得,在这种情况下,要鉴别仿制品的确有一定困难。这里提供下列较实用的流程(图 17-2),以供参考。

(二)合成钻石的鉴别

合成钻石不是钻石的仿制品,其物理性质、化学性质和晶体结构与天然钻石一样,只不过是在实验室或工厂中由人工合成的。由于天然钻石是在地球上地幔的硅酸盐岩浆中慢慢结晶出来的,而合成钻石是在实验室或工厂从石墨与金属熔体中快速结晶形成的,因而导致天然钻石与合成钻石在晶体形状、包裹体特征、发光性、吸收光谱和磁性等方面存在某些差异,这些差异成为鉴别的重要证据。

表 17-1　钻石及其仿制品的鉴定特征表

宝石名称	折射率(RI)	双折射率(DR)	相对密度	色散	硬度(H)	其他特征	备注
钻石	2.417	具异常双折射	3.52	0.044	10	金刚光泽,棱线锐利笔直	可先用热导仪、后用590型测试仪鉴别
合成碳硅石	2.67±0.02	0.043	3.22±0.02	0.104	9.25	明显的小面棱重影;导热性很好	
人造钛酸锶	2.409	无	5.13	0.190	5.5	极强的色散,硬度低,易损,含气泡	在相对密度为3.32的重液中它们均快速下沉
合成立方氧化锆(CZ)	2.09～2.18	无	5.60～6.00	0.060	8～8.5	很强的色散,气泡或熔剂状包裹体;在短波下发橙黄色光	
人造钆镓榴石(GGG)	1.970	无	7.00～7.09	0.045	6.5～7	相对密度很大,硬度低偶见气泡	
白钨矿	1.918～1.934	0.016	6.10	0.026	5	相对密度大,硬度低	
人造钇铝榴石(YAG)	1.833	无	4.50～4.60	0.028	8～8.5	色散弱,可见气泡	
合成金红石	2.616～2.903	0.287	4.26	0.330	6.5	极强色散,双折射很明显,可见气泡	用放大镜透过台面可见明显的小面棱重影
锆石(高型)	1.925～1.984	0.059	4.68	0.039	7.5	双折射明显,磨损的小面棱,653.5nm 吸收线	
蓝宝石	1.760～1.770	0.008～0.010	4.00	0.018	9	双折射不明显	可用折射仪测试它们的折射率或双折射率
合成尖晶石	1.728	具异常双折射	3.64	0.020	8	异形气泡;在短波下发蓝白色荧光	
托帕石	1.610～1.620	0.008～0.010	3.53	0.014	8	色散弱,双折射不明显	
玻璃	1.50～1.70	具异常双折射	2.30～4.50	0.031	5～6	气泡和漩涡纹;易磨损;有些发荧光	
拼合石	变化	变化	变化	变化	变化	上下的光泽和包裹体不同,接合面有扁平状气泡	

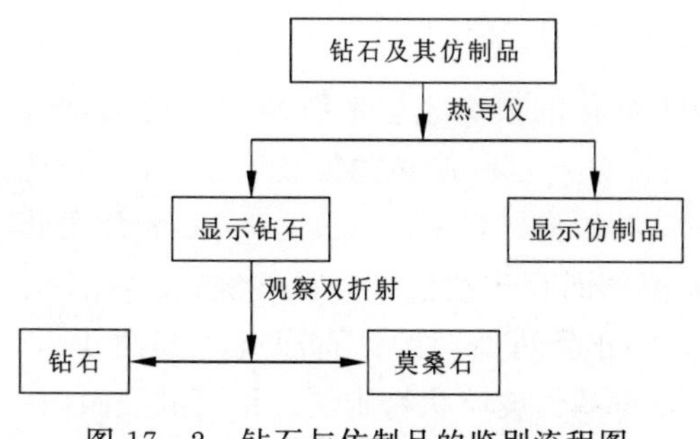

图 17-2　钻石与仿制品的鉴别流程图

自20世纪50年代第一粒合成钻石面世以来的很长时间里,由于合成技术不完善,多数合成钻石只能达到工业品质,很少达到宝石级,而且其成本比天然钻石昂贵,所以以前合成钻石很少流入珠宝市场。但近年来,随着合成技术的不断提高,成本随之降低,产量成倍增长,品质越来越好,合成钻石已对市场产生了较大冲击。合成钻石与天然钻石的区别见表 17-2。

表 17-2 天然钻石与合成钻石区别表

特征	天然钻石	合成钻石
晶体	常见八面体,极少出现立方八面体;晶面常为粗糙弯曲的表面,圆钝的晶棱	以立方八面体为主,晶面平直光滑,具锐利的晶棱,某些晶体可见籽晶
包裹体	天然晶体矿物包裹体,不含金属包裹体	金属包裹体常见
生长纹	较平直	"沙漏状"的生长纹
紫外光	多数为蓝白色,长波发光强于短波	黄绿色,短波较强,不均匀,持久的磷光
磁性	不会被磁铁吸引	有些含有金属包裹体而被磁铁吸引
吸收光谱	多数开普系列钻石可见 415nm 处吸收线	无 415nm 处吸收线
异常双折射	复杂,不规则带状、斑块状的十字形	较简单,十字形交叉的亮带
色带	大多数较均匀	颜色分布不均匀,有时呈斑块状

(三)优化处理钻石的鉴别

由于钻石是一种较贵重的宝石,尤其是净度好、色级高、质量大的钻石并不容易被发现,因此,人们想方设法改善品质低的钻石,这样不仅可以充分利用钻石资源,而且可满足一些消费者想花较少的钱购得看似较高级别钻石的要求。按理销售商在销售处理钻石时必须向顾客公开说明处理钻石的情况,否则,就是欺骗行为。但市场上的实际情况并非如此,因而鉴别处理钻石也是钻石鉴赏者的一项重要任务。

处理钻石常见的方法有拼合、玻璃充填、激光钻孔、辐射和热处理、涂层和镀层等,其中玻璃充填和激光钻孔是为了提高钻石净度,而辐射、热处理、涂层和镀层是为了改变钻石的颜色,拼合是为了提高钻石的质量。涂层和镀层处理是较古老的处理方法,现在并不常见。

1. 钻石拼合石的鉴别

钻石拼合石常见的有二层石和三层石两种。基于拼合材料又有多种可能:第一种是拼合的各部分均是其他相似材料,其中并无钻石;第二种是顶部为真钻石,其余各部分是仿制材料;第三种情况是拼合的各部分均是真钻石,只是将几颗质量小的钻石拼合成一颗质量大的钻石而已。不管是哪种情况,拼合石的鉴别都不困难。从其侧面看,一般都能看到拼合缝,从冠部或亭部在透射光下可看到拼合面上的气泡等,其他物理特征也可能存在较大差别。

2. 玻璃充填钻石的鉴别

1982 年,以色列的 Ramat Zvi Yehuda 首先发明用熔化的玻璃充填钻石裂隙以提高钻石净度的方法;1994 年,以色列的 Koss Shechter 钻石有限公司也制造和抛售玻璃充填的钻石。所以,自从 1993 年开始,市场上便有大量的玻璃充填钻石销售。据 GIA 统计,Yehuda 公司处理的钻石净度比处理前提高将近一个级别,但内部充填物的存在使色级降低一级;Koss 公司处理的钻石净度提高一个级别,色级不变;Goldman Oved 公司处理的钻石净度将提高 1~2 级,色级也不变。充填的过程是在真空舱中将具高折射率的铅玻璃状物质注入钻石的裂隙内,使钻石的外观得到改善。

在显微镜下观察玻璃充填钻石，转动钻石，当背景变亮时，充填裂隙部位就会显现出由橙色变为蓝色，或紫红色变成黄绿色的特殊的闪光效应，还可以观察到钻石的流动构造和扁平状气泡。

3. 激光处理钻石的鉴别

在钻石上用激光打一个微小的孔洞，直通需去除的包裹体的位置，在激光束作用下使包裹体气化，或用强酸将它溶蚀，激光钻孔的直径很小，一般小于0.02mm。用激光处理钻石主要是为了消除钻石内的包裹体，以此提高钻石的净度。通过激光净化的钻石新增加了一个微孔，解决的办法是将钻石和高折射率的玻璃一起放在可抽真空的设备中，先抽真空，之后加高温熔化高折射率的玻璃，将玻璃注入充填孔洞内。冷却后微孔即被高折射率的玻璃充填。

4. 辐射和热处理钻石的鉴别

辐照可使钻石产生色心，通过加热可使钻石得以改善颜色，最常见的颜色有绿色、黄色和褐色。经辐照和热处理的黄色和褐色钻石的吸收光谱在黄区(594nm)有一条线，蓝绿区(504nm、497nm)处显几条吸收线。从亭部方向轰击的圆多面型钻石，透过台面观察时可见围绕亭部的雨伞状环带；若从冠部方向轰击，则可见围绕腰棱的深色环；若从其侧面方向轰击，靠近轰击源的一侧颜色较深。颜色仅分布于表层经辐射处理的钻石在浸液中容易观察到。经人工致色的蓝色钻石不能导电，为绝缘体。

5. 涂层和镀层钻石的鉴别

用难擦掉的蓝色笔在略带黄色的钻石腰棱或亭部小面上涂上颜色，可消除或改善钻石的黄色调，检测时仔细地擦洗可将涂色除去；有些钻石用氟化物镀层，就像照相机镜头镀层一样，这种镀层是抗酸的，但在反射光中显淡蓝色或淡黄色的表面“晕”。涂层的淡蓝色和钻石略带淡黄色调组合在一起，使钻石显得更白。

三、质量评价

钻石的价格与钻石的品质息息相关，同样都是天然钻石，因品质的细微差别就会引起钻石价格的较大波动，可以说钻石是日常生活中价格差别最大的商品之一。其实，在目前珠宝市场上，经常引起纠纷的往往不是在于钻石的真假与否，而绝大多数在于钻石品质的分歧上。由于大家希望所购钻石物有所值，由此希望制定一个统一的品质标准来对钻石的品质进行分级。经过国际钻石业的努力，已制定出在国际较为统一的公认的钻石品质评价标准，这个标准其内容包括克拉质量(carat weight)、颜色(color)、净度(clarity)和切工(cut)四个方面，由于这四个评价标准的英文字母均以“C”开头，所以行业中习惯将此称为“4C”评价标准。中国也相应制定了《钻石分级》国家标准。

(一) 克拉质量

1. 质量的表示和质量测定

(1)克拉(carat)：克拉是国际通用的宝石的质量单位，以符号“ct”表示。1克拉等于五分之一公制克，即：1ct=0.2g。

(2)分(point)：对于不足1ct的钻石，其质量常用“分”来表示，分的英文缩写为“pt”。1ct的1%称为1分，即：1ct=100pt。

中华人民共和国国家标准《钻石分级》(GB/T 16554—2017)规定,钻石质量的表示方法为:在质量数值后的括号内注明相应的克拉重量,如 0.200 0g (1.00ct)。钻石的质量用分度值不大于 0.000 1g 的天平称取,有效数值保留到小数点后四位,然后换算成克拉值。克拉值保留到小数点后二位,小数点后第三位逢九进一,八及以下数值舍去。

对于未镶嵌钻石,其质量可用天平精确称取。但天平有许多种,每种天平的精度存在差异,因此,我们在使用天平时,还是要十分注意天平的精度。目前宝石行业中使用的电子克拉天平,其精度可达到 0.001ct,基本能满足要求。当切磨加工后的钻石不能用天平称取质量时,可用测量钻石尺寸大小的方法估算出钻石的质量(钻石粒径尺寸单位为 mm)。

(1)标准圆钻的估重公式

$$估算质量(ct)=腰围平均直径^2 \times 高 \times 0.006\ 1$$

(2)椭圆形钻的估重公式

$$估算质量(ct)=[(长径+短径)/2]^2 \times 高 \times 0.006\ 2$$

(3)心形钻的估重公式

$$估算质量(ct)=长 \times 宽 \times 高 \times 0.005\ 9$$

(4)祖母绿形钻的估重公式

估算质量(ct)=长×宽×高×0.008 0(长∶宽=1.00∶1.00)
×0.009 2(长∶宽=1.50∶1.00)
×0.010 0(长∶宽=2.00∶1.00)
×0.010 6(长∶宽=2.50∶1.00)

(5)马眼形钻的估重公式

估算质量(ct)=长×宽×高×0.005 65 (长∶宽=1.50∶1.00)
×0.005 80 (长∶宽=2.00∶1.00)
×0.005 85 (长∶宽=2.50∶1.00)
×0.005 95 (长∶宽=3.00∶1.00)

(6)梨形钻的估重公式

估算质量(ct)=长×宽×高×0.006 15 (长∶宽=1.25∶1.00)
×0.006 00 (长∶宽=1.50∶1.00)
×0.005 90 (长∶宽=1.66∶1.00)
×0.005 75 (长∶宽=2.00∶1.00)

上述各形钻石的长度、宽度和高度等可用各种量具、卡规等测量得出。

2.克拉质量与价格

对于成品钻石而言,在其他条件(颜色、净度和切工)都相同的情况下,质量越大,其价格越高。在钻石行业中,钻石的价格是用“每克拉的价格”来表示,但钻石价格与克拉质量之间并不是简单的线性关系,而是在克拉溢价处出现台阶式的突变,例如一颗 1ct 的钻石比一颗 0.99ct 的钻石的价值高出 10%~50%,即质量相差 1 分,价值可能相差 50%。国际上通常将钻石划分出不同的质量级别,同一质量级别的价格一样,但不同的质量级别的价格却明显存在差别,即存在溢价台阶,而且质量越大,不同级别间的溢价台阶越大。

(二)颜色

1.颜色的等级特征

基于行业习惯,钻石根据颜色可划分为两个系列,一个是带颜色的彩钻系列(fancy colour diamonds),如红色、蓝色、紫色和棕色等。这个系列的钻石在自然界非常稀少,故在价值上也较高,评价需单独进行。另一个系列是数量相当大的无色系列,这个系列的钻石要求越是无色,价值越高。但由于钻石中或多或少含少量氮等杂质元素,因而或多或少带黄色色调。为了评价这个系列的钻石,国际上提出了许多分级体系。目前世界上主要的钻石分级体系是GIA和CIBJO的分级体系(表17-3)。GIA的分级体系把钻石的颜色从无色到浅黄色分成23个级别,分别用英文字母D到Z一一给以标定。CIBJO分级体系则用简单的术语来描述色级。中国的钻石分级体系最早采用100分制的方法,即将最好的颜色定为100,其他依此类推。1997年5月颁布实施了中华人民共和国国家标准《钻石分级》(GB/T 16554—1996),2010—2017年该国家标准又进行了两次修订,最新版于2018年5月1日实施(GB/T 16554—2017)。中国的钻石分级体系按钻石颜色变化划分为12个连续的颜色级别,由高到低用英文字母D、E、F、G、H、I、J、K、L、M、N、<N代表不同的色级。亦可用数字表示。颜色分级适用于无色至浅黄(褐、灰)色系列的未镶嵌及镶嵌抛光钻石。详见表17-3。

表17-3　各种钻石成色等级比较对照表

<table>
<tr><th colspan="2">美国宝石学院(GIA)</th><th>国际钻石委员会(IDC)
国际珠宝联合会(CIBJO)</th><th colspan="2">中国</th><th colspan="2">肉眼观察特征</th></tr>
<tr><td rowspan="5">白色类</td><td>D</td><td>特白(exceptional white^{+})</td><td>D</td><td>100</td><td rowspan="2">极白</td><td rowspan="5">一般肉眼观察无色</td></tr>
<tr><td>E</td><td>特白(exceptional white^{+})</td><td>E</td><td>99</td></tr>
<tr><td>F</td><td>优白(rare white^{+})</td><td>F</td><td>98</td><td rowspan="2">优白</td></tr>
<tr><td>G</td><td>优白(rare white^{+})</td><td>G</td><td>97</td></tr>
<tr><td>H</td><td>白(white)</td><td>H</td><td>96</td><td>白</td></tr>
<tr><td rowspan="4">微带黄色(从亭部观察)</td><td>I</td><td rowspan="2">淡白(slightly tinted white)</td><td>I</td><td>95</td><td rowspan="2">微黄(褐、灰)白</td><td rowspan="4">小于0.2ct的钻石感觉不到颜色;大颗钻石可感觉到有颜色存在</td></tr>
<tr><td>J</td><td>J</td><td>94</td></tr>
<tr><td>K</td><td rowspan="2">微白(tinted white)</td><td>K</td><td>93</td><td rowspan="2">浅黄(褐、灰)白</td></tr>
<tr><td>L</td><td>L</td><td>92</td></tr>
<tr><td rowspan="6">黄色类(从任何角度观察都显黄色)</td><td>M</td><td rowspan="2">一级黄(tinted 1)</td><td>M</td><td>91</td><td rowspan="2">浅黄(褐、灰)</td><td rowspan="2">一般肉眼感觉到具有颜色</td></tr>
<tr><td>N</td><td>N</td><td>90</td></tr>
<tr><td>O</td><td rowspan="2">二级黄(tinted 2)</td><td rowspan="5"><N</td><td rowspan="5"><90</td><td rowspan="5">黄(褐、灰)</td><td rowspan="5">一般人均感到黄色的存在,而且感到黄色色调越来越明显</td></tr>
<tr><td>P</td></tr>
<tr><td>Q</td><td rowspan="2">三级黄(tinted 3)</td></tr>
<tr><td>R</td></tr>
<tr><td>明显黄色</td><td>S—Z</td><td>黄 (yellow)</td></tr>
</table>

2. 分级实践

钻石分级灯的使用

进行钻石的颜色分级时一般要求具有以下四个基本条件，即一套比色石(标准比色石)、合适的光源、中性的分级环境以及经验。

(1)标准比色石。每一个实验室应有一套共 7 颗的比色钻石，称为标准“比色石”(master stones)，每一颗钻石都代表一种标准“颜色”，对应于一个色级的下限或上限。将一颗未知钻石的颜色与某一比色石相比，即能得到该钻石的颜色色级。

需要注意的是，一个色级代表着一个颜色范围，许多被评为同一色级的钻石，经仔细观察，其色调仍会有轻微差异。

(2)合适的光源。在颜色分级时，需要一种标准的、无紫外线的人造光源。钻石颜色分级中推荐使用的光源是色温在 5500～7200K 范围内的日光灯。

(3)中性的分级环境。环境也会影响到钻石的颜色分级。来自非标准屋顶灯的散射光和从四周窗户进来的日光都会使钻石发荧光。另外，如墙壁及顶棚的颜色色调比较鲜艳，也会妨碍眼睛观察并影响分级，所以要求有一个中性的分级环境，暗室或半暗的实验室是理想的分级环境，并且其墙壁和顶棚为中性淡色。

(4)经验。钻石颜色分级要求有经验丰富的钻石分级师。他们能够灵活地掌握各种分级标准，识别钻石颜色的微小差别，排除分级中遇到的问题，准确地判定钻石的色级。

3. 分级步骤

颜色分级一般采用比色法，即将待评价的钻石与标准的比色样石进行比较，以决定待比对未知样品的成色级别。

4. 颜色与价格

钻石的颜色对其价格影响极大。在其他条件(质量、净度和切工)相同的情况下，颜色级别越高，其价格越高。

(三)净度

1. 分级体系

目前世界各国流行的钻石净度分级体系，见表 17－4。钻石的净度级别是根据其内部特征和外部特征的大小明显性来确定的，称为净度特征。外部特征主要有磨蚀、多余刻面、原晶面、伤痕、小白点、磨痕、磨痕疤等。内部特征主要有毛边、碎伤、破洞、缺口、云状物、羽状裂纹、结晶包裹体、内部生长线等。

2. 分级的必要条件

(1)钻石的清洁。钻石具有亲油性，因此在检测前将所有的油脂和脏物从宝石上清除是至关重要的。目前用于清洁钻石的清洁液是丙烷。

(2)透镜的放大倍数。用经过校正的 10×放大镜。

(3)照明条件。在放大镜下观察钻石时，应尽可能多地让光线进入到钻石的亭部，以减少表面反光。

3. 分级步骤

(1)对钻石的每个小面逐一进行检查。

表 17－4　各种钻石净度等级系统对照表

美国宝石学院(GIA)	国际钻石委员会(IDC)	中国	英国	德国	鉴定特征
完全无瑕(FL)	Loupe Clean	LC	FL	IF	10×镜下未见钻石具内外部特征(看不到任何包裹体或缺陷)
内部无瑕(IF)					10×镜下未见钻石具内部特征(发现少量通过抛光可消除的外部缺陷)
非常极微瑕 VVS_1	VVS_1	VVS_1	VVS	VVS	10×镜下具极微小的内、外部特征(可发现针状包裹体 1～2 个,微小且不明显)
非常极微瑕 VVS_2	VVS_2	VVS_2			
极微瑕 VS_1	VS_1	VS_1	VS	VS	10×镜下钻石具细小的内、外部特征(易发现少量细小矿物包裹体)
极微瑕 VS_2	VS_2	VS_2			
微瑕 SI_1	SI	SI_1	SI	SI	10×镜下钻石具明显的内、外部特征(十分容易发现矿物包裹体,肉眼可见矿物包裹体)
微瑕 SI_2		SI_2			
一级瑕 I_1	P_1	P_1	1stPK	PK_1	肉眼可见钻石具内、外部特征(矿物包裹体和较大的解理及裂隙)
二级瑕 I_2	P_2	P_2	2ndPK	PK_2	
三级瑕 I_3	P_3	P_3	3rdPK	PK_3	

(2)确定钻石的净度级别。影响钻石的净度级别的主要因素是:①内含物数量:包裹体的数量越多,净度级别越低。②内含物大小:包裹体越大,钻石的亮度越低,因而净度级别越低。③内含物位置:包裹体所在位置越靠中部,对净度的影响就越大。④内含物的颜色和反差:包裹体越暗,其清晰度就越高,因而净度级别就越低。⑤内含物的性质:若别的因素相同,那么,具有大小相似和位置相同的模糊的云雾要比羽状纹对净度的影响小。

(四)切工

所谓钻石的切工(cut),主要指切磨钻石的形状和款式、比例和修饰度。为了最大限度地体现钻石的美,按理想的比例进行精确的加工十分重要。钻石的各个部分都要求有一定的比例。钻石最常见的琢型是圆钻型,标准的圆钻型共有 58 个小面。圆钻型钻石切工分级的主要评价指标有台面百分比、冠部角度、底部深度百分比、腰部厚度、底尖比、修饰度(指抛光程度和对称程度)评估。

1. 比率分级

(1)比率级别分为极好(excellent,简写为 EX)、很好(very good,简写为 VG)、好(good,简写为 G)、一般(fair,简写为 F)、差(poor,简写为 P)五个级别。

(2)依据各台宽比条件下,冠角(α)、亭角(β)、冠高比、亭深比、腰厚比、底尖比、全深比、$\alpha+\beta$、星刻面长度比、下腰面长度比等确定各测量项目对应的级别,见表 17－5。

2. 修饰度分级

修饰度级别分为极好(excellent,简写为 EX)、很好(very good,简写为 VG)、好(good,简写为 G)、一般(fair,简写为 F)、差(poor,简写为 P)五个级别,包括对称性分级和抛光分级。

表 17－5　比率分级表举例(台宽比＝60%)

项目	差	一般	好	很好	极好	很好	好	一般	差
冠角 α/(°)	<20.0	20.0～23.6	23.8～27.0	27.2～31.0	31.2～35.8	36.0～37.6	37.8～40.0	40.2～41.4	>41.4
亭角 β/(°)	<37.4	37.4～38.4	38.6～40.0	40.2～40.6	40.8～41.8	42.0～42.2	42.4～43.0	43.2～44.0	>44.0
冠高比/%	<7.0	7.0～8.5	9.0～10.0	10.5～11.5	12.0～17.0	17.5～18.0	18.5～19.5	20.0～21.0	>21.0
亭深比/%	<38.0	38.0～39.5	40.0～41.5	42.0～42.5	43.0～44.5	45.0	45.5～46.5	47.0～48.0	>48.0
腰厚比/%	—	—	<2.0	2.0	2.5～4.5	5.0～5.5	6.0～7.5	8.0～10.5	>10.5
腰厚	—	—	极薄	很薄	薄～稍厚	厚	很厚	极厚	极厚
底尖大小/%	—	—	—	—	<1.0	1.0～1.9	2.0～4.0	>4.0	—
全深比/%	<50.9	50.9～56.2	56.3～58.0	58.1～58.4	58.5～63.2	63.3～64.5	64.6～66.9	67.0～70.9	>70.9
$\alpha+\beta$/(°)	—	<65.0	65.0～68.6	68.8～72.8	73.0～77.0	77.2～77.8	78.0～80.0	>80.0	—
星刻面长度比/%	—	—	<40	40	45～65	70	>70	—	—
下腰面长度比/%	—	—	<65	65	70～85	90	>90	—	—

(1)对称性分级

对称性级别分为极好(excellent,简写为 EX)、很好(very good,简写为 VG)、好(good,简写为 G)、一般(fair,简写为 F)、差(poor,简写为 P)五个级别。

(2)抛光分级

抛光级别分为极好(excellent,简写为 EX)、很好(very good,简写为 VG)、好(good,简写为 G)、一般(fair,简写为 F)、差(poor,简写为 P)五个级别。

3. 切工级别的划分规则

切工级别根据比率级别、修饰度(对称性级别、抛光级别)进行综合评价。

切工级别分为极好(excellent,简写为 EX)、很好(very good,简写为 VG)、好(good,简写为 G)、一般(fair,简写为 F)、差(poor,简写为 P)五个级别。

切工对钻石价格的影响范围较宽,具体取决于切工误差的严重程度。只有受过训练的专业人员才能正确确定由其对钻石影响导致价格降低的程度。但对消费者来说,对照钻石加工比例,并借助于量尺和放大镜认真检查,参照钻石亮度和火彩的程度对加工质量的优劣进行大致估计,若能发现明显缺陷,那么这颗钻石的价格就要大打折扣。

第二节　红宝石和蓝宝石

一、基本特征

(一)化学成分

红宝石和蓝宝石的矿物名称均称为刚玉，其化学成分为铝氧化物(Al_2O_3)。当刚玉不含杂质元素时，为无色；当含其他杂质元素时则呈现各种不同的颜色，并构成不同的宝石品种。如刚玉中 Cr_2O_3 含量在0.01%～0.05%之间为浅红色；Cr_2O_3 含量在0.1%～0.2%之间为桃红色；Cr_2O_3 含量在2%～3%之间为深红色；含0.2%～0.5%Cr_2O_3 和0.5%NiO为橙红色；含0.5%TiO_2、1.5% Fe_2O_3 和0.1% Cr_2O_3 为紫色；含0.5%TiO_2、1.5%Fe_2O_3 为蓝色；含0.5%NiO和0.01%～0.05%Cr_2O_3 为金黄色；含1.0%CoO、0.12%V_2O_3 和0.3%NiO为绿色；含 V_2O_5 在日光灯下为蓝紫色，在钨丝白炽灯下为红紫色，即具变色效应。

(二)晶体特征

在矿物学上，红宝石和蓝宝石矿物材料(刚玉)为三方晶系晶体。晶体常为六边形桶状或柱状，有时呈板状，具双晶。在锥和柱面上常有横的条纹，这种特征加上其三角形生长标志是原石晶体良好的识别特征。

(三)物理特征

1. 力学特征

(1)解理和断口：刚玉解理不发育，但由于叶片状双晶的原因，常发育有平行于底面和菱面体面的裂理。断口呈贝壳状。

(2)硬度：硬度为9，在天然材料中仅次于钻石。不同产地的红宝石和蓝宝石硬度稍有不同。

(3)韧度：极好。蓝宝石一般要好于红宝石。

(4)相对密度：3.80～4.05。

2. 光学性质

(1)颜色：变化大，并决定宝石的品种，即红色者为红宝石，其他颜色者为蓝宝石。

(2)光泽：玻璃光泽。

(3)透明度：透明至不透明。

(4)折射率：1.762～1.770。

(5)双折射率：0.008。

(6)色散值：0.018。

(7)多色性：中等到强，具体取决于品种。

(8)光学效应：最重要的是星光效应，极少见猫眼效应，也有似变石的变色效应。

(9)光谱：红宝石最典型的吸收光谱为铬谱，蓝宝石最典型的吸收光谱为铁谱。

二、产地

著名的红宝石产地有缅甸、阿富汗、巴基斯坦、泰国、柬埔寨、越南、坦桑尼亚、澳大利亚等。

而著名的蓝宝石产地有克什米尔、斯里兰卡、中国、印度、泰国、柬埔寨、老挝、澳大利亚、越南、美国等。各地产出的红宝石和蓝宝石因地质条件不同,其品质和内部特征也各不相同,如缅甸产的红宝石的品质较好、颜色艳丽、品质最好的鸽血红红宝石就产于缅甸;泰国产红宝石多呈褐红或玫瑰红色,色带和生长线平直,常含流体包裹体,并多聚集成指纹状、羽状等;越南产红宝石常呈玫瑰红色,裂纹较多。

对蓝宝石而言,克什米尔产的蓝宝石呈微带紫的靛蓝色,著名的"矢车菊"蓝宝石就产于此,其典型的包裹体是混浊的分带、锆石晶体等。中国山东产的蓝宝石以颗粒大、晶体完整而著称于世,色带清楚,但杂质含量较高,Fe^{2+}/Ti^{4+} 比例过高,所以山东蓝宝石颜色呈深至蓝黑色。

三、鉴别特征

红宝石和蓝宝石的真伪鉴别较为复杂,涉及其仿冒品、优化合成红宝石和蓝宝石、优化处理红宝石和蓝宝石的鉴别。基于此,红宝石和蓝宝石的鉴定除必须依据常规的仪器测定作出初步判断外,许多情况下还需借助于大型仪器的分析测试,方能为它们正名。

(一)相似宝石的鉴别

与红宝石相似的宝石有红色尖晶石、红色石榴石、红色锆石、红色碧玺等(表 17-6)。与蓝宝石相似的宝石有蓝色托帕石、蓝色碧玺、海蓝宝石、蓝晶石、坦桑石、堇青石等(表 17-7)。鉴别的办法是用各种仪器测定其有关的物理特征来进行区别。较常用的仪器包括:

(1)折射仪:可测得宝石的折射率和双折射率。

(2)比重天平:可测得宝石的相对密度。

(3)分光镜:红宝石的吸收光谱是典型的铬谱,蓝宝石的吸收光谱是铁谱。光谱观察还有一层特殊的意义,即能真正鉴别出红宝石。红宝石严格意义上讲,是指以 Cr_2O_3 致色的刚玉类宝石,一些粉红色和紫色的刚玉并非 Cr_2O_3 致色,因而不是红宝石,而是蓝宝石。光谱观察可帮助解决这一问题。

(4)放大观察:不同产地的红宝石和蓝宝石由于形成的地质条件和环境存在差异,因而具有不同的包裹体。训练有素的宝石鉴定师,不仅可以根据这些内含物特征来鉴别红宝石和蓝宝石的真伪,还能鉴别其产地。

(5)二色镜和偏光镜:可测其多色性和光性,从而对红、蓝宝石作出鉴别。

通过上述测定,再比较表 17-6 和表 17-7,就容易将红宝石和蓝宝石与其仿制品区分开来。

(二)合成红宝石和合成蓝宝石的鉴别

红宝石和蓝宝石可由多种方法合成,不同方法合成的红宝石和蓝宝石的物理特征与天然红宝石和蓝宝石相比基本相同,因此,相关物理特征的鉴别意义不大。正确鉴别合成品的难度较大,需专业人员借助先进仪器才能办到。

(1)外观观察:合成品大多完美无缺,颜色艳丽,十分均匀。若是将多颗红宝石和蓝宝石放在一起,每颗合成品的品质基本相同,天然品很少能达到这种水平。

表 17－6　红宝石与相似宝石的特征表

名称	硬度(H)	相对密度	折射率(RI)	双折射率(DR)	二色性
红宝石	9	4.00	1.760～1.768	0.008	明显
红色锆石	7.5	4.69	1.925～1.984	0.059	弱
镁铝榴石	7.5	3.7～3.9	1.740～1.760	无	无
红色尖晶石	8	3.60	1.720	无	无
红色碧玺	7	3.04	1.620～1.640	0.018	明显

表 17－7　蓝宝石与相似宝石的特征表

名称	硬度(H)	相对密度	折射率(RI)	双折射率(DR)	二色性
蓝宝石	9	4.00	1.760～1.768	0.008	明显
蓝晶石	4～7	3.69	1.73～1.75	0.016	明显
合成尖晶石	8	3.63	1.727	无	无
尖晶石	8	3.60	1.720	无	无
蓝色托帕石	8	3.56	1.609～1.637	0.008～0.010	中等
坦桑石(黝帘石)	6.5～7	3.355	1.690～1.701	0.009	明显
蓝色碧玺	7	3.10	1.620～1.640	0.020	明显
海蓝宝石	7.5	2.70	1.570～1.580	0.006	明显
堇青石	7	2.59	1.530～1.540	0.009	明显

(2)二色镜观察：由于大多数合成品是用焰熔法生产的，这种方法合成的梨晶由于应力作用，会使晶体沿长轴方向裂开，为了充分利用原材料，成品宝石大多台面平行于光轴，与天然品正好相反，因而合成品可从台面方向看到二色性，而天然品一般从台面难以观察到二色性。在此二色镜的观察结果不能作为决定性依据，然而可以引起我们的警觉。

(3)荧光检查：对红宝石来讲，合成品的荧光比天然品要强。

(4)放大检查：这是最有鉴别意义的，天然品有各种矿物包裹体存在，合成品一般无天然矿物包裹体。合成品有自己独特的内部特征，例如，用焰熔法生产的合成品具弯曲生长纹，其形状如唱片的旋纹，这是区别于天然红宝石的重要依据，另外焰熔法合成的红宝石含有微小的气泡等标志性特征。助熔剂法合成品比较难观察到典型的内部特征，最主要的固态包裹体是“助熔剂残余”，红宝石中残余的助熔剂的主要形态有树枝状、栅栏状、网状、扭曲的云状、管状、彗星状等。

(5)大型仪器：例如用红外光谱、拉曼光谱等，可测试宝石的成分，从而可将天然品与合成品区分开来。

需进一步强调的是，要获得准确的鉴别结果，最好把宝石的各种特征结合起来进行综合判断。

(三)优化处理红宝石、蓝宝石的鉴别

由于天然的优质红宝石和蓝宝石极少，为了满足市场需要，人们将品质较差的红宝石和蓝宝石原料，通过一系列的技术处理，包括改变其颜色、净度和掩盖裂隙等，使其质量提高。

1. 热处理和扩散处理

热处理是指在一定的物理化学条件下，对红宝石和蓝宝石实施加热，改变颜色、净度、星光效应等。扩散处理是将无色刚玉切磨成琢型宝石后，在其表面加适当的致色剂后，进行加热，使致色剂扩散到宝石表面一定深度，并使其产生颜色，从而达到优化的目的。使用 Cr 和 Ni 作致色剂在氧化条件下可产生橙黄色扩散层，使用 Co 作致色剂可产生蓝色扩散层。经过热处理和扩散处理的红宝石和蓝宝石的鉴别方法是：

(1)放大观察：热处理后的红、蓝宝石可有颜色不均匀现象，低熔点包裹体如长石、方解石、磷灰石等，在长时间高温作用下，原柱状晶体边缘将变得圆滑。热处理过程中，宝石表面将产生凹坑，即便重新抛光，某些小面，特别是靠近腰棱的小面仍将残留有凹坑的痕迹，另外，重新抛光将产生多余的小面，即不能保证第一次抛光中刻面棱角的完整性。

(2)吸收光谱：经过热处理的黄色蓝宝石和蓝色蓝宝石在 450nm 处不显吸收带。

(3)浸液观察：经扩散处理的红宝石和蓝宝石放在折射率为 1.74 的浸液中，明显可看到颜色主要集中于表面，即主要在小面边棱、腰围及开放性裂隙处。浸液也使得对上述宝石表面和内部的观察更加清晰。

2. 充填处理

红宝石和蓝宝石(特别是红宝石)的天然品往往存在各种裂纹或裂隙，严重影响宝石的价值。为了掩盖其裂隙，可通过对其裂隙进行充填以达到提高净度的目的。充填的主要材料有硼盐、水玻璃、石蜡、硅土、高铅玻璃等。

进行检测的办法是：放大观察可见两种现象，其一在充填物和刚玉的界线处可见颜色和光泽的差别，如玻璃充填的红宝石，在表面反射光下观察，玻璃的光泽明显低于红宝石；其二还可看到充填物中的气泡。不过，做此项工作需非常仔细。

3. 注油和染色

有损于红宝石和蓝宝石外观的开口裂隙可用注油的办法来掩盖。检测的办法是在反射光下用放大镜观察，可看到裂隙中存在五颜六色的干涉色。另外，用热针靠近宝石表面，可能从裂隙中吸出油来。

有时红宝石和蓝宝石还存在用染色的办法来改善其颜色的情况。这种处理宝石可以通过蘸有丙酮的棉签来检查，即用棉签擦洗宝石可使棉签呈现颜色。

除上述常见方法外，还存在其他各种处理方法，如辐射、刻划、贴箔等。请参考其他相关资料，并借助于有关方法进行鉴别。

四、质量评价

由于天然的优质红宝石和蓝宝石产量很少，而且每年以较快的速度衰减，因此，其保值和增值功能远大于钻石。对红宝石和蓝宝石的评价比钻石要困难得多，迄今为止，国际上尚无统

一公认的标准。因此，在红宝石和蓝宝石的评价方面，不同评价者基于各自的认识和经历，会得出不同的评价结果。但行业上仍有一些普遍认可的评价依据，这些依据主要包括颜色、质量、透明度、净度、加工质量等方面。目前国家尚没有一个统一的标准，具代表性的有泰国亚洲珠宝学院(AIGS)的分级评估体系，与钻石的4C分级系统有相似之处。

(一)颜色

红宝石和蓝宝石的颜色包括色彩、色调和饱和度几方面。就色彩和色调而言，天然产出的红宝石和蓝宝石不可能表现为单一的光谱色，这就会有主色和辅色之分，如红宝石以红色为主，其间可带微弱黄、蓝紫色；蓝宝石以蓝色为主，其间可能有微弱的黄色、绿色色调。原则上，红宝石和蓝宝石的颜色越接近理想的光谱色，颜色品质越高，如缅甸鸽血红和印度克什米尔地区的矢车菊蓝宝石就与理想的光谱色较接近，因此品质最好。若附色所占比例较大，颜色就越不纯，颜色品质就越低。

红宝石最有价值的颜色是均匀的鸽血红，其次是较浅的紫红色。在透明红宝石中，微棕红色、玫瑰红色、粉红色均被认为是不大理想的颜色。不过在星光红宝石中，这些颜色也十分受人们欢迎。

对蓝宝石而言，一般认为理想的颜色是纯正均匀的蓝色。但对金黄色的蓝宝石而言，由于稀少，加之这种蓝宝石火彩较强，亮度较大，因而也十分受欢迎。对具有变色效应的蓝宝石，由于它可仿冒变石，十分稀少，故也同样十分受人们喜欢。蓝色、黄色和变色蓝宝石是目前市场上最受欢迎的几种颜色的宝石。

(二)质量

天然产出的宝石级红宝石颗粒一般都很小，能达到1ct者已不多见，大于5ct的则为罕见之物，因而，宝石越大，每克拉的价格增加的幅度也越大，其克拉溢价远大于钻石。从目前来看，红宝石的克拉溢价台阶主要出现在1ct、3ct、5ct和10ct处。迄今为止，世界上发现的最大的红宝石产于缅甸，重3450ct。著名的鸽血红红宝石，最大者仅重55ct。最大的星光红宝石产于斯里兰卡，重1387ct，这些都是世界上著名的宝石珍品。

蓝宝石的产量比红宝石要多，其质量达数克拉者常见，数十克拉者也不稀罕，但大于100ct者仍非常珍贵。世界上发现最大的蓝宝石重达19kg，产于斯里兰卡。一颗被称为亚洲之星的巨大星光蓝宝石，重达330ct，为世界著名珍品。镶在英国国王王冠上的十字架中心的“圣爱德华蓝宝石”，也是世界著名珍品。总的来讲，天然蓝宝石的价格要比天然红宝石低得多。

和红宝石相比，蓝宝石的质量对其价值的影响要小得多，当然质量越大者，每克拉的价格也越高。

(三)透明度和净度

对透明红宝石和蓝宝石而言，越是纯净、透明的红宝石和蓝宝石，其价格越高，但完全透明、无暇、无裂纹的红宝石是很难得的。因为在10×放大镜下，红宝石总有这样、那样的小缺陷或各种包裹体，因此，对红宝石的透明度和净度要求自然要低些。

由于相当纯净透明的蓝宝石较易找到，对于蓝宝石的评价而言，净度和透明度的要求也比红宝石要高得多。真正品质好的蓝宝石，一般都要求纯净、透明，纯净度和透明度不高，其价格将会大受影响。

(四)加工质量

评价红宝石和蓝宝石的另一个值得重视的因素是宝石的加工质量,加工质量的好坏不但影响美观,而且影响颜色。优质红宝石和蓝宝石要求其底部切割适中,若底部太浅,将使中心完全成为“死区”;若底部太深,则会影响透明度,比例会失调,同时影响镶嵌。若出现这些情况,其价格都将大打折扣。

星光红宝石和蓝宝石应单独评价。除了必须具备理想的颜色、均匀的色调、无瑕疵、抛光精细等条件外,更为重要的是星线的亮度、形状位置、完好程度以及比例关系。星线越亮、形状越规则越好,星线的交点要求位于半球状宝石的顶点。偏离顶点,宝石的价格将大受影响。此外,星光宝石要求其星线细而平直、完好,如出现缺亮线、断亮线和亮线弯曲等现象也都会严重影响其价格。宝石的加工比例也是重要的考虑因素,具体来说就是考虑其腰棱以下的质量,按理想比例,宝石腰棱以下部分占宝石总质量的 1/4 较为合适,太重者虽然可增加宝石的质量,但同时将影响宝石的颜色、星光的亮度和美观等。一些珠宝商为了获取更高的利益,会将宝石腰棱以下部分保留太大,这一点请消费者注意。

第三节　祖母绿

一、基本特征

从矿物学上讲,祖母绿是以矿物绿柱石为原料的一种宝石,是绿柱石家族中的佼佼者。绿柱石的化学成分为 $Be_3Al_2(SiO_3)_6$,即为具环状结构的铍铝硅酸盐矿物,还可能含有一些碱金属锂、钠、钾、铯等元素。纯净的绿柱石一般为无色透明,但因含有不同的致色元素,如铁、锰、铬、钒、钛等而呈现不同的颜色。含致色元素铬者呈十分美丽的翠绿色,可略带黄或蓝色色调,其颜色柔和而鲜亮,具丝绒质感,如嫩绿的草坪,这种宝石即为珍贵的祖母绿,被誉为绿色之王,深受人们喜爱。在国际市场上,优质祖母绿的价格比钻石还要昂贵。

由其他元素(如铁、钒)致色的浅绿色、浅黄绿色、暗绿色等绿色的绿柱石,严格意义上讲均不能称为祖母绿,而只能称绿色绿柱石。如何精确地划分祖母绿和绿色绿柱石还是一个有待于进一步研究的问题。目前常用的界线是,看是否含有铬元素或是否具铬吸收光谱。绿柱石中不含铬或无铬光谱者就不是祖母绿,而是一些不同类型的其他宝石,如含铁并呈天蓝色或海水蓝色者称海蓝宝石,含铯、锂和锰并呈玫瑰红色者称铯绿柱石,含致色元素铁呈金黄色、淡柠檬黄色者称金色绿柱石,含钛和铁而呈暗褐色者称暗褐色绿柱石。在各种绿柱石宝石中,暗褐色绿柱石是价值最低的品种。

(一)物理化学特征

1. 化学成分

祖母绿为铍铝硅酸盐矿物,成分为 $Be_3Al_2(SiO_3)_6$,并含致色元素铬等。

2. 晶体特征

祖母绿晶体主要呈六方柱状,而且柱面上发育有平行于晶体长轴的纵纹,并经常见垂直于柱体的解理,如图 17-3 所示。

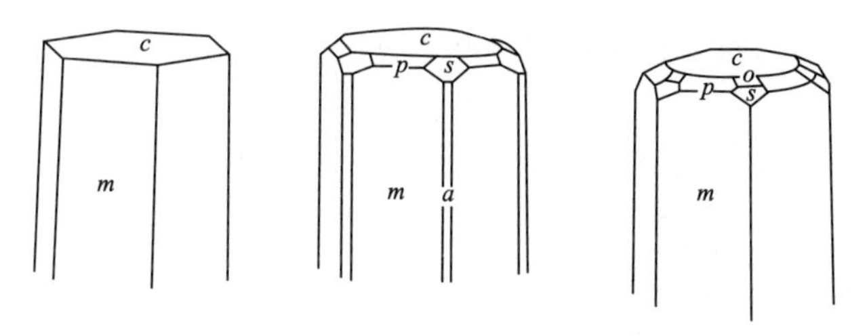

图 17-3 绿柱石类宝石矿物的晶形

3. 力学特征

(1)解理:不完全,与晶体底面平行。

(2)断口:贝壳状。

(3)硬度:7.25~7.75。

(4)韧度:较小,因而祖母绿显脆性。

(5)相对密度:2.7~2.9。

4. 光学特征

(1)颜色:绿色。

(2)光泽:玻璃光泽。

(3)透明度:透明至半透明。

(4)折射率:1.56~1.59。

(5)双折射率:0.004~0.009。

(6)光性:一轴晶,负光性。

(7)色散:色散低(0.014)。

(8)多色性:明显。

(9)发光性:在长波紫外线下呈无或弱色荧光和弱橙红至带紫的红色荧光;短波紫外线下无荧光,少数呈红色荧光。X 射线下呈很弱的红色荧光,可见到短时间的与体色相近的磷光。部分祖母绿在查尔斯滤色镜下呈红色或粉红色,这种发光效应常被作为鉴定哥伦比亚祖母绿的主要依据之一。

(10)吸收光谱:主要呈现铬的吸收光谱,在红区 683nm、680nm 处有强吸收线,662nm、646nm 处有弱吸收线;在橙黄区 630~580nm 间有部分吸收带。这些特征目前被作为鉴别祖母绿和绿色绿柱石宝石的重要依据。

二、分类及品种

1. 按特殊光学效应分类

祖母绿按有无特殊光学效应和特殊现象可分为四个品种,即祖母绿、祖母绿猫眼、星光祖母绿和达碧兹祖母绿。

(1)祖母绿。是不具任何特殊光学效应的祖母绿。

(2)祖母绿猫眼。是具猫眼效应的祖母绿。自然界中祖母绿十分稀少,能具猫眼效应的祖母绿则少之又少,可谓是稀罕之物,因此,祖母绿猫眼其价格十分昂贵。

(3)星光祖母绿。是具星光效应的祖母绿。具星光效应的祖母绿比祖母绿猫眼更少,因此,其价格更加昂贵。

(4)达碧兹祖母绿。这是一种具特殊现象的哥伦比亚祖母绿,穆佐矿区的达碧兹祖母绿单晶体中心,有由碳质包裹体组成的暗色、向周围放射的六条臂。契沃尔矿区的达碧兹祖母绿单晶体中心,有由绿色六方柱状的核和从柱棱外伸的六条绿臂,各臂间的 V 形区里是钠长石和祖母绿的混合物。达碧兹祖母绿是一种非常特殊的祖母绿,加工成宝石的价值不大,但具较大的观赏价值。

2. 按产地分类

祖母绿的产地很多,各个产地的祖母绿其特征各异,价格悬殊。主要产地有哥伦比亚、巴西、俄罗斯、澳大利亚、津巴布韦、印度、南非、巴基斯坦、坦桑尼亚、赞比亚、尼日利亚、马达加斯加、奥地利、挪威、中国等国。由于不同产地祖母绿形成的地质条件不同,因而它们具有各自的特征,并形成不同的品种。

(1)哥伦比亚祖母绿。即产于哥伦比亚的祖母绿。这个产地的祖母绿质量最好,因此价格最贵。其颜色一般为清澈纯绿色或稍带黄的绿色。具有典型的三相包裹体,在穆佐矿黄棕色调的祖母绿中见有氟碳钙铈矿包裹体等。达碧兹祖母绿也是哥伦比亚祖母绿的一种特殊品种。

(2)俄罗斯祖母绿。即产于俄罗斯乌拉尔山脉的祖母绿。其颜色与哥伦比亚祖母绿相比,由于含铁量较高,带有更多的黄色调,并具有十分典型的单个或晶簇状的阳起石、愈合裂隙、管状包裹体。

(3)印度祖母绿。即产于印度的祖母绿。其特点是含有十分典型的逗号状包裹体。

(4)巴西祖母绿。即产于巴西的祖母绿。呈浅绿色,常无瑕疵。其伊塔贝拉的祖母绿质量较好。

(5)坦桑尼亚祖母绿。即产于坦桑尼亚的祖母绿。其特征是颜色较好,有时带有黄色色调或蓝色色调,一般其质量在 8ct 以下者可与哥伦比亚祖母绿相媲美。

(6)津巴布韦祖母绿。即产于津巴布韦的祖母绿。其颜色为深绿色,常有瑕疵。切磨好的宝石超过 0.3ct 者罕见。

(7)赞比亚祖母绿。即产于赞比亚的祖母绿。其色调变化范围为鲜明的亮绿色—带蓝的绿色—暗的柔和的绿色,但都稍带灰色调,并且含有矿物包裹体,具很强的 Cr 的吸收光谱。

(8)中国祖母绿。主要产于云南和新疆。云南祖母绿颜色呈中等绿色,稍带些黄色,常见裂隙发育。新疆祖母绿为蓝绿色,呈中等黄绿、蓝绿多色性。

三、鉴别特征

基于祖母绿的实际情况,祖母绿的真假鉴别至少要解决与相似宝石的鉴别、合成祖母绿的鉴别、优化处理祖母绿的鉴别和不同产地的鉴别等问题。

1. 祖母绿与相似宝石的鉴别

在各种宝石中,能仿祖母绿的宝石较多,较典型的有翡翠、绿色萤石、绿色碧玺、绿色磷灰石和铬钒钙铝榴石等，它们的物理特征见表17－8。只要测定其有关的物理参数，就能比较容易地将祖母绿与相似宝石区分开来。

表17－8　祖母绿与相似宝石的区别

宝石品种	光性	硬度(H)	相对密度	折射率(RI)	双折射率(DR)
祖母绿	一轴晶(－)	7.25～7.75	2.65～2.90	1.577～1.583	0.005～0.009
绿色翡翠	不消光	6.5～7.0	3.34	1.66～1.68	—
绿色萤石	均质体	4	3.18	1.434	无
绿色碧玺	一轴晶(－)	7	3.05	1.62～1.64	0.018
绿色磷灰石	一轴晶(－)	5	2.90～3.18	1.632～1.667	0.004
铬钒钙铝榴石	均质体	6.5	3.61	1.74	无

2.合成祖母绿的鉴别

天然祖母绿由于其产量稀少，因此价格非常昂贵，这促使人们设法利用现代科学技术和方法来合成它。其方法有两种，即助熔剂法和水热法。由于合成祖母绿与天然祖母绿的物理化学特征相似，因而难以用测定其物理化学特征的方法来鉴别它们。合成祖母绿其颜色比天然祖母绿浓艳，净度比天然祖母绿高，而且有较强的红色荧光，在查尔斯滤色镜下呈现鲜红的红色。天然祖母绿具有特殊的包裹体特征，如三相包裹体、竹节状包裹体和逗号状包裹体等，合成祖母绿则无这些典型的矿物包裹体特征；另一方面，合成祖母绿本身具有自己典型的特征包裹体，如云团状不透明未熔化的熔质和助熔剂包裹体、银白色不透明三角形铂金片包裹体等。对于镀层祖母绿由于它是用水热法在绿柱石表面上镀上一层祖母绿，因此，除了表面具典型的网状裂纹外，其内部具典型的绿柱石包裹体特征，因而不难将它们鉴别开来。

3.优化处理祖母绿的鉴别

天然祖母绿往往存在各种缺陷，或裂纹较多，或颜色不好，或质量较小，为了提高祖母绿的级别，获取更大的经济利益，人们从未停止过对它们进行优化处理的努力。优化处理祖母绿的方法很多，目前常见的方法有热处理、浸注处理、箔衬处理、辐照处理、染色处理、镀层处理和拼合处理等。

(1)热处理。可使绿色、黄绿色绿柱石的颜色转变成海蓝色，成为优质的海蓝宝石，也可以使含铁和锰致色的橘黄色绿柱石的颜色转变为粉红色。加热到700℃，还可以使一些极细微的包裹体或裂隙消失，从而提高绿柱石的净度和透明度。

(2)浸注处理。一般而言，祖母绿由于其裂隙较多，对其注油可掩盖裂隙，以提高透明度。对颜色较浅的祖母绿可通过注油时加色的办法来提高其颜色深度，从而使祖母绿颜色大大改观。注油有各种植物油、润滑油、液体石蜡、松节油、加拿大树脂等。根据宝石的裂隙大小、特征可注入一种或几种油，以达到预期的目的。

对于注油祖母绿，鉴别时仔细观察宝石表面的裂隙，特别是用顶灯照明并用放大镜观察宝石时，裂隙处会产生干涉色，用台灯烘烤或热针探测时会有油珠流出。

(3)染色处理。采用化学颜料，将色浅的祖母绿或无色的绿柱石染色致绿色，以达到高档祖母绿的效果。

对于染色祖母绿,颜色集中在裂隙中,在长波紫外灯下可呈黄绿色荧光。不具有天然祖母绿的光谱特征。

(4)辐照处理。辐照法可以使绿柱石由无色变成粉红色或黄色、蓝色变成绿色、粉红色变成橘黄色,而且这些颜色对光是稳定的。

(5)拼合处理。祖母绿的拼合处理一般有两层和三层拼合两种。一般冠部采用祖母绿,亭部或夹层采用合成祖母绿或其他材料,很有欺骗性。对拼合石祖母绿,鉴定时只要认真仔细地观察就不难发现其黏合的痕迹,另外放大检查也不难发现其黏合层面上明显出现的气泡。

对于箔衬祖母绿,若发现祖母绿首饰全封闭式镶嵌,就要怀疑宝石的亭部外缘是否有绿色箔衬,主要的鉴定方法是测定宝石的光谱,因这种宝石不具备天然祖母绿的光谱特征;放大观察时也能找到箔衬的痕迹。

对于镀层祖母绿,其鉴别特征是表面常有网状裂纹;浸液中可见镀层与绿柱石的分界;显微镜下能见到无色绿柱石的包裹体,如雨状包裹体,但不能见到祖母绿的典型包裹体。

四、产地鉴别

由于不同产地的祖母绿品质存在差别,加之商业上的习惯,故即使品质大致相同的祖母绿,因产地不同,祖母绿价格也存在差异,特别是哥伦比亚产的祖母绿明显地更加受消费者欢迎,价格也明显高于其他产地的祖母绿。

1.外观特征

不同产地的祖母绿具有一些不同的外观特征,如哥伦比亚祖母绿为深翠绿色,巴西祖母绿为带黄、有时带褐色的翠绿色,并且透明度差,常带有平行裂纹。

2.包裹体特征

这是祖母绿产地鉴别的关键要素。在放大镜和显微镜下,哥伦比亚祖母绿裂纹较多,其裂隙内有时充满褐色铁质薄膜,具典型的气、液、固三相包裹体,还有纤维状包裹体、黄褐色粒状氟碳钙铈矿包裹体、黄铁矿包裹体、磁黄铁矿包裹体和辉钼矿包裹体等。俄罗斯祖母绿裂隙稍少,具有阳起石包裹体,外观很像竹筒(俗称竹节状包裹体)。另外还常见页片状黑、白云母包裹体,这也是祖母绿呈褐色的原因。印度产祖母绿具“逗号”状包裹体。巴基斯坦祖母绿具片状云母和两相包裹体等。

3.查尔斯滤色镜

在滤色镜下,哥伦比亚祖母绿显红色或粉红色,其他产地的祖母绿不变色或变色不明显。这是鉴定哥伦比亚祖母绿最方便的方法。

五、质量评价

祖母绿的质量评价主要依据产地、颜色、透明度、净度和质量等方面进行。

1.产地

首先,祖母绿以产于哥伦比亚的祖母绿为最佳,优质者0.2～0.3ct就可以作为高档首饰戒面,大于0.5ct者,其价格就高于同质量的钻石。其次是坦桑尼亚祖母绿,优质者可与哥伦比亚祖母绿相比。其他地区所产祖母绿的价格依具体品质而定。

2. 颜色、透明度和净度

高档的祖母绿要求其颜色为浓艳纯正的翠绿色。优质的祖母绿要求其颜色均匀分布，呈中至深绿色，明度中亮至中暗，同时可带稍黄或稍蓝的色调，有柔软绒状的外观。

透明度和净度越高，祖母绿价值越高。但是由于祖母绿裂隙发育，再好的祖母绿都或多或少含有包裹体，并因此影响其净度和透明度。

在祖母绿品质评价的实践中，颜色、透明度和净度往往被作为一个综合性指标。根据这一综合性指标，祖母绿可分为下列三个档次。

第一个档次：颜色为纯正的深翠绿色，透明，包裹体少，裂隙少。

第二个档次：颜色为翠绿色或带蓝、带黄的绿色，透明，包裹体较少。

第三个档次：颜色为带蓝或带黄的翠绿色，透明度稍差，包裹体较多。

3. 质量

祖母绿因为其裂隙发育，因此，原料磨制成刻面宝石的成品率只有百分之几，有时几十克重的一块原料，只能磨得 2～3ct 重的少许成品。成品中祖母绿的质量一般小于 1ct，为 0.2～0.3ct。因此，质量大于 0.5ct 的优质祖母绿，价格明显高于同质量的钻石。

第四节　金绿宝石

金绿宝石因其独特的黄绿至金绿色外观而得名，以其特殊的光学效应而闻名。金绿宝石根据其特殊光学效应的有无可分为金绿宝石、猫眼、变石和变石猫眼等品种，其中最为有名的当属金绿宝石猫眼。猫眼以其丝绢状的光泽、锐利的眼线而深受人们的喜爱。在亚洲，猫眼宝石常被当作好运的象征，人们相信它会保护主人的健康，免于贫困。变石更是被誉为“白昼里的祖母绿，黑夜里的红宝石”。在西方，金绿宝石是赫赫有名的五大宝石之一。

一、金绿宝石的基本性质

（一）矿物名称

金绿宝石，矿物学中属金绿宝石族。

（二）化学成分

金绿宝石为铍铝氧化物，成分为 $BeAl_2O_4$，实际上金绿宝石中常含有微量的 Fe、Cr、Ti 等元素。不同的微量元素使金绿宝石矿物产生不同的颜色。

（三）晶系与结晶习性

金绿宝石属斜方晶系，板状或扁平状晶体，双晶显六边形习性，称为三连晶。

（四）光学性质

1. 颜色

金绿宝石通常为浅—中等的黄色至黄绿色、灰绿色、褐色至黄褐色以及很罕见的浅蓝色；猫眼主要为黄—黄绿色，灰绿色、褐—褐黄色；变石在日光下为带有黄色色调、褐色色调、灰色色调或蓝色色调的绿色,而在白炽灯光下则呈现橙色或褐红—紫红色;变石猫眼则呈现出蓝绿色和紫褐色。

2. 光泽和透明度

金绿宝石的光泽通常为玻璃光泽至亚金刚光泽,透明度通常为透明至不透明;猫眼的光泽多为玻璃光泽,呈亚透明至半透明;变石抛光面光泽为玻璃光泽—亚金刚光泽,断口呈现玻璃光泽—油脂光泽,而透明度通常为透明。

3. 光性

金绿宝石矿物为光性非均质体,二轴晶,正光性。

4. 折射率和双折射率

金绿宝石的折射率为 1.746～1.755,双折射率为 0.008～0.010。而其相对密度为 3.710～3.755。

5. 多色性

金绿宝石的多色性为三色性,呈弱至中等的黄、绿和褐色。浅绿黄色金绿宝石多色性较弱,而褐色金绿宝石多色性略强。猫眼的多色性较弱,呈现黄—黄绿—橙色。变石的多色性很强,表现为绿色、橙黄色和紫红色。缅甸抹谷产出的一个变石样品具有独特的三色性,表现为 Ng 方向呈紫红色,Nm 方向呈草绿色,Np 方向呈蓝绿色。

6. 发光性

金绿宝石在紫外荧光灯长波下无荧光,短波下,黄色和绿黄色宝石一般表现为无荧光至黄绿色荧光。其中,富铁的黄色、褐色和暗绿色金绿宝石在紫外线和 X 射线照射下不发荧光,某些浅绿黄色金绿宝石在短波紫外线照射下发出弱的绿色荧光。其他颜色的金绿宝石不发荧光。

猫眼在长短波紫外线下通常无荧光。

变石在长短波紫外线下发无—中等强度的紫红色荧光,在 X 射线照射下发暗淡的红色荧光,阴极射线下发橙色荧光。使用交叉滤色片法可见变石的红色荧光。

变石猫眼在紫外荧光灯的照射下呈现出强度为弱至中的红色荧光。

7. 吸收光谱

金绿宝石的颜色主要由 Fe^{3+} 元素所致。因此金绿宝石在 444nm 处有一宽谱线的特征吸收光谱。

变石的颜色及其变色效应起因于金绿宝石矿物中含有微量元素 Cr,在可见光吸收光谱上具有如下特点:680.5nm 和 678.5nm 处有两条强吸收线,665nm、655nm 和 645nm 处有三条弱吸收线,580nm 至 630nm 的部分吸收和 476.5nm、473nm 及 468nm 的三条弱吸收线,紫区通常完全吸收,变石的吸收光谱由于宝石的三色性而随着方向略有变化。变石表现出较强的三色性,因而随方向不同光谱不同,绿色方向在 680.5nm、678.5nm 处可见弱细线。吸收光线的宽吸收带位于 640nm 至 555nm 处,在低于 470nm 的蓝、紫区产生吸收。红色或紫红色方向显示弱双线,其中 678.5nm 线略强,在红光区仅见另外两条线 655nm 和 645nm。吸收线宽吸收带位于 605nm 和 540nm 之间,在合适的条件下可见蓝区 472nm 有一细吸收线。紫区在 460nm 以下全吸收。在日常测试时,如果不采用偏光加以区分的话,看到的仅是混合光谱。

8. 特殊光学效应

在金绿宝石矿物中，通常出现的是猫眼效应和变色效应，而星光效应极少出现。更为珍贵的是在一颗金绿宝石上既出现猫眼效应，又出现变色效应的变石猫眼。

(五)力学性质

1. 解理

金绿宝石晶体可出现三组不完全解理。变石和猫眼一般无解理。金绿宝石常出现贝壳状断口。

2. 硬度

金绿宝石的硬度一般为8～8.5。

3. 相对密度

金绿宝石的相对密度变化不大，通常为3.73±0.02。

(六)内外部显微特征

金绿宝石内部主要含有指纹状包裹体，也可见丝状物包裹体。金绿宝石中的固体包裹体包括云母、阳起石、针铁矿、石英和磷灰石，原生和次生两相或三相包裹体也常见。透明宝石可见阶梯状滑动面或双晶纹，黄色和褐色金绿宝石最常见的是两相包裹体、平直的充液空穴和长管。

变石内部主要含有指纹状包裹体及丝状物包裹体。俄罗斯所产变石，其内部特征常由指纹状和类似于红宝石中的包裹体组成。

二、金绿宝石的品种

金绿宝石根据其特殊光学效应的有无可分为以下品种：

1. 金绿宝石

这里指没有任何特殊光学效应的金绿宝石。

2. 猫眼

具有猫眼效应的金绿宝石称之为猫眼。

在光线照射下，金绿宝石猫眼表面呈现出一条明亮光带，光带随着宝石或光线的转动而移动；另一种有趣的现象是，当把猫眼放在两个光源下，随着宝石的转动，眼线会出现张开与闭合的现象，宛如灵活而明亮的猫的眼睛。目前，只有这种金绿宝石猫眼无须注明矿物种而直接称“猫眼”。能产生猫眼效应的其他一些宝石，如石英、碧玺、绿柱石及磷灰石等，不能将这些宝石直称为“猫眼”，应称为“石英猫眼”“碧玺猫眼”等。猫眼有许多俗称，如“东方猫眼”“锡兰猫眼”等。为了区别于其他具有猫眼效应的宝石，民间还将猫眼效应最为完美的金绿宝石磨制的猫眼叫作“真猫眼石”。

金绿宝石矿物内部存在大量细小、密集、平行排列的丝状金红石或管状包裹体。由于金绿宝石本身与金红石包裹体在折射率上的较大差别，使入射到宝石内的光线经金红石包裹体反射出来，经特别定向切磨后，反射光集中成一条光带而形成猫眼效应。金绿宝石中丝状物含量越高，宝石越不透明，猫眼效应越明显；反之，金绿宝石越透明，猫眼效应越不明显。

猫眼可呈现出多种颜色,如蜜黄色、黄绿色、褐绿色、褐黄色、褐色等。猫眼宝石在聚光光源下,偏向光源的一半呈现其体色,而另一半则呈现乳白色。

3. 变石

具有变色效应的金绿宝石称之为变石。变石在商业界称为亚历山大石。变石在日光或日光灯下呈现以绿色色调为主的颜色,而在白炽灯光下或烛光下则呈现出以红色色调为主的颜色,因此被誉为“白昼里的祖母绿,黑夜里的红宝石”。据传说,1830 年,俄国沙皇亚历山大二世生日的那天,发现了变石,故将这块宝石命名为亚历山大石,其著名的产地是俄罗斯乌拉尔山脉。

4. 变石猫眼

变石猫眼是同时具有变色效应及猫眼效应的金绿宝石。变石猫眼既含有产生变色效应的铬元素,又含有产生猫眼效应的大量丝状包裹体。变石猫眼是一种更为珍贵、更稀罕的宝石品种。

5. 星光金绿宝石

具星光效应的金绿宝石称为星光金绿宝石。星光金绿宝石产生的通常为四射星光,其星光产生的原因之一是在金绿宝石中同时存在两组互相近于垂直排列的包裹体,其中一组为金红石针状包裹体,而另一组为细密的气液管状包裹体。这种星光金绿宝石的存在同时证明金绿宝石猫眼效应的形成有两种原因,即猫眼效应既可由金红石包裹体形成,也可由气液包裹体形成。

三、鉴别特征

(一)金绿宝石与相近宝石的鉴别

与金绿宝石相近的宝石有蓝宝石(各种颜色)、钙铝榴石、尖晶石、橄榄石等。

1. 金绿宝石与蓝宝石的鉴别

(1)同金绿宝石相比,蓝宝石具有更高的折射率。金绿宝石的折射率为 1.74～1.75,而蓝宝石的折射率为 1.76～1.77。

(2)蓝宝石为一轴晶负光性晶体,而金绿宝石为二轴晶正光性晶体。因此使用正交偏光镜观察宝石的干涉图,可发现蓝宝石具有典型的一轴晶黑十字干涉图,而金绿宝石不具有此特征。

(3)使用分光镜来区分金绿宝石与蓝宝石不是最好的方法,因为金绿宝石在蓝光区 445nm 处的吸收线与蓝宝石 450nm 处的吸收线过于接近,不容易区分。

(4)通过放大镜或显微镜观察宝石内部的包裹体也可以作为鉴定特征。金绿宝石最常见的包裹体为指纹状包裹体、丝状包裹体。虽然蓝宝石也具有同样的包裹体,但蓝宝石常见六边形生长色带,丝状包裹体在三个方向呈 120°交角出现。金绿宝石经常可见阶梯状滑动面或双晶纹,而蓝宝石中则几乎不可见。

2. 金绿宝石与钙铝榴石的鉴别

钙铝榴石的折射率与金绿宝石最为接近,为 1.74 左右,同时钙铝榴石的颜色与金绿宝石也很接近,所以两者在外观上非常相像。钙铝榴石同金绿宝石的最大差别在于钙铝榴石为单折射宝石，因此与双折射有关的刻面重影、多色性等现象，在钙铝榴石中无法见到。

3. 金绿宝石与尖晶石的鉴别

尖晶石在外观上可能相似于金绿宝石，尤其是那些黄色、黄绿色、浅绿色的尖晶石则更为相像。尖晶石属单折射宝石，而且尖晶石的折射率为1.72左右，低于金绿宝石。

4. 金绿宝石与橄榄石的鉴别

黄绿色的橄榄石与金绿宝石的颜色比较接近。但是橄榄石的折射率为1.654～1.690，低于黄绿色金绿宝石1.746～1.755的折射率。橄榄石中常含有特征的“睡莲叶”状包裹体，以及明显的后刻面棱重影现象，易于与金绿宝石区别。

（二）猫眼与相近宝石的鉴别

1. 猫眼与石英猫眼的鉴别

在外观上与猫眼最为接近的宝石为石英猫眼，石英猫眼常见的颜色有黄、褐黄、黄绿、灰、灰褐、灰绿等色。一般的石英猫眼质地较粗，眼线的线状反光也不甚明亮，光线的边界也不清晰，但也有质地细腻者，其光线界线也相当明亮且清晰。

石英猫眼作为石英矿物，其折射率、相对密度等远远低于金绿宝石，其折射率一般为1.54，而金绿宝石为1.74。因此，使用折射仪可以很容易地将猫眼与石英猫眼区分开。

2. 猫眼与磷灰石猫眼的鉴别

磷灰石猫眼同猫眼相比，同样具有较低的折射率和相对密度，具有猫眼效应的磷灰石可由其吸收光谱580nm处的双吸收线鉴定出。

3. 猫眼与透辉石猫眼的鉴别

透辉石猫眼往往表现为不透明的深绿色至黑色，有时带有褐色色调。透辉石猫眼所表现的光带常较清晰，光带两侧颜色差别不大。透辉石猫眼点测法折射率为1.68，相对密度为3.29左右，可由此区别于猫眼。

4. 猫眼与其他具猫眼效应宝石的鉴别

海蓝宝石猫眼、碧玺猫眼和方柱石猫眼的共同特点是，其猫眼效应产生于宝石内部一组平行排列的管状气、液包裹体，外观上可见较粗的纤维状包裹体，而且具有猫眼效应的这些宝石的颜色也往往区别于猫眼，易于鉴别。长石猫眼的颜色通常为无色，而且透明度较高。

5. 猫眼与玻璃猫眼的鉴别

玻璃猫眼常用来仿猫眼，玻璃猫眼是通过加热并吹拉成束的细玻璃丝加工成弧面型宝石后，就产生了猫眼效应。根据需要，玻璃可配制成各种颜色。另一种重要的工艺是熔化玻璃纤维，玻璃纤维的切面呈方形或六边形，每平方厘米包含有15万根纤维。这种玻璃猫眼表现的猫眼效应过于完美，以至于有虚假的感觉。它的折射率及相对密度都非常低，在宝石侧面垂直光带的方向使用放大镜即可观察到蜂窝状纤维结构，因此易于鉴别。

（三）变石与相似宝石的鉴别

变石以其本身独特的光学效应及其物理化学性质区别于大多数天然宝石。在鉴定变石时要考虑以下具有变石效应的宝石：变色石榴石、变色尖晶石、变色蓝宝石、变色萤石、变色蓝晶石以及合成变色蓝宝石。

四、合成金绿宝石及其鉴别

合成金绿宝石的主要合成方法有:助熔剂法、提拉法和区域熔炼法。与天然金绿宝石一样,合成金绿宝石可以有金绿宝石、猫眼、变石三个品种,而且主要是合成变石。合成变石是最难于同变石区别的宝石。合成变石具有几乎同天然变石完全一样的物理、化学、晶体光学性质。因此,对于合成变石的鉴定仅能从合成变石内部包裹体的特点入手,不同的合成方法产生不同特征的内部包裹体。

对于助熔剂法合成变石,经常见到脉状包裹体,助熔剂包裹体可呈云雾状外观,具有细薄的、模糊的外形,也可以是粗粒的并含有助熔剂的小滴。在显微镜下观察,熔剂小滴趋于拉长状,一群小滴大致在同一方向上拉长。在反射光中,具有粒状表面,并具淡黄橙色。助熔剂法合成变石另一常见的特征:其包裹体是微小的六边形或三角形铂金属片。铂金属片来源于铂坩埚。铂金属片在某些方向看起来黑色不透明,转动一定方向,可发出亮白反射光。平行于晶面的生长线呈直线状,相互间以一定角度交汇,生长线非常清晰,往往相似于助熔剂法合成祖母绿所显示的“百叶窗”效应。也常见到成层的包裹体平行于种晶面。

提拉法生长的合成变石具有针状包裹体及弧形生长纹,这一特征是鉴定它为合成品的证据。合成变石猫眼显示出极其细小的白色粒状包裹体,也发现有波浪状纤维包裹体。在短波紫外线下宝石表现出弱的白至黄色荧光,而内部呈弱的红橙色荧光。在天然变石中还从没有见过这种荧光。

区域熔炼法生长的合成变石内部有时可见小的球形气泡,无规则颜色呈漩涡状结构也作为鉴定特征。实际上,在很多情况下,合成变石的内部非常洁净,包裹体特征不是十分明显,因此这时依靠常规的宝石学鉴定方法已不足以解决问题。

助熔剂法、提拉法及区域熔炼法均属高温熔融法。在应用这些方法的过程中,因没有水分子的加入,因此在合成变石的内部晶体结构中不含有水分子。天然变石形成于不同于合成变石的自然环境中,形成晶体的内部总是有微量水分子,应用红外光谱仪可以检测变石中是否含有水分子,对于含有水分子的天然变石在红外光谱上将产生水分子的特征吸收峰,而合成变石则无此吸收峰的存在。由此可见,对于合成变石的鉴定,是一个较困难、较复杂的过程。

五、金绿宝石的质量评价

金绿宝石类宝石的品种,其质量评价要求不一。

1. 金绿宝石的质量评价

不具变色、猫眼效应的金绿宝石,其质量受颜色、透明度、净度、切工几方面因素影响,其中高透明度的绿色金绿宝石最受欢迎,价值也较高。

2. 猫眼的质量评价

猫眼可呈现多种颜色,其中以蜜黄色为最佳,其次依次为深黄色、深绿色、黄绿色、褐绿色、褐黄色、褐色。总之,颜色越淡,越带褐色、灰白色者其价值越低。

猫眼的眼线讲求光带居中、平直、灵活、锐利、完整,眼线与背景要对比明显,并伴有“乳白与蜜黄”的效果。透明度越高猫眼效应反而越不强,同时颜色愈淡则猫眼效应愈弱。斯里兰卡出产的猫眼一直著称于世,其中以蜜黄色光带呈三条线者为特优质品。

猫眼的品质与价值由其颜色、光线、质量以及完美程度来决定，所以对于猫眼的各方面特点都应有所了解，而对其光线的特点则更应有深刻的认识，一般猫眼的光线特点是：

(1)当猫眼内部平行的结构有缺陷时，反映在宝石的光线上也会有缺陷。如果是平行排列结构疏密有别而不均匀连续，其光线就会不连续而发生“断腿”现象，如果内部结构不平行，其光线就会发生弯曲不直的现象。

(2)宝石表面的弧度，与猫眼的光线有着一定的联系。一般来说，当宝石弧度小时，猫眼的亮线就会粗大或不清晰；相反，弧度大的宝石表面所表现的猫眼亮线则细窄而清晰。

(3)当猫眼的内部包裹体粗而疏时，光线就会混浊；当内部包裹体细而密时，宝石的光线就会明亮而清晰。

(4)猫眼的底部一般不抛光，以此减少光线的穿透和散失，而增加光的反射，对于颜色的增加也有益处。

3. 变石的质量评价

优质的变石在日光下呈现祖母绿色，而在白炽灯光下呈现红宝石红色。多数变石的颜色是在非阳光下呈现深红色到紫红色，并带有褐色色调，其中褐红色最常见；在日光下呈淡黄绿色或蓝绿色，同时，由于有较浅色调的褐色存在，会使宝石的亮度降低至中等程度。对变石的要求：变色效应要明显，白天颜色的好坏依次为翠绿、绿、淡绿色，晚上颜色的好坏依次为红、紫、淡粉色。

六、金绿宝石的产状、产地简介

金绿宝石主要产于老变质岩地区的花岗伟晶岩、蚀变细晶岩以及超基性岩的蚀变岩——云母岩中。而真正具工业意义的金绿宝石矿大多产于砂矿中。

金绿宝石的主要产地有俄罗斯的乌拉尔地区及斯里兰卡、巴西、缅甸、津巴布韦等。最好的变石，即具有强烈变色效应的变石产于俄罗斯的乌拉尔地区。而斯里兰卡砂矿中则产出黄绿色大颗粒变石及高质量的猫眼宝石。除斯里兰卡外，目前最主要的金绿宝石产地是巴西。在巴西发现了金绿宝石类宝石的各个品种，包括透明的黄色、褐色金绿宝石，高质量的猫眼及变石。

第五节 碧玺(电气石)

一、基本特征

电气石为电气石族矿物的总称，在宝石学中称碧玺。它是一种成分非常复杂的硼硅酸盐矿物。因为成分复杂，并且成分间存在广泛的类质同象，因而电气石颜色变化大。其颜色变化大不仅体现在纵向上，即沿晶体长轴方向的颜色变化很大，而且也体现在横向上，即环绕晶轴发生变化而呈环带状。正因为颜色变化大，电气石可用“绚丽多彩，美不胜收”这八个字来形容。

之所以称电气石，是因为它具热电性，在加热时，其两端带电荷，可吸引灰尘等细小物质。这一性质在工业上具有较广泛用途，基于这一性质，人们已经发现了许多实用的新材料和新产品。

电气石在结晶学上为三方晶系，晶体常呈三方柱状或六方柱状，三方柱的晶面上通常显示清晰的条纹(图 17-4)，贝壳状断口。硬度为 7～7.5，相对密度为 3.01～3.11。折射率为 1.62～1.65，双折射率为 0.018，一轴晶负光性，玻璃光泽，色散低，多色性由强至弱，具体取决于其品种。当电气石含有大量平行于纤维或线状空穴时可显猫眼效应，相应宝石则称碧玺猫眼。

图 17-4　电气石的晶体形态

二、鉴别特征

碧玺由于其颜色种类广泛，外观上容易和其他宝石相混淆，例如尖晶石、红宝石、蓝宝石、托帕石、祖母绿和水晶等，但通过下列简单的方法可将它们鉴别开来。

(1)碧玺具明显的二色性。有时用肉眼就可以观察到其颜色的变化。

(2)碧玺双折射率较高，因而用放大镜可观察到宝石明显的刻面边棱重影。

(3)碧玺相对密度、折射率和双折射率等物理特征与其他宝石相比，也有较大差别。因此，只要通过仪器检测便可将它们区分开来。

(4)吸收光谱。红色和粉红色碧玺在绿区有一宽的吸收带，有时可见 525nm、451nm、458nm 的吸收线，绿色和蓝色碧玺在红区普遍吸收，498nm 处有强吸收带。

三、质量评价

碧玺属中低档宝石，在重 15～20ct 以上的宝石中求得纯洁无瑕者也不困难，因而评价碧玺，质量和净度并非特别重要的因素。从所有的质量评价要素看，较为重要的要素应该是其颜色和特殊的光学效应。

从国际市场来看，宝石级的电气石中，最受欢迎的颜色是蓝红色、紫红色和玫瑰红色。蓝色品种的帕拉依巴碧玺，其致色元素为 Cu 离子。其次是粉红色，再次是紫蓝色，最次是蓝绿、黄绿等色的碧玺。因纯蓝和深蓝色碧玺较少见，因此它们的价格也较高。

具星光效应的碧玺，如其星光完好，颜色、加工款式等搭配适当，其价格可比一般的碧玺高。

第六节　海蓝宝石

一、概述

海蓝宝石与祖母绿一样，均是以矿物绿柱石为原料的宝石，因此其化学成分、晶体特征和物理特征也基本相同。所不同的是，由于绿柱石的成因和形成条件不同以及其中所含的致色离子不同而呈现出不同的颜色。颜色不同，宝石的品种也就不同，常见的有以下几个宝石品种：

(1)绿柱石含致色离子铬者，其颜色为翠绿色，是十分珍贵的祖母绿。

(2)绿柱石含致色离子铁者,其颜色呈天蓝色或海水蓝色,是海蓝宝石。

(3)绿柱石含致色离子锰,当铯、铷以微量元素少量置换,其颜色呈玫瑰红色,称铯绿柱石,又称为摩根石。

(4)绿柱石含铁并呈金黄色、淡柠檬黄色者称金绿柱石。

(5)绿柱石含钛和铁者,其颜色呈暗褐色,称暗褐色绿柱石。

海蓝宝石的珍贵程度远不及祖母绿,但长期以来却一直受人们所喜爱。

二、海蓝宝石与相似宝石的鉴别和质量评价

与相似宝石的区别是鉴别海蓝宝石的关键。与海蓝宝石相似的宝石较多,常见的如改色托帕石、磷灰石、改色锆石、玻璃和人造尖晶石等,其主要区别见表 17 - 9。由此可看出,它与仿制品的物理特征相差较大,易于鉴别。

表 17 - 9　海蓝宝石与相似宝石的区别

宝石种类	硬度(H)	相对密度	折射率(RI)	双折射率(DR)	偏光镜下特征
海蓝宝石	7.5	2.67～2.90	1.577～1.583	0.006	四次明暗变化
锆石	7.5	4.69	1.926～1.985	0.059	—
托帕石	8.0	3.56	1.609～1.637	0.008～0.010	四次明暗变化
人造尖晶石	8.0	3.63	1.728	—	—
玻璃	7.0	2.37	1.50	—	—
磷灰石	8.0	2.9～3.1	1.630～1.667	0.002～0.005	四次明暗变化

此外,海蓝宝石的颜色为天蓝色、淡天蓝色,玻璃光泽。其包裹体较少,但可以见到管状包裹体,通常是中空或充满液体的细长管状包裹体,若其密集定向排列,则可琢出猫眼效应。

海蓝宝石的经济评价依据是颜色、透明度、质量等,通常以颜色深、内部无瑕、质量大者为佳品,价值亦较高。

第七节　石　英

一、基本特征及其品种

1. 基本特征

石英的成分为 SiO_2,晶体通常由六方柱及两端的菱面体组成,如果这两组菱面体同等发育,则晶体将以六方双锥为其终端,石英体表面总显示水平条纹,这些特征则成为鉴定石英原石最重要的特征和依据。

石英,无解理,典型的贝壳状断口,硬度为 7,相对密度为 2.65,折射率为 1.544～1.553,双折射率为 0.009,色散为 0.013。一轴晶正光性,玻璃光泽,多色性为弱至强,具体取决于品

种。石英具有热电性和压电性,这使它在工业上具有广泛用途。

2.品种

石英的变种常根据颜色、结晶程度、内含物等特征来划分,常见的品种有:

(1)水晶:指无色透明、毫无裂纹和包裹体的水晶。由于无色,折射率又低,无较高的亮度和火彩,故无色水晶大多用于制作项链、雕琢工艺品等,其中最著名的是水晶球。

(2)紫水晶:简称紫晶,包括紫红色的透明晶体。紫晶的颜色非常美丽,因此可用来琢磨首饰用的戒面。

(3)烟晶:据研究,这种水晶的颜色是由于晶体中混有极细粒均匀分布的碳元素所致。这种水晶主要用于制作项链等首饰,也用来磨制眼镜片,但价格不会太高。

(4)发晶:这是一种含有针状、发状、纤维状矿物包裹体的透明水晶,包裹体中的矿物有金红石、电气石、角闪石、石棉、阳起石等。这些包裹体使水晶显得非常美丽。如果包裹体排列成花状或某种对称的图案,这种水晶可作为十分名贵的装饰石。

(5)蔷薇水晶:这是一种粉红色的水晶,因成分中含有微量的锰和钛而致色。在绝大多数情况下晶形不佳且多裂纹。蔷薇水晶主要用作雕刻工艺品的原料,玉雕行业称之为芙蓉石。此外,也常用来制作项链。

(6)石英猫眼和星光石英:在水晶中,有时含有沿一定方向排列的针状或纤维状矿物包裹体,还可能含有细针状或纤维状沟槽,它们的个体非常细小,肉眼看不见,这种石英琢磨成半球形的弧面石时,会出现垂直于细针状或纤维状分布方向的猫眼闪光,这叫作“石英猫眼”。另外,有少量的水晶品种,它包含了沿三个方向定向排列的矿物包裹体,沿这种晶体一定方向琢磨成弧面型宝石时,会显示星光效应。具猫眼和星光效应的水晶都比一般水晶名贵。

二、鉴别特征和质量评价

1.鉴别特征

鉴别水晶的真假相对较为简单,主要是要注意它与人造水晶和玻璃的区别。

(1)与工业水晶的区别:由于人造水晶的工业用途很大,因而人工合成水晶的发展历史较长,用途也很广泛,已成为一新兴行业,即人工合成水晶业。

由于人工合成水晶的价格比一般的天然水晶贵,因而,市场上的一般装饰品不太注意对它们的真伪进行鉴别。对于大件水晶工艺品,如直径大于10cm的水晶球等,天然者远比合成者昂贵,对此作出正确鉴定是十分必要的。天然紫晶具规则的外部晶形,而人工合成紫晶原料没有晶形,还可以看出中心有一个片状的晶核。对于成品首饰,天然者的颜色分布不甚均匀,并常含有各种包裹体,而人工合成紫晶则颜色均匀、内部纯净。

(2)与玻璃的区别:水晶与玻璃的区别在于玻璃是非晶质体,无双折射,因此,只需用偏光仪就能把两者清楚地区分开来。另外,两者的折射率、相对密度、硬度、热导率也有差别。由于玻璃硬度比水晶低,因而水晶能刻动玻璃,玻璃不能刻动水晶;由于水晶导热率高,因而手摸上去有凉感,而摸玻璃则无这种感觉。

2.质量评价

水晶是低档宝石,质量大、无瑕透明的水晶十分常见,因而这些要素都不是评价水晶的最重要依据。作为宝石来说,对水晶品质影响最大的是颜色,从珠宝市场看,水晶最受欢迎的颜色是紫色，因而紫晶的价格是最高的。除紫晶外，具星光效应和猫眼效应且效果好的其他品种的水晶，价格也较高。此外，一些含有内含物的水晶，当其内含物呈特殊造型，如山、水、花、鸟、人物、文字等时，是十分难得的观赏石珍品，也是收藏家努力寻求的对象。

第八节　锆　石

一、基本特征

锆石是硅酸锆矿物，成分为 $ZrSiO_4$。由于锆石折射率很高、色散强，将无色透明的锆石琢磨成圆钻型的宝石后，会具有类似于钻石那样的亮度和火彩，因此在钻石的其他仿冒品生产出来之前，钻石的仿制品主要来自锆石。

锆石经过一段时间的辐射轰击，或因自身含放射性元素铀和钍时，将发生蜕晶质作用而形成低型锆石，低型锆石由于已变成氧化物，因而其性质已发生了变化，成为非晶质物质（表 17－10）。

表 17－10　高型锆石与低型锆石基本特征

类型	折射率(RI)	双折射率(DR)	光性	硬度(H)	相对密度
高型锆石	1.93～1.99	0.059	一轴晶正光性	7.25	4.6～4.8
低型锆石	1.78～1.83	无	各向同性	6	3.9～4.1

锆石晶体在结晶学上为四方晶系，晶体常由四方柱和四方双锥等单形组成（图 17－5），解理差。

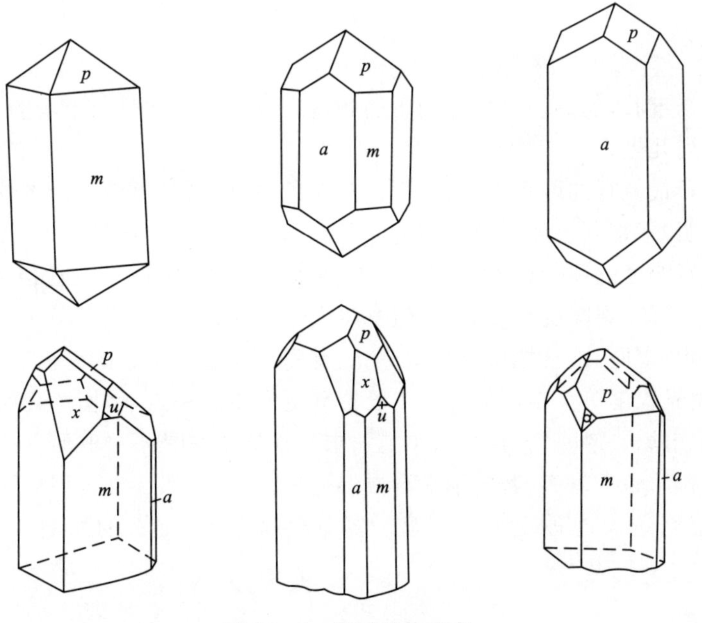

图 17－5　锆石晶体形态

锆石为亚金刚光泽,多色性弱,锆石的颜色很多,有无色及淡黄、黄褐、橙、紫红、淡红、蓝、绿、烟灰等色。作为宝石,其最佳颜色是无色透明及红色和蓝色。

锆石性脆,有“纸蚀”现象(图 17-6)。

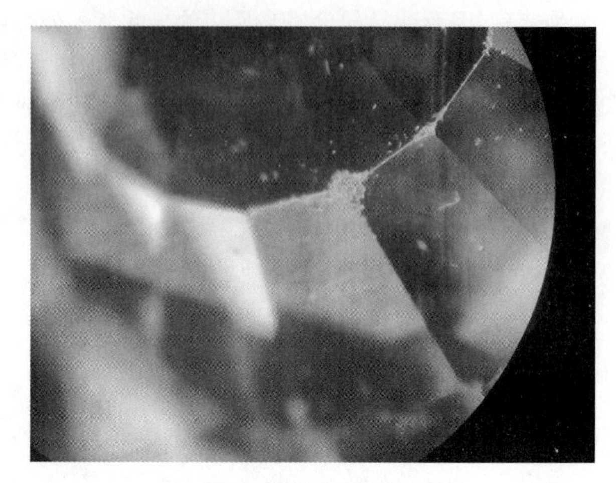

图 17-6 锆石的“纸蚀”现象

二、鉴别特征

锆石的鉴别相对容易,锆石在市场上被仿冒的情况比较少见。

(1)用人造品来仿冒锆石:这些人造品常见的有玻璃、合成尖晶石、合成立方氧化锆等,但这三种合成品均为均质体,无双折射和多色性现象,用偏光镜和二色镜极易将它们区分出来。

(2)用无色、无瑕透明锆石仿冒钻石:钻石是均质体,而锆石是非均质体,用偏光镜极易将它们区分。实际上肉眼也能判断,透过锆石观察,其底面边棱有明显的重影现象。当然,用热导仪鉴定更加便捷。

由于自然界产出的锆石颜色佳者很少,于是人们对颜色欠佳的锆石进行处理,以达到提高品质的目的。例如,在马来半岛、湄公河流域所产的锆石晶体,原为难看的褐色,后经过在氧化环境中及供氧不足的还原环境中加热到 900℃,就分别变成了无色、金黄色或蓝色。因此,人工处理锆石的鉴别应是锆石真假鉴别中值得重视的问题。

(3)吸收光谱:锆石具有 20～40 条吸收线。特征吸收谱线为 653.5nm 吸收线。红色和橙—棕色锆石无特征谱线,低型锆石一般只有中心位于 653.5nm 处的宽吸收带,比较模糊。

三、质量评价

锆石属中低档宝石,但品质高低之间价格相差也较大。根据目前市场的一般标准,其评价的主要依据有下列几点。

(1)颜色:锆石最流行的颜色有两种,无色和蓝色,其中以蓝色锆石价格较高。无色锆石只有和钻石一样透明,不带灰色或褐色色调的才具有和钻石一样闪烁彩色光芒的效果。

(2)净度:锆石净度的评价标准是在 10×放大镜下观察,不应带有任何明显的瑕疵,若有任何明显瑕疵、包裹体、裂隙的锆石,其价值都将大打折扣。

(3)切磨比例及定向:锆石之所以显得漂亮,首先主要是由于它的高折射率及高色散,其次是切磨的比例、抛光程度等。泰国的切磨工匠似乎更懂得这一点,他们一直保持切磨比例的标准化,因而赢得了市场。忽略锆石净度,单纯追求质量的做法是不可取的。

由于高型锆石的高折射率,若光轴平行或接近平行台面,那么宝石将显示由背面双折射引起的模糊状态,宝石越大这种现象越明显。要避免这一点,宝石的切割应该使光轴垂直于台面。

第九节　尖晶石

一、基本特征

尖晶石是一种镁铝氧化物矿物，成分为 $MgAl_2O_4$。在矿物学上，它属于立方晶系，晶体呈八面体，或呈菱形十二面体与八面体的聚形，双晶发育，如图 17－7 所示。

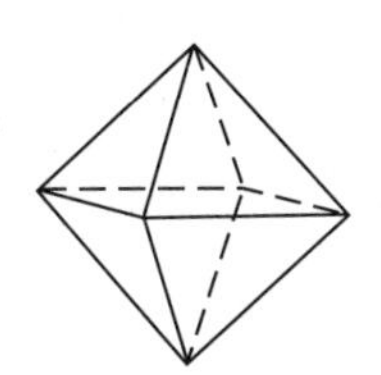
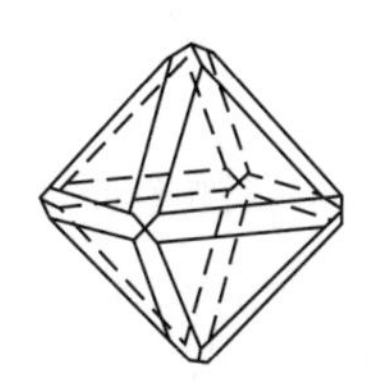
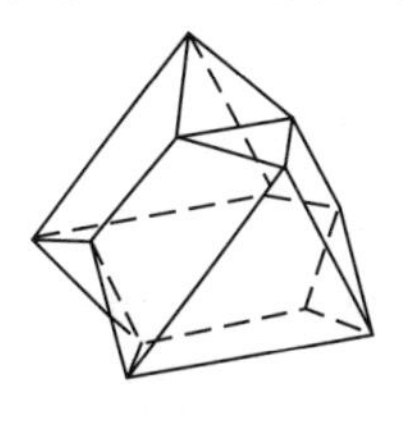

图 17－7　尖晶石晶体形态和双晶

尖晶石无解理，硬度为 8，相对密度为 3.58～3.61，折射率为 1.712～1.730，单折射，色散中等，为 0.020，有明亮的玻璃光泽，颜色变化极大，几乎各种颜色都有。

尖晶石此前总是以冒充其他珍贵宝石的姿态出现。比较典型的是在英国王冠的中部正中，有一颗著名的巨粒珍宝"黑王子红宝石"，其实，它就是红色尖晶石。大多数情况下，古代用尖晶石冒充其他珍贵宝石并非人为假冒，而实际上是缺乏有效的鉴别知识和方法，"黑王子红宝石"的情况就是如此。当然，用尖晶石人为冒充珍贵宝石的情况也很多，特别是现代，常用它来冒充红宝石、蓝宝石、变石甚至钻石等。

如今，尖晶石也成为珠宝投资界的宠儿，尤其是缅甸的绝地武士尖晶石备受追捧。

二、品种和商业名称

尖晶石根据成分可分为镁尖晶石、铁尖晶石和锌尖晶石等品种。根据颜色可分为以下几个品种。

(1)红色尖晶石：是尖晶石中最珍贵的品种，而且其颜色越接近红宝石的颜色越珍贵(因尖晶石中含微量铬所致)。

(2)紫色尖晶石：其颜色为紫到紫红色，具有类似于石榴石的色泽。

(3)粉红或玫瑰色尖晶石：其特征是亮红到紫红的色调。对这个颜色的尖晶石，也曾有过错误的名字，叫"玫瑰尖晶石红宝石"。

(4)橘红色尖晶石：曾称为橙尖晶石，这个名字来自法文"Rubace"，意思也指红宝石。

(5)蓝色尖晶石：尖晶石显蓝色是因为其中含微量的铁和锌。在这个品种中，其蓝色十分稀少，常常呈灰暗蓝到紫蓝或带绿的蓝色。

(6)变石尖晶石：这是非常稀少的尖晶石品种，其变色效应和真正的变石明显不同，变石尖晶石在阳光下呈灰蓝色，在人工光源下呈紫色。

(7)星光尖晶石：这与变石尖晶石相比更为罕见。据报道，发现尖晶石具星光者仅 10 余颗，其星光效应也是由其中定向排列的针状包裹体引起的。

此外,黑色尖晶石在国际矿物展上也时常出现。

三、鉴别特征

从表面看,尖晶石易与其他相似的宝石相混淆。其红色者与红宝石等相混,蓝色者与蓝宝石等相混。但实际上,尖晶石的鉴别是较容易的。首先,尖晶石是均质体,因而无双折射和多色性,仅用偏光仪或二色镜就可将它与非均质宝石如红宝石、蓝宝石、海蓝宝石、水晶等区别开来。尖晶石与石榴石相比,两者外貌虽然相似,但石榴石的折射率明显高于尖晶石。另外,由于致色元素不同,两者具明显不同的光谱特征。

尖晶石偶尔可能与玻璃相混淆,但是,由于玻璃是人造品,其中含大量的气泡,用肉眼或在10×放大镜下可明显观察到。

鉴别尖晶石时,天然尖晶石与人造尖晶石的鉴别是关键。天然尖晶石与人工合成尖晶石的成分有明显的不同,因此它们的特征也存在明显差别(表 17 - 11)。因而,也较易将两者区分。

表 17 - 11 天然尖晶石和人造尖晶石的区别

宝石名称	$MgO:Al_2O_3$	相对密度	折射率(RI)
天然尖晶石	1∶10	3.60	1.717
人工合成尖晶石	1∶3.5	3.64	1.728

四、质量评价

尖晶石的质量评价重在颜色。从商业角度看,其最好的颜色是深红色,其次为紫红色,橙红色者也较佳。

尖晶石很适合切磨成刻面型,因为它的瑕疵比较少,用肉眼观察都比较干净,因此,倘若尖晶石出现瑕疵,价格就比较低,特别是有裂口及缺陷的尖晶石其价格更低。总之,尖晶石的评价对净度的要求比较高。

从质量角度来说,尖晶石随质量的增加,价格增长并不十分明显。一般来讲,尖晶石不管大小,除红色等少数品种外,其每克拉的平均价格都差不多。

第十节 石榴石

一、基本特征

石榴石是具相近化学成分和结晶习性的一个岛状硅酸盐矿物族。其通用分子式可表示为 $X_3Y_2(SiO_4)_3$,并分成两个类质同象系列,即铝榴石系列和钙榴石系列。在铝榴石系列中,X 可以是 Mg、Fe 和 Mn,Y 则永远是 Al,有镁铝榴石、铁铝榴石和锰铝榴石三个重要品种。在钙榴石系列中,X 是 Ca,而 Y 则可以是 Cr、Al 和 Fe,有钙铬榴石、钙铝榴石和钙铁榴石三个品种。石榴石在矿物学上为立方晶系，晶体常呈菱形十二面体，较不常见的有四角三八面体等(图 17－8 所示)，为均质体、单折射，无解理，其他性质取决于品种。

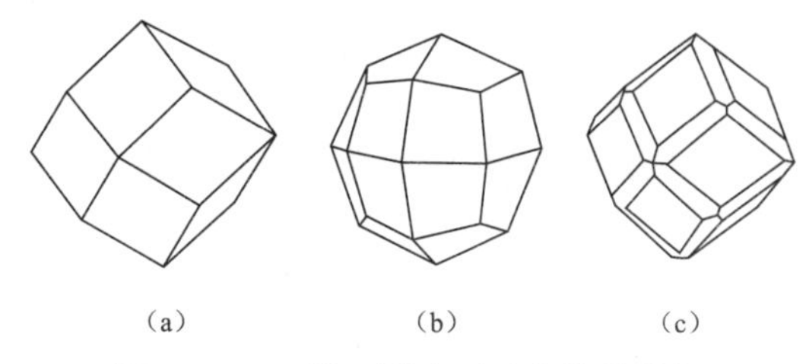

图 17－8　石榴石类宝石矿物晶体形态

(1)镁铝榴石：化学成分为 $Mg_3Al_2(SiO_4)_3$，硬度为 7.25，相对密度为 3.7～3.8，折射率为 1.71～1.74，常为 1.74，透明—微透明，中等色散，其颜色为红、黄红和略带紫的红色，由铬和铁同时致色，因而一般红区有双线，但也显示铁铝榴石的光谱特征。

(2)铁铝榴石：化学成分为 $Fe_3Al_2(SiO_4)_3$，硬度为 7.5，相对密度为 3.8～4.2，折射率为 1.76～1.81，常为 1.79，呈明亮的玻璃光泽，透明—微透明，中等色散，其颜色为褐红至略带紫的红色，呈典型的铁光谱。当含定向排列的金红石包裹体达一定量时，可显星光效应。

(3)锰铝榴石(图 17－9)：化学成分为 $Mn_3Al_2(SiO_4)_3$，硬度为 7.25，相对密度为 4.16，折射率为 1.79～1.81，但使用普通折射仪难测。呈明亮的玻璃光泽，透明—微透明，中等色散，其颜色为黄橙色、红色和褐红色，其吸收光谱为紫区有两条极强的吸收带。

图 17－9　锰铝榴石

(4)钙铝榴石：化学成分为 $Ca_3Al_2(SiO_4)_3$，硬度为 7.25，相对密度为 3.60～3.70，折射率为 1.73～1.76，呈玻璃光泽至树脂光泽，透明—微透明，中等色散，其颜色变化大。其中被称为贵榴石(钙铝榴石)的品种其颜色为褐黄色至褐红色，这一品种的内部特征是非常典型的，即有大量的圆形晶体和独特的油脂或糖浆状内部特征产生的热浪效应。

(5)钙铁榴石：亦称翠榴石。化学成分为 $Ca_3Fe_2(SiO_4)_3$，硬度为 6.5，相对密度为 3.85，折射率为 1.89，呈明亮的玻璃光泽至亚金刚光泽，透明—微透明，中等色散，颜色为绿色。翠榴石的色散值比钻石高，为 0.057，看上去“火”很强，具有变色效应，日光下呈黄绿色，白炽灯下呈橙红色。翠榴石由铬致色，因而其光谱红区有双线。另外，紫区有一条强吸收带也是其重要的特征。

(6)钙铬榴石：是一种明亮绿色石榴石，由铬致色，相对密度为 3.7，折射率为 1.82～1.88。但这种大小的石榴石适于加工的晶体极少，因此，作为宝石，市场上非常少见。

二、鉴别特征

对于石榴石的鉴别，其红色系列相对较为容易。石榴石的红色是相当特殊而独特的，而且，所有天然的红色宝石如红宝石、红电气石、红锆石、红尖晶石、红绿柱石等，其价格都比同等品质的红石榴石昂贵，故不会出现用这些天然品来冒充红石榴石的情况。更进一步说，上述红色宝石除红色尖晶石外，大都具二色性，具双折射，因而，用二色镜和偏光镜很容易将它们区别开来。

市场上有可能冒充红色石榴石者是廉价的人工合成红色尖晶石和红色玻璃。红色玻璃很容易认识,可见气泡,手接触有温感等。人造尖晶石琢磨成刻面宝石后,与红色石榴石非常相似,要区别它们,可用下列方法。

(1)放大观察:人造尖晶石有弯曲生长线和气泡,而石榴石则无。

(2)人造尖晶石的折射率为固定的1.728,而红石榴石一般大于1.74。

(3)人造尖晶石和红石榴石有完全不同的光谱特征。

对绿色品种的翠榴石而言,其鉴别要比红色石榴石困难得多,因为翠榴石价格昂贵,用其他低档品来冒充的概率很大,但只要注意下列各点,就能够对翠榴石作出比较正确的鉴别。

(1)在翠榴石中,几乎都有成束状或放射状的石棉纤维包裹体,亦称“马尾状”包裹体。这种包裹体一般在10×放大镜下就能看到。这种包裹体是翠榴石所特有的,只要发现这种包裹体,就可以确定该宝石是翠榴石。

(2)翠榴石在查尔斯滤色镜下呈红色,根据这一特征可以将翠榴石与很多仿冒品相区别开来,如绿色电气石、绿色蓝宝石、绿色玻璃等。

(3)翠榴石是均质体,这一特征可以与其最为相似的祖母绿、绿色锆石等相区别。

(4)有些人工合成材料,如绿色立方氧化锆、绿色钇铝榴石等经精心切磨后冒充翠榴石出售,曾经骗过了许多行家。可用光谱仪器来区别它们。另外,有无包裹体也是鉴别的依据。

三、质量评价

由于石榴石有许多品种,相互间的价格差别比较大,因而品种便成了评价石榴石质量的重要因素。在市场上,石榴石常见的颜色有两种,一种是较为普遍的红色、紫红色或暗红色,如镁铝榴石、铁铝榴石和少数的锰铝榴石,这种石榴石的价格比较便宜;另外一种是十分美丽的绿色,主要是翠榴石,这个品种价格较昂贵,优质者和祖母绿价格相当。

质量和净度对红色系列石榴石的价格影响不大,因为,大颗的透明无瑕的红色石榴石很容易得到。但对于绿色系列的石榴石,如翠榴石,其价格影响就比较大了。

加工质量永远是宝石评价中必须考虑的重要因素,石榴石也不例外。其具体要求是加工规范、成比例、无缺陷和抛光好。

第十一节　托帕石(黄玉)

一、基本特征及品种

1.基本特征

托帕石是一种铝氟硅酸盐矿物,其成分为$Al_2(F,OH)_2[SiO_4]$,斜方晶系,原石晶体主要呈柱状,具完全的平行于底面的解理,硬度为8,相对密度为3.5～3.6。无色、褐色及蓝色托帕石的折射率为1.61～1.62,双折射率为0.010;红色、橙色、黄色和粉红色托帕石的折射率为1.63～1.64,双折射率为0.008,二轴晶正光性,玻璃光泽,色散低,为0.014,多色性明显与否决定于体色,颜色变化大。巴西是最重要的托帕石产地。

2.品种

托帕石的品种主要根据颜色来划分。根据颜色的不同,托帕石可分为下列品种。

(1)黄色托帕石：最有价值的托帕石的颜色为金黄色及酒黄色。金黄色是黄而带橙色，酒黄色则是黄而带红色。黄色托帕石很普通，常见个体为中等，极大块的也不稀罕。

(2)粉红至红色托帕石：目前国际市场上出售的粉红至红色托帕石，大部分是黄褐色的托帕石经过加热处理而得到，这种处理品的颜色比较稳定，不会逆转。

图 17 - 10　蓝色托帕石

(3)蓝色托帕石(图 17 - 10)：这是国际市场上比较畅销的托帕石品种，天然的蓝色托帕石十分少见，市场上蓝色托帕石是由无色天然托帕石先经辐射处理产生褐色，然后再加热处理而呈蓝色。它比海蓝宝石便宜，可外观品质却差不多。它的颜色主要是天蓝色，并常带一点灰色或绿色色调。

(4)无色托帕石：这个品种可以称作被遗忘了的宝石。因为无色托帕石的折射率不高，色散亦低，因而琢磨成刻面后平坦无奇，不受人们喜爱。

二、鉴别特征

由于托帕石价格低廉，不会出现用高档的红宝石、蓝宝石等冒充低档托帕石的情况，因而它鉴别起来比较简单。市场上出现较多的情况是用价格比托帕石还低的黄水晶、合成蓝宝石、合成尖晶石、玻璃等来仿冒托帕石。合成尖晶石和玻璃是均质体，因而用二色镜和偏光镜很易将它们区分。合成蓝宝石的折射率和相对密度与托帕石也明显不同，也易将它们区别出来。最应值得重视的是用黄水晶来仿冒黄色托帕石的问题，对初次接触宝石的人来说，区别它们的确不太容易，因为其外貌非常相像。但两者用仪器鉴别是相当容易的，黄色托帕石的折射率为1.63～1.64，而黄水晶仅为1.544～1.553；托帕石的相对密度为3.53，而黄水晶则为2.65。

三、质量评价

由于托帕石为中、低档宝石，大块的宝石较易找到，因而质量不是十分重要的评价要素。托帕石具完全的底面解理，易出现裂纹，干净、品质上乘的宝石也不多见，因而净度是应该予以重视的评价要素。但在托帕石评价中最重要的要素应该是颜色，在其商业品种中，最好的颜色应是红色和粉红色，其次是蓝色和黄色，无色者价值最低。

第十二节　橄榄石

一、基本特征

矿物学上橄榄石是一种镁铁硅酸盐矿物，其成分为$(Mg,Fe)_2[SiO_4]$，斜方晶系，原石晶体呈柱状(图 17 - 11)，但晶形完好者甚少。晶体常以碎块或滚圆卵石形式出现。不完全解理。硬度为6.5～7，相对密度为3.32～3.37，折射率为1.65～1.69，双折射率为0.036。色散中等，为0.020。二轴晶正光性。玻璃光泽。颜色为淡黄绿色至深绿色(图 17 - 12)，多色性弱，

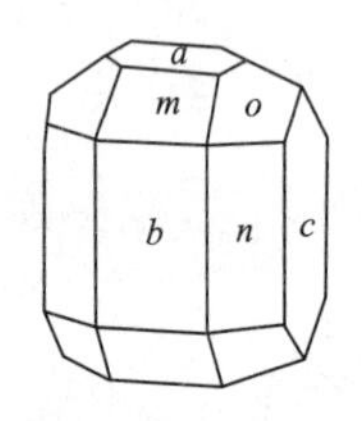

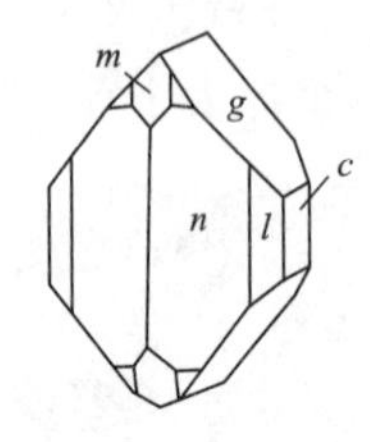

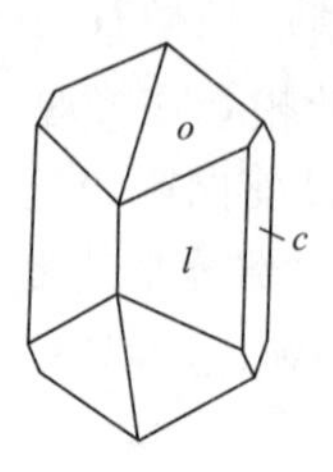

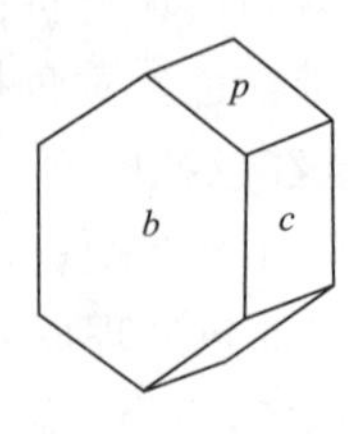

图 17－11　橄榄石的晶体形态

是典型的铁致色吸收光谱。

二、鉴别特征

图 17－12　黄绿色的橄榄石

橄榄石特有的橄榄绿色使之易于与其他宝石区别开来。再者,由于橄榄石价格比较低,较少出现用其他天然宝石来仿冒的情况,也较易区别。如绿玻璃一般有气泡和漩涡纹,而且是均质体,用偏光镜就可以将两者区分。

若用仪器来测定橄榄石的折射率,尤其是双折射率、相对密度和光谱等,则可以与多数相似的宝石区分开。

橄榄石的吸收光谱在453nm、477nm和497nm处有三个等距离的吸收带。

三、质量评价

要对橄榄石质量作正确的评价,需要对它作全面的了解,特别要注意它在宝石业中的使用情况。一般来说,首饰上不用包裹体太多的橄榄石,如果使用,价格也会大打折扣。

决定橄榄石价值的主要因素:一是它富有魅力的颜色,要求颜色纯正,为中到深的黄绿色,色泽均匀;二是质量的大小,一般要求颗粒要大一些,但大颗粒与小粒的橄榄石相比,它们之间的价格相差并不太悬殊。

第十三节　月光石

一、基本特征

长石中最重要的宝石品种有钾长石类的月光石、正长石、冰长石、透长石、天河石。斜长石类宝石品种有日光石、拉长石、培长石,在此我们仅介绍月光石。

月光石,亦称“月长石”。其化学成分是钾钠铝硅酸盐,由正长石和钠长石这两种长石矿物的交互层组成,正由于这种超薄的交互层状结构,光进入后将发生干涉作用,随着样品的转动,从而形成一种浅蓝至乳白色带银光的晕彩(图 17－13),显示出一种月色朦胧似的晕色,即称“月光效应”。

月光石晶体为单斜晶系，原石呈破裂碎片和滚圆卵石状，两个方向上具完全解理。硬度为6。相对密度为2.55～2.61。折射率为1.52～1.53，双折射率为0.006。二轴晶负光性，色散低，为0.012，玻璃光泽，呈透明—微透明。颜色有无色及白、粉红、橙、黄、绿、褐灰等色。

图17-13　月光石的晕彩

呈橙红色或金黄色并具有砂金效应的长石称为日光石，产生砂金效应的原因是长石中含有星点状或定向分布橙红色、金黄色片状的包裹体所致，如镜铁矿、云母等包裹体。

二、鉴别特征

月光石由于其特殊的光学效应，一般不易与其他宝石相混淆。但有些材料，如玉髓、石英、天然玻璃、人造玻璃等，有时因含有似丝绸那样的包裹体，从而产生类似月光石的光学效应。鉴别时，天然玻璃和人造玻璃有明显的气泡，并显示全消光，很易将它们区别出来；因为玉髓属隐晶质，因而在偏光镜下旋转360°为全亮，而月光石则有4次明显变化；石英的折射率为1.544～1.553，双折射率为0.009，都比月光石大，而且，月光石的两组完好的解理往往形成似“蜈蚣”图案的包裹体，而石英没有这种包裹体。基于上述特征，可将月光石与其他宝石区分开来。

三、质量评价

月光石中最有价值的是显蓝色色调并具月光效应的月光石，而显白色并具月光效应的月光石价格就低一些。品质较高的月光石内部和外部应没有任何的裂口或解理。为了更好地显示出月光石的“月光效应”，宝石必须是半透明的。

评价月光石时，会常常遇到一些问题，如宝石的加工方向不正确、加工粗糙等。有些月光石会显示猫眼效应，因此，在加工时猫眼的眼线必须与宝石长轴平行，并进行精细加工，否则，产生任何偏差，其价格都会大大降低。

第十四节　翡　翠

一、概述

翡翠一名，意为翡红翠绿，源自鸟名翡翠。在中国古代，翡翠是一种生活在南方的鸟，其毛色十分好看，通常有蓝、绿、红、棕等色。但一般这种鸟雄的为红色，谓之“翡”，雌的为绿色，谓之“翠”。故人们称这些来自缅甸的玉为翡翠（图17-14），渐渐地这一名称也在中国民间流传开了。由此，翡翠这一名称也由鸟名转为玉石的名称了。

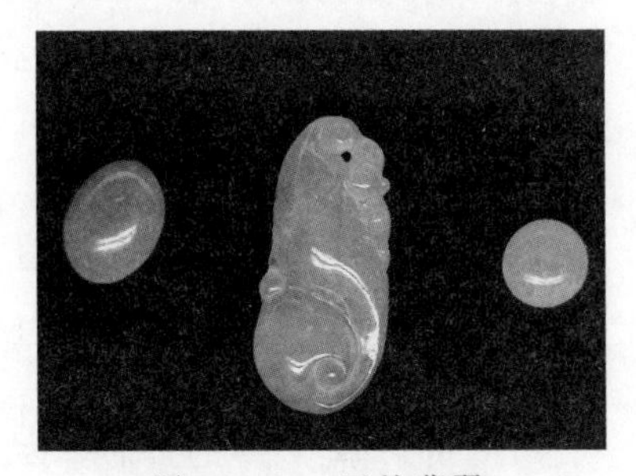

图17-14　天然翡翠

1863年，法国矿物学家德莫尔（A. Damovr）认为翡翠是辉石类中的钠铝硅酸盐新种矿物，命其名为Jadeite，汉译名为硬玉。由此，它作为辉石类中的新矿物种被国际矿物协会承认。然而,根据近代科学分析,翡翠并非硬玉,而是以硬玉矿物为主,并伴有角闪石、钠长石、透辉石、磁铁矿和绿泥石等的矿物集合体,不同品质的翡翠,其矿物含量存在差别。它是一种岩石学概念,在商业中翡翠是指具有工艺价值和商业价值,达到宝石级硬玉岩和绿辉石岩的总称。

在我国,翡翠是继软玉之后,人们最喜欢的玉石,今天人们喜爱翡翠的程度甚至超过了软玉。人们赋予它神奇的文化内涵,认为它是中华民族源远流长的玉器文化的重要组成部分。

二、基本特征

1. 化学成分

硬玉是翡翠的主要构成矿物,其成分为 $NaAl[Si_2O_6]$。翡翠中可含少量的类质同象替代(Ca^{2+} 替代 Na^+,Mg^{2+}、Fe^{2+}、Fe^{3+}、Cr^{3+} 替代 Al^{3+})。硬玉中若 Cr^{3+} 替代了 Al^{3+},则产生绿色,Cr^{3+} 的替代量变化很大,其变化范围为万分之几到百分之几,优质翡翠铬的含量一般不超过 1%,只有千分之几,Cr^{3+} 以类质同象形式出现,如果铬的含量超出 1%,则是 Cr^{3+} 交代了硬玉岩中的 Al^{3+},使得硬玉岩中有了钠铬辉石矿物,甚至生成钠铬辉石岩。其中 Cr、Fe、Mn 等元素的含量对翡翠的颜色具有重要的影响。

2. 力学性质

(1)解理:翡翠的主要矿物硬玉具两组完全解理,并在翡翠表面上表现出星点状闪光(也称翠性)的现象。该现象是光从硬玉解理面上反射的结果,这也成为翡翠与其他相似玉石相区别的重要特征。翡翠的质地越细腻,翠性越不明显。

(2)硬度:硬度为 6.5～7.0。

(3)相对密度:3.30～3.36。宝石级翡翠的相对密度一般为 3.34。

3. 光学性质

(1)颜色:变化大,呈白、绿、红、紫红、紫、橙、黄、褐、黑等色。其中最名贵者为绿色(翠),其次是紫蓝色(紫罗兰)和红色(翡)等。绿色翡翠的颜色由浅至深分为浅绿、绿、深绿和墨绿,其中以绿为最佳,深绿次之。之所以显绿色,是因为翡翠中含微量的 Cr、Fe 等杂质元素所致。当翡翠中含杂质元素 Cr,呈诱人的绿色;当翡翠中含杂质元素 Fe,则呈发暗的绿色,如油青种则属于此类;当翡翠同时含杂质元素 Cr 和 Fe,翡翠的绿色介于上述两种颜色之间,具体视 Cr、Fe 的比例而定。黄色和红色均是次生颜色,主要是由于翡翠原石遭风化淋滤后,其中的二价铁变成三价铁所致。紫色也称紫翠,按其深浅变化可有浅紫、粉紫、蓝紫等色,一般认为翡翠呈紫色是因为其含微量的 Mn 所致。

目前市场上常见一种深绿色—黑色的翡翠,又称为墨翠,该翡翠在自然光下观察为黑色,但在透射光照射下可显示出绿色来。其实这种墨翠的矿物成分并非组成翡翠的硬玉矿物,而是绿辉石矿物集合体。

(2)透明度及光泽:翡翠的透明度称"水"或"水头",取决于组成翡翠矿物的颗粒大小、排列方式等。翡翠一般为半透明至不透明,极少为透明。透明度越高,水越足,价值越高。翡翠一般为玻璃光泽,也显油脂光泽。

(3)折射率:翡翠的折射率为 1.64～1.68,点测法一般为 1.66。

(4)光性特征:由于翡翠主要由单斜晶系的硬玉矿物组成,因此翡翠为非均质集合体。

(5)吸收光谱:绿色翡翠主要由铬致色,因而显典型的铬光谱,表现为在红区(690nm、660nm、630nm)具吸收线。所有的翡翠因为含铁,因而在437nm处有一吸收线。

(6)发光性:天然翡翠绝大多数无荧光,只有少数绿色翡翠有弱绿色荧光。白色翡翠中若有长石经高岭石化后可显弱的蓝色荧光。

三、鉴别特征

(一)翡翠仿冒品的鉴别

翡翠仿冒品的鉴别是鉴定翡翠真假的首要任务。在各种宝玉石中,能用来仿冒翡翠的宝玉石品种较多,有天然的,也有人造的。市场上常见的翡翠仿冒品有软玉、岫玉、独山玉、染色石英岩玉(马来西亚玉)、石英岩玉、玉髓、水钙铝榴石、钠长石玉、符山石、葡萄石、染色大理石、人造玻璃等。要准确地鉴别它们,必须对上述材料的特征有充分的了解,同时了解上述各种材料的鉴别方法。要做到这一点并非易事,以下是鉴别翡翠与其仿冒品的几种方法。

(1)翠性:翡翠因为其主要的组成矿物硬玉有两个方向的完全解理,光从这些解理面反射将形成类似珍珠光泽的反射光,行业中称此为翠性,也称"苍蝇翅"。这种性质在翡翠中较为明显,但是如果组成翡翠的矿物非常细小,则"苍蝇翅"现象不明显。而岫玉则绝无这种现象,独山玉、绿色石英岩玉虽有粒状结构,但无翠性。许多人都把翠性作为鉴别翡翠的主要特征。

(2)相对密度:翡翠的相对密度约为3.30~3.36,上述相似玉石中除石榴石和符山石外,其他仿冒品的相对密度最高不超过3.10。

(3)折射率:翡翠的折射率约为1.66,除石榴石和符山石大于1.70外,其他最高不超过1.62。

(4)光谱:若用分光镜观察,翡翠除在红区可能存在三条吸收带外,一般在437nm处都有一条清晰的特征谱线,其他玉石则不具有。

(5)外观特征:品质较高的翡翠一般为纤维交织结构,在其仿冒品中除软玉具这种结构(但更加细小)外,其他仿冒品均不具这种结构。

翡翠与其仿冒品的鉴别特征见表17-12。

(6)钠长石玉(商业名称为水沫子)、冰种石英岩玉与冰种翡翠非常相似,可以根据三者的密度差异,采用掂重的方法将其区别开来,或者用点测法测定折射率来区分。

(二)优化处理翡翠的鉴别

鉴别出翡翠仿冒品,这只是翡翠真伪鉴别的第一步。目前常见用于优化处理翡翠的方法有染色(炝色)、漂白、充填、加热、浸油、浸蜡等。以下分别作简要介绍。

1.B货、C货翡翠和B+C货翡翠及其鉴别

A货翡翠、B货翡翠、C货翡翠和B+C货翡翠是翡翠鉴赏者必须了解的重要概念,也是翡翠真假鉴定中必须掌握的重要内容。

(1)A货翡翠、B货翡翠、C货翡翠和B+C货翡翠的概念。A货翡翠是指除机械加工外,无其他任何物理、化学处理,颜色、结构为天然的,没有外来物质加入的翡翠;B货翡翠是指一些带有翠绿颜色,但质地差、不透明、富含杂质的翡翠,经强酸处理,溶出杂质,再用树脂等物质充填而形成的翡翠,即漂白加充填处理的翡翠;C货翡翠是指其颜色为人工染色的翡翠,即染色(炝色)翡翠;B+C货翡翠是指既经强酸溶解和外来物充填,而颜色又是人工染色的翡翠。

表 17-12　翡翠与其仿冒品的鉴别特征

宝玉石名称	主要组成矿物	硬度(H)	相对密度	折射率(RI)	结构及外观特征
翡翠	硬玉	6.5～7.0	3.30～3.36	1.66	纤维交织结构、粒状纤维交织结构,有翠性
软玉	透闪石	6.0～6.5	2.90～3.10	1.62	细小纤维交织结构,质地细腻,无翠性
独山玉	斜长石	5.0～6.5	2.73～3.18	1.56～1.70	粒状结构,且色杂不均
水钙铝榴石	水钙铝榴石	6.5～7.0	3.15～3.55	1.72	颜色均匀,有较多的黑色斑点,粒状结构
绿葡萄石	葡萄石	6.0～6.6	2.80～2.95	1.63	具放射状纤维结构,细粒状结构
符山石	符山石	6.5～7.0	3.25～3.50	1.72	颜色均匀,具放射状纤维结构
天河石	天河石	6.0～6.5	2.54～2.57	1.53～1.55	颜色均匀,具细粒状结构
玉髓	石英	6.5～7.0	2.60～2.65	1.54	隐晶质结构
石英岩玉	石英	6.5～7.0	2.60～2.65	1.54	粒状结构
染色石英岩玉	石英	6.5～7.0	2.60～2.65	1.54	粒状结构
岫玉	蛇纹石	2.5～5.5	2.44～2.80	1.55	颜色均匀,细纤维状—叶片状结构
钠长石玉	钠长石	4.5～5.0	2.46～2.65	1.52～1.53	细粒状结构、纤维状结构
玻璃	二氧化硅	4.5～5.0	2.40～2.50	1.50～1.52	非晶质
染色大理石	方解石	3.0	2.70	1.49～1.66	粒状结构

(2)B 货翡翠的鉴别:B 货翡翠的鉴别方法一般有下列几种。

①外部特征观察法:B 货翡翠的外观结构不好,即结构有松散破碎之感,经放大检查其表面可见溶蚀网纹或溶蚀坑(图 17-15),那是由于酸处理的缘故,故与天然翡翠不同;B 货翡翠颜色娇艳,无杂质;翡翠颜色有扩散的痕迹;翡翠光泽较弱。有经验者一眼就能对这些外观特征作出初步判断。

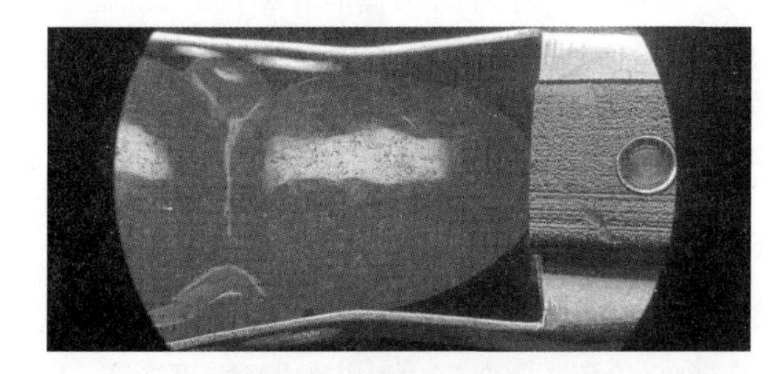
图 17-15　B 货翡翠的表面现象

②内部结构观察法:天然翡翠的结构是镶嵌、定向连续的结构。而 B 货翡翠由于经化学处理,对翡翠的结构产生巨大的破坏作用,表现为结构较松散,长柱状晶体被错开、折断,晶体定向排列遭受破坏,颗粒边界变得模糊等。另外若为胶充填,胶体内可见气泡、龟裂和颜色扩散现象,胶也可能有老化现象。

③相对密度:A 货翡翠的相对密度为 3.30～3.36,而 B 货翡翠则会偏低,一般小于 3.32。

④声音:对于翡翠手镯,若吊起来用钢棒轻轻敲击,天然翡翠响如钟声,清脆有回音,B 货翡翠声音混浊。

⑤红外测试:红外检测一度被当作是B货翡翠鉴定中最有效的方法,因为B货翡翠经红外测试时含有树脂胶的B货翡翠可检测出胶的红外吸收峰,其最强、最明显的吸收峰在2800～3200cm^{-1}波数范围内。但现在这并不是可靠的证据,因为出现了无机充填的B货翡翠。

(3)C货翡翠的鉴别。由于其颜色是由铬酸染色而成,因而在查尔斯滤色镜下往往呈红色,这是C货翡翠的特征之一。由放大镜观察,其颜色主要集中在裂隙或颗粒边界中。此外,无论用什么方法染成的绿色翡翠,在阳光长期暴晒下都会褪色,如果滴几滴盐酸,褪色速度会更快。通过上述方法,较易将翡翠中C货与A货区别开来。

至于B+C货翡翠,用鉴别B货翡翠和C货翡翠的办法综合鉴别就能达到目的。

2. 其他优化处理翡翠的鉴别

除了B货翡翠、C货翡翠和B+C货翡翠外,市场上还见有其他方法优化处理的翡翠产品。对它们作出正确鉴别,对于翡翠鉴赏者来讲也是需要了解的。

(1)加热处理翡翠:是将黄色、棕色、褐色的翡翠通过加热处理而得到的红色翡翠,这种翡翠的颜色与天然红色翡翠一样耐久。它与天然红色翡翠的形成过程基本相同,所不同的是通过加热加速了褐铁矿失水的过程,使其在炉中转化成了赤铁矿。这种翡翠一般不必鉴别,也不易鉴别。如果一定要鉴别的话,其显著的不同之处是天然红色翡翠要更透明一些,而加热处理的红色翡翠则会显得干一些。

(2)浸油、浸蜡处理翡翠:浸油、浸蜡处理较为普遍,其目的是保护翡翠和掩盖其裂纹,增加其透明度,因而,对它的鉴别应高度重视。浸油、浸蜡处理翡翠的鉴别不难,因为通过该方法处理的翡翠一般都具有十分明显的外部特征,比较典型的是其呈明显的油脂和蜡状光泽,同时也可能找到油迹或蜡迹。此外也可通过一些专门的方法予以鉴别,如将其放入盐酸中浸泡,则油和蜡被溶解,裂纹得以恢复;在酒精灯上加热可使其油和蜡溶出;用红外光谱可见其明显的有机物吸收峰,浸油者可显黄色荧光,浸蜡者可显蓝白色荧光。

(3)漂白处理翡翠:这种翡翠的处理方法与B货翡翠相似,只是未作充填。因此,鉴定方法也与B货翡翠相似。但多数情况下漂白程度较轻,不易发现,只有在抛光的样品表面才留下极细的裂纹,因此鉴别较难,需要十分仔细才能找到线索。

随着翡翠市场的不断发展,人们对传统的人工处理翡翠有了一定的认识,但随着其人工处理技术的不断更新,又有了新的人工处理翡翠技术:如染色由模仿高品质的翠绿色翡翠向模仿低品质油青色和蓝色翡翠方向变化;从整体染色到局部染色,而染的颜色不是翠绿色,而是灰绿或蓝绿色,很容易被误认为是原生飘蓝花翡翠;处理翡翠由单一的品种向多品种变化等。这就要求我们不断地了解市场动态,掌握最新信息,并在鉴别时格外小心。

四、质量评价

翡翠的质量评价主要根据颜色、透明度、结构、净度、工艺质量、质量或体积等方面进行。

1. 颜色

颜色是翡翠质量评价的关键。翡翠的颜色千变万化,色调各异。但总的来说,其颜色不外是无色及绿、红、黄、蓝、紫、白灰、黑等色。在翡翠的各种颜色中,以绿色为最佳,紫色和红色次之,其他颜色均较差。俗话说"家有万斤翡翠,贵在凝绿一方",表达的就是这层意思。按传统习惯,翡翠的颜色评价可归结为“正、阳、浓、和”四个字。

正:指颜色的纯正程度。优质翡翠的颜色要求像雨过天晴时冬青树叶的颜色一样艳绿、纯正,不能在翠绿中有蓝、黄、灰等杂色调,这些杂色调越浓,翡翠的品质越低。

阳:指颜色的鲜艳明亮程度。翡翠的阳,就是要翠得艳丽、明亮、大方,并发出鲜艳的光彩。

浓:指颜色的饱和度。在保证其透明度及其他条件的前提下,要求颜色越浓越好。

和:指翡翠同一颜色的均匀程度。要求整件翡翠饰品的颜色越均匀越好。

2.透明度

俗称“水头”,透明度高的称“水头长”,透明度低的称“水头短”。翡翠是多晶质矿物集合体,多数为半透明,甚至不透明,透明者罕见,很少像祖母绿单晶那样,晶莹通透。影响翡翠透明度的因素有以下几种。

(1)组成矿物的纯度和自身透明度:组成矿物越纯,自身的透明度越高,则翡翠的透明度越高。

(2)相邻矿物颗粒间的折射率差值的大小:差值越少,反射越少,越透明。

(3)组成矿物自身的双折射率:双折射率越低,透明度越高。

(4)组成矿物晶体的大小、形状和排列方式:组成翡翠的矿物颗粒越小、形状和排列方式越规则,则透明度越高。

(5)翡翠的裂纹、颜色深浅等:裂纹越少,颜色越适中,透明度越好。

3.结构(俗称“地”或“底”)

翡翠的结构对品质的影响极大,极细的纤维交织结构是高档翡翠的必备条件,具备这种结构的翡翠质地细腻、油润,极具美感,价值较高。若其颗粒粗大、结构松散、排列无序,则质量将明显下降。

4.净度

净度指翡翠内部包含的其他矿物包裹体(瑕疵)和裂纹,翡翠与其他宝石一样,净度是价值评价的一大要素。翡翠的瑕疵主要有白色和黑色两种。黑色瑕疵,有的呈点状出现,称为黑点,也有成为丝状和带状的,称为黑丝和黑带,其瑕疵的成分主要是一种黑色的矿物,以角闪石最多,黑点多半出现在较深色的翡翠中。白色瑕疵,主要呈粒状及块状,一般称“石花”“水泡”等,其瑕疵的成分主要是一些钠长石矿物或集合体。瑕疵对高档翡翠的质量评价影响极大,对中、低档玉雕材料则可通过俏色安排的方法来制成精美的玉雕工艺品。

裂纹的存在与否对翡翠的品质影响较大,翡翠中的裂纹有两种:一种是由外界冲击造成的裂纹,另一种是晶体间裂纹。受外界冲击造成的裂纹对品质影响极大,晶体间裂纹是由粗晶体边界结合部造成,一般影响不大,但具有晶体间裂纹的翡翠品质较差。裂纹一般要在灯光下才能检查,有的裂纹非常隐蔽,需要鉴定者仔细观察。

5.工艺质量

优质翡翠,可用于制作贵重首饰,其工艺质量的优劣需主要考虑翡翠的选材设计、切割比例、雕刻工艺及抛光工艺等几个方面,要求颜色突出,切工规整,抛光优良;工艺师要善于利用俏色,并施以巧妙的构思、娴熟的技艺以提高翡翠制品的经济价值。

值得注意的是,现在很多玉商已经开始采用超声波机器雕刻工艺,在保证图案效果的前提下,极大地提高了雕刻效率。这种工艺是采用一个高碳钢制作的精美模具,利用高硬度的碳化硅做解玉砂，通过机器带动模具在玉料表面以超声波的频率来回振动摩擦，达到快速解玉和雕刻的目的，从而极大地降低了玉雕的成本。

超声波套模雕刻技术可以大量制作精美的雕刻作品，缺点也是“大量”则雷同。其实手工雕和机器雕很容易分辨出来，比较一些细微的地方，人工的可能很清晰，机器的可能有点模糊。超声波压出来的物件没有刀痕，而人工雕刻的东西，即使工艺再精细，在宝石放大镜或显微镜下观察，也还是可以找到刀痕，而且手工雕能够根据材料的结构设计雕刻内容，用不同的雕刻方式巧避纹裂，抛掉不完美的部位，更加突出完美或特别的部位，表情惟妙惟肖，线条优美流畅，整个图案有灵性，而且每一件都不同。

6.质量或体积

与其他宝玉石相比，翡翠制品受质量或体积的影响相对较小，但在颜色、质地、透明度、加工工艺相同或相近的情况下，其质量或体积越大，则价值越高。

第十五节　软　玉

一、概述

软玉在世界许多地方都有产出，但以中国新疆和田地区产的软玉质量最佳，又称和田玉，开发历史最为悠久，故前苏联地球化学家基尔斯曼称软玉为中国玉。据历史考证，中国人对和田玉的应用可上溯到新石器时代，如在良渚文化遗址、凌家滩文化遗址、浙江余姚河姆渡遗址、辽宁阜新查海遗址出土的玉器中，都有大量用软玉制成的品种。中国号称“玉器之国”，代表玉石就是软玉。由于在新疆和田一带产出的软玉最有名，因而又称“和田玉”。

二、基本特征

(一)化学成分

软玉是造岩矿物角闪石族中的透闪石-阳起石系列中的一员，分子式为 $Ca_2(Mg,Fe)_5[Si_4O_{11}]_2(OH)_2$。透闪石的颜色为白色及灰色，而阳起石则含较深的绿色，这是由氧化亚铁含量不足引起的。二价铁经氧化成三价铁，颜色变成红棕色，特别是裂缝部位或有空隙的部位，还有暴露在外的截面部分也容易氧化而成红棕色。根据研究，组成软玉的化学成分其理论值应为：SiO_2 占 59.169%；CaO 占 13.850%；MgO 占 24.808%。而实际上不同产地的软玉，其化学成分略有不同。

(二)物理特征

1.力学特征

(1)相对密度：2.80～3.10，通常为 2.95。

(2)硬度：硬度为 6～6.5。

2.光学性质

(1)颜色：软玉的颜色较杂，有白、灰白、黄、黄绿、灰绿、深绿、墨绿和黑等色。软玉的颜色取决于透闪石的含量以及其中所含的杂质元素,颜色在软玉的质量评价中至关重要。

(2)透明度:为半透明至不透明。以不透明为多,极少数为透明。

(3)光泽:一般而言,软玉呈油脂光泽,但软玉的光泽较为特殊,古人称软玉“温润而泽”,就是指其光泽带有很强的油脂性,给人以滋润的感觉。这种光泽不强也不弱,既没有强光的晶莹感,也没弱光的蜡质感,使人观之舒服,摸之润美,著名的羊脂玉就是这类玉石。一般说,软玉的质地越纯,光泽越好;杂质多,光泽就弱。当然,光泽在一定程度上还决定于抛光程度。

(4)折射率和光性:软玉的折射率为1.61～1.63,平均为1.62。软玉为多矿物集合体,在正交偏光镜下没有消光。

(5)吸收光谱:软玉很少具吸收线,可在498nm和460nm处有两条模糊的吸收带,在509nm处有一条吸收线,某些软玉在689nm处有双吸收线。

(6)特殊光学效应:我国台湾省花莲县和四川省等地产的软玉经切磨抛光后呈现一种特有的猫眼效应,很像金绿猫眼,极有收藏价值。

三、分类

我国软玉原生矿床主要分布在新疆昆仑山和阿尔金山地区,青海省的格尔木市西南的纳赤台,以及辽宁省岫岩县细玉河。国外软玉原生矿床主要分布在俄罗斯贝加尔湖地区以及韩国、加拿大、澳大利亚、新西兰等20多个国家。

1.产状分类

根据软玉产出的环境,可将其分为山料、山流水、籽玉和戈壁玉四类。

(1)山料:山料又名山玉,指产于山上的原生矿。山料的特点是开采下来的玉石呈棱角状,块度大小不同,质地良莠不齐。

(2)山流水:山流水名称由采玉和琢玉艺人命名,即指原生矿石经风化崩落,并由冰川和洪水搬运过,但搬运不远的玉石。山流水的特点是距原生矿近,块度较大,棱角稍有磨圆,表面较光滑。

(3)籽玉:籽玉是由山料风化崩落,经大气和流水风化、剥蚀及分选后沉积下来的优质部分,籽料呈卵状,大小都有,但小块多,大块少。这种软玉质地好,色泽洁净,上好的羊脂玉就产于其中。

(4)戈壁玉:主要产在沙漠戈壁之上,是原生矿石经风化崩落并长期暴露于地表,受风沙长期作用而成。戈壁玉的润泽度和质地明显比山料好。

2.颜色分类

软玉按颜色和花纹可分成白玉、青玉、黄玉、碧玉、墨玉、糖玉和花玉等几大类,还有许多是位于上述品种之间的过渡类型。

(1)白玉:白玉的颜色由青到白,是和田玉中的高档玉石,块度一般不大(图17-16)。羊脂玉是白玉中的上品。其质地细腻、滋润,给人以刚中见柔的感觉。这种玉料全世界仅产于新疆。此外,还有以白色为基调的葱白、粉青和灰白等色的青白玉,这类白玉较常见。有的白玉由于氧化作用,表面带颜色,若带秋梨色叫“秋梨子”,虎皮色叫“虎皮子”,枣色叫“枣皮子”,这些都是和田玉的珍品。

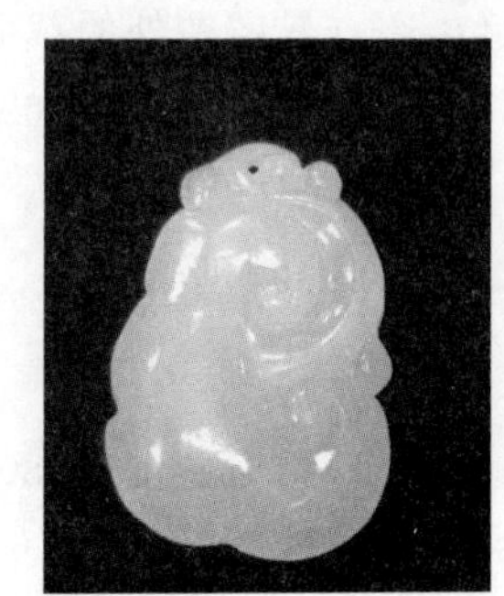

图17-16　白玉

(2)青玉：青玉的颜色由淡青色到深青色，和白玉相比，只有颜色的差别，与白色相近的称青白玉。近年来市场见有翠青玉的新品种，呈淡绿色，色嫩，质地细腻。

(3)黄玉：黄玉的颜色由淡黄到深黄色。有的品质极佳，黄正而娇，润如脂，为玉中珍品。黄玉极难得，其价格不次于羊脂玉。

(4)墨玉：墨玉的颜色由墨色到淡墨色，整块料上墨色不均，黑白对比强烈，可作俏色作品。有的呈全墨色，即"黑如纯漆"，十分少见，乃玉中上品。

(5)糖玉：指和田玉山料外表分布的一层黄褐色玉皮，因颜色似红糖色，故又把有糖皮玉石称为糖玉。糖玉的内部为青玉或白玉。糖玉的糖皮厚度较大，从几厘米到20～30cm不等，常将白玉或青玉包围起来，呈过渡关系。

(6)碧玉：碧玉的颜色有绿、深绿、暗绿色。呈油脂—蜡状光泽，其品质不如其他软玉。

(7)花玉：指在一块玉石上具有多种颜色，且分布得当，构成具有一定形态的"花纹"玉石，如"虎皮玉""花斑玉"等。

四、鉴别特征

鉴别软玉，虽然可用现代各类先进的科学技术方法与手段，然而对于软玉工艺品，特别是珍贵的古玉文物，不但要求作无损检测，而且许多价值连城的文物不方便送到实验室检测。这些客观现实为软玉的鉴定带来了困难。因此，在利用现代化技术检测的同时，还得借助中国传统的鉴别经验。

从目前市场的情况看，软玉的鉴别应包括两方面的内容：一是与仿冒品的区别，这是主要的；二是产地鉴别。世界各地均产软玉，其中中国和田玉质地最佳，市场价格较高。青海玉因市场价格比较低，常常冒充新疆和田玉，但是青海玉与传统的和田玉还是有一些区别的：青海玉呈半透明状，比和田玉透明度要好，质地也比和田玉稍粗，相对密度比和田玉略低，质感不如和田玉细腻，缺乏羊脂玉般的凝重的感觉，经常可见有透明水线。青海玉颜色也稍显不正，常偏灰、偏绿、偏黄色，也多有黑白、黑黄、绿白、绿黄相杂的玉料而被用作俏色。青海玉基本都是山料。俄罗斯玉的物理特性与新疆山料基本相同，有的比较透一点，色调偏冷，有僵硬的感觉，油润性比较差。现在市场上最好的俄罗斯料的价格已超过新疆料，因为新疆已好几年没有开采出上等的山料了，现在出产的新疆料品质还比不上上等的俄罗斯料。

韩国软玉是最近进入市场的一种透闪石玉，又称"韩料"。韩国白玉多呈带极浅的灰黄绿色调的白色、灰黄白色，颜色分布较均匀，可见细小的针状白点。微透明－不透明，透明度比青海白玉差，油脂光泽－弱玻璃光泽，光泽不柔和，玉质不如新疆白玉温润。抛光后油脂光泽不强，略有蜡感。市场上的韩国白玉多用油擦拭，其光泽在长时间后会干而不润。

现在我国并无白玉的质量分级标准（因为玉的成分、白度和结构细腻程度可以测量，而油润度和温润度都没有量化指标可以界定），所以造成市场的混乱。

（一）仿冒品的鉴别

在对软玉的鉴别工作中，最为重要的是将软玉与其他相似玉石以及人造仿制品区别。在各种玉石中，和软玉最相似的主要品种有石英岩玉（京白玉）、汉白玉、岫玉和玉髓等，主要的人造仿制品是玻璃。这些仿冒品与软玉相比，其物理特征存在明显差异（表17－13）。只要通过仪器测出它们的物理特征，软玉的鉴别问题就基本解决了。但在多数情况下，要得到上述玉石的物理特征存在较大困难，因此，有时依靠仪器并不可行，还要依靠扎实的肉眼鉴别方法。以下作简要介绍。

表 17-13　软玉与相似玉石及人造仿品的区别

玉石名称	主要组成矿物	相对密度	折射率(RI)	硬度(H)	结构特征
软玉	透闪石	2.90～3.10	1.62	6.0～6.5	细的纤维交织结构,毛毡状结构
石英岩玉	石英	2.65	1.54	6.5～7.0	粒状结构
岫玉	蛇纹石	2.44～2.80	1.56	2.5～5.5	纤维状结构,絮状结构
玉髓	石英	2.65	1.54	6.6～7.0	隐晶质
大理石	方解石	2.7～2.9	1.48～1.65	3	粒状结构
玻璃	—	2.50	1.51	4.5～5.5	非晶质

1. *石英岩玉*

与软玉最为相似的石英岩玉是白色石英岩,也称京白玉。在肉眼鉴别中软玉与石英岩玉有如下区别:

(1)软玉为油脂光泽,石英岩玉呈玻璃光泽。

(2)软玉为较细的纤维状、毛毡状结构,十分细腻,而石英岩玉具粒状结构。

(3)软玉的透明度低于石英岩玉。

(4)同样大小的制品,若用手掂重,软玉较重,而石英岩玉较轻,有发飘的感觉。

2. *岫玉*

岫玉一般呈黄绿色,因此容易被仿冒的也常常是黄绿色的软玉。在肉眼鉴别中两者的主要区别在于:

(1)软玉常为油脂光泽,岫玉常为蜡状光泽。

(2)软玉的透明度一般低于岫玉。

(3)软玉的硬度大于岫玉,因此岫玉制品更易被磨损。

3. *玉髓*

绿色和白色的玉髓与绿色及白色的软玉,其外观较为相似。在肉眼鉴别中两者的区别在于:

(1)软玉常为油脂光泽,玉髓常为玻璃光泽。

(2)软玉的透明度远低于玉髓。

(3)软玉的相对密度大于玉髓,因此用手掂重时,软玉较重,玉髓较轻。

4. *大理石*

大理石的主要品种有汉白玉、米黄玉等,目前市场上还有一种被称为阿富汗玉的大理岩,这种玉石为白色,呈蜡状光泽。大理石的硬度为3,远低于软玉。如果样品可以刻划的话,小刀可以在大理石样品上留下痕迹,而在软玉上却留不下痕迹,这是大理石与软玉区分的最典型特征。

5. 玻璃

仿软玉的玻璃常常是白色玻璃，在玉器市场及旧货市场上都较为常见。其肉眼鉴别特征是仿软玉玻璃往往呈乳白色，半透明至不透明，常含有大小不等的气泡。由于硬度较低，相对密度也小，因此，玻璃更易被磨损，用手掂重时较轻。

(二)产地鉴别

由于其成因和形成条件存在差异，因此不同产地的软玉也存在差别，但这种差别主要表现在内部结构和微量成分方面。因此，准确的鉴别必须依赖于先进的仪器和设备。

五、质量评价

人们对软玉的评价历来就很重视，主要从五个方面进行评价：①白度(色泽)。最好的羊脂玉为纯白或奶白色，微青或微黄次之，偏红为下品；青白玉、青玉的色泽宜清宜淡；黄玉、黑玉以色泽纯正为最佳。②亮度。软玉以有流动感水光为最佳，油光其次，蜡光更次之，亚光最差。③匀度。上好的美玉呈半透明、薄雾絮状质地，玉质均匀，无明显杂质，藕粉状、烟雾状质地的软玉其次；颗粒状质地及伴较多“玉花”的软玉更次之；石性较重，透明度极差的为下品。④相对密度。质地细腻的美玉和优质老坑玉的相对密度大，有明显沉手感。⑤硬度。上等和田玉的硬度稍低于紫砂壶，用玉边角在细砂紫壶上刻划，以不留白痕或仅留极淡的细痕为佳，玉质粗糙或质地一般的新坑玉其粉痕较粗较浓。

对现代的软玉评价主要从颜色、玉质、有无裂隙绵绺以及质量或体积等方面进行评价。

1. 颜色

颜色是影响软玉品质最重要的因素，在各类颜色中以白玉中的羊脂白最为珍贵，到目前为止，能达到羊脂白的主要见于新疆和田地区的籽料中。其他产地的软玉尚未见达到羊脂白者。除羊脂白外，纯正的黄色、绿色、黑色也为上品。

和田籽玉外表分布了一层褐红色或褐黄色玉皮，因此习惯上被称为皮色籽玉。颜色有秋梨、芦花、枣红、黑等。琢玉艺人以各种皮色冠以玉名，如秋梨皮子、虎皮子、枣皮红、洒金黄、黑皮子等。世界上不少玉石都带有此色，但都不如和田玉皮色美丽。利用皮色可以制作俏色玉器，自然成趣。

色皮很薄，一般小于1mm。色皮形态各种各样，有的呈云朵状，有的呈脉状，有的呈散点状。色皮的形成是由于和田玉中的氧化亚铁在氧化条件下转变成三氧化铁所致，所以它是次生的。自古以来，同等的带色皮的籽料价格要比不带色皮的籽料贵得多。自然灿烂的色皮，是和田玉籽料特有的特征，也是真货的标志。但假沁色的带皮籽料近年非常多见，沁色多附着于表面，外表没有油分比较干涩，没有水头，需要注意区分。

2. 质地

质地也是影响软玉品质的重要因素，其他评价要素也与此相关。上好质地的软玉要求其组成矿物透闪石具细小的纤维状、毛毡状结构，且排列应有一定规则，只有这种才能有良好的效果。在这种前提下，软玉中透明的细晶透闪石由于本身具有较高的双折射率，引起晶体界面的晶间折射和反射，有序规则排列的透闪石纤维状和毛毡状晶体将对入射光产生漫反射作用，致使软玉形成一种有一定透明度的特有的油脂光泽。上好的白玉，具温润的感觉，这里，“温润”的“温”指玉对冷热所表现的惰性，冬天摸之不冰手，夏天摸之不觉热。还有一层意思，即色感悦目,"润"指玉的油润度,玉液可滴。软玉中组成的晶体虽细小,若用放大镜或显微镜观察玉雕成品的抛光面,其中的毡状结构还是能见到的,好像微透明的底子上均匀地分布着不透明的白色花朵。

3.光泽

"润泽以温"是软玉品质好坏的重要体现。因此,品质好的软玉要求具有好的油脂光泽,油脂光泽的程度不好,其价值将明显下降。

4.净度

和其他玉石一样,品质上乘的软玉也要求无瑕疵,无裂纹。即净度越高,价值也越高。

5.质量或体积

软玉制品受质量或体积的影响相对较大。在颜色、质地、透明度、加工工艺相同或相近的情况下,其质量或体积越大,则价值越高。

6.工艺质量

软玉主要用来制作玉雕工艺品,工艺质量较为重要。软玉加工工艺师要善于利用俏色,并施以巧妙的构思、娴熟的技艺以提高软玉制品的经济价值。

第十六节　蛇纹石

蛇纹石的产地较为广泛,除辽宁岫岩外,我国甘肃祁连山、广东信宜市、台湾花莲等地均有蛇纹石产出。蛇纹石在我国开发利用的历史较长。在新石器时代,我国先民们已开始使用蛇纹石了,如红山文化发掘出土的玉器中,许多就是用蛇纹石制成的。另外,蛇纹石的使用量也较大,对中国玉文化的影响也较为深远,唐诗"葡萄美酒夜光杯"中所提及的"夜光杯"就是用产于酒泉的蛇纹石制成的。蛇纹石中的岫玉还是中国四大名玉之一。

一、基本特征

蛇纹石是由微细纤维状、叶片状和胶状蛇纹石矿物集合体组成,其成分为 $Mg[Si_4O_{10}](OH)_8$。蛇纹石常见带黄的浅绿色,也有白、黄、墨绿等色。硬度随其矿物成分而变化,一般含蛇纹石矿物85%左右,硬度为4~4.8;若蛇纹石中透闪石含量达25%以上,硬度可达5.5。呈半透明至微透明、蜡状光泽。相对密度为2.44~2.80。折射率为1.555~1.573。蛇纹石遇盐酸或硫酸可分解。

二、品种

蛇纹石的产地较多,不同产地的蛇纹石由于矿物组成存在差异,在颜色等特征上也不太相同,由此形成不同的品种。

(1)岫玉:产于辽宁岫岩县,颜色多为带黄的浅绿色,还有各种色调的绿色、白色、花斑色等,呈半透明,在玉器成品上可见分布不均匀的纤维蛇纹石丝絮及不透明的白色云朵状斑点。岫玉是我国品质最好的蛇纹石。

(2)南方玉:产于广东信宜市,呈黄绿色、绿色,不透明。浓艳的黄色、绿色斑块组成美丽的花纹,适合雕刻大型摆件。

(3)祁连玉(或酒泉玉):产于甘肃祁连山酒泉地区,为墨绿色、黑色条带状,呈半透明至微透明。

(4)都兰玉:产于青海省都兰县,是一种具有竹叶状花纹的块状蛇纹石。

(5)台湾玉:产于台湾省,颜色为草绿、暗绿色,常有一些黑色斑点和条纹,呈半透明,硬度较高,玉质较好。

三、岫玉的鉴别特征和质量评价

蛇纹石的鉴别较为容易,因为市场上较少存在用其他天然玉石来仿冒的问题,同时,岫玉特殊的浅黄绿色,也容易与其他玉石区分开来。在岫玉的鉴别过程中,值得重视的是以下几点。

(1)与处理岫玉的鉴别:为了改善岫玉成品的外观,或为了仿冒古玉,市场上常见染色和蜡充填处理的岫玉。染色岫玉的颜色主要集中于裂隙中,放大观察很容易发现染料的存在,蜡充填岫玉很容易通过热针来鉴别。

(2)与玻璃的鉴别:市场上难见到用天然玉石仿冒岫玉的情况,但用玻璃来仿冒的情况却存在,但鉴别较容易。玻璃为非晶质体,在偏光镜下为全消光,玻璃内具气泡,光泽和其他物理特征也各不相同。

岫玉的颜色、透明度、净度和加工质量是影响玉质量评价最重要的因素。呈绿色、透明度高、无瑕疵、无裂隙、加工质量好者为上品,凡达不到这些要求的岫玉制品,其价值都将大受影响。

第十七节　碳酸盐类玉石(大理石)

碳酸盐类玉石产量大、产地多,是最常见的玉石品种之一。碳酸盐类玉石耐久性较差,多以集合体出现,常作为玉雕原料或其他宝石的仿制品。常见的品种有方解石、白云石、菱锌矿、菱锰矿、菱镁矿等。

方解石单晶在自然界常出现良好的晶形,无色透明的方解石也称为冰洲石,是一种重要的光学材料。方解石隐晶质集合体称为石灰岩,是烧制石灰和制造水泥的原料,以及冶金工业上的熔剂。方解石显晶质集合体又称为大理石,在建筑和装饰材料中早已广泛使用,俗称“汉白玉”,是最常用的玉雕原料之一。

一、化学成分

方解石的化学式为 $CaCO_3$,常含 Mg、Fe 和 Mn,有时含 Sr、Zn、Co、Ba 等元素。大理石的化学成分随不同的矿物组成而有所变化。

二、光学性质

(1)颜色:方解石可具各种颜色,常见有无色、白色、浅黄色等。纯净的方解石的颜色应该是无色或白色,无色透明的方解石晶体称为冰洲石。方解石可因各种混入物而呈现不同的颜色,如含微量的 Co 或 Mn 可呈灰色、黄色、浅红色;含微量 Cu 可呈绿色或蓝色。

大理石有各种颜色,常见有白色、黑色及各种花纹和颜色(图 17-17)。因含不同的矿物而呈现不同颜色。

(2)光泽及透明度:玻璃光泽、透明至不透明。

(3)光性:方解石为一轴晶,负光性;大理石为非均质集合体。

(4)折射率与双折射率:折射率为 1.486~1.658,双折射率为 0.172。

(5)多色性:无至弱,集合体无多色性。

(6)发光性:多变。

(7)吸收光谱:随杂质而变。

三、力学性质

(1)解理:三组菱面体解理完全。

(2)硬度:摩氏硬度为 3。

(3)相对密度:2.70(±0.05)。

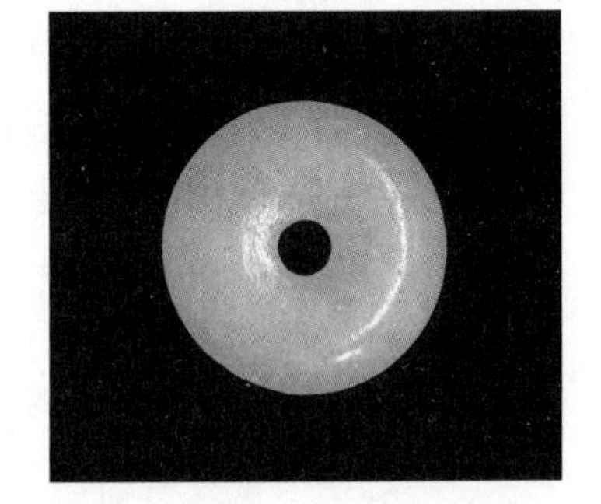

图 17-17 白色大理石

四、大理石的鉴别特征

1.染色

大理石常用的优化处理方法是染色,可用有机或无机染料,尤其是当方解石集合体孔隙较多时极易着色,可染成各种颜色。鉴别方法如下。

(1)放大检查。观察缝隙是否有染料。

(2)吸收光谱。如为铬盐染的绿色,可有 650nm 吸收线。

(3)查尔斯滤色镜下特征。有些绿色染料在查尔斯滤色镜下呈红色。

2.充填处理

充胶或充填塑料主要是为了增强大理石的透明度并掩盖缝隙。鉴别方法如下。

(1)热针试验可有胶或塑料的反应并伴有辛辣气味。

(2)红外光谱鉴定中,可有有机物的特征吸收峰出现。

(3)乙醚擦拭,有机物可溶解。

3.辐照

白色的大理石辐照后可产生蓝色、黄色和浅紫色,但很不稳定,遇光会褪色,遇热也会颜色变浅。

4.覆膜

大理石表面可以涂有各种颜色的有机薄膜,用来改变颜色和光泽,仿其他种类的宝石。

5. 放大检查

方解石具有强的双折射现象,三组完全解理;大理岩为粒状或纤维状结构,三组解理发育。

6. 其他

方解石可见猫眼效应。遇盐酸起泡。

五、方解石的品种

1. 单晶宝石

各种颜色、透明的方解石可切磨成戒面。无色透明的冰洲石可用做光学原料。

2. 玉石

各种颜色的方解石集合体可作为玉雕和装饰材料。

3. 蛇纹石化大理石(蓝田玉)

蛇纹石化大理石以蓝田玉为主要品种，以产于蓝田而得名，是中国古代主要名玉之一。一般人们所认为的“蓝田”是指陕西省西安市东南的古城蓝田。蓝田玉的主要矿物成分是方解石和蛇纹石，依据蛇纹石化的程度由低到高，方解石含量逐渐减少，局部可变为蛇纹石玉。另外含少量的白云石、绿泥石、透闪石、云母、滑石等矿物。

安徽的岳西县所产所谓“菜花玉”，成分与蓝田玉一致。

六、方解石(大理石)的质量评价

方解石和大理石原料的质量评价可以从颜色、净度、透明度、质量(块度)等方面进行。宝石级的方解石要求颜色纯净单一，透明度高，无杂质及裂隙，但因为硬度低、解理发育和易腐蚀，不适于做首饰，主要用作光学材料、观赏石及收藏。玉石级大理石结晶颗粒细小，致密，无杂质，块度大，颜色鲜艳，常被用作玉雕原料或装饰材料。

七、方解石(大理石)的产地

大理石在世界各地几乎都有产出。我国云南大理所产的条带状大理石闻名于世，其间的条带有黑色、绿色和不同的形状，构成了一幅幅形象逼真的山水画，成为上等装饰材料。北京房山产出的“汉白玉”颜色纯白，是故宫、颐和园、北海等皇家园林常用的建筑和装饰材料。

另外，有一种大理石质地细腻，透明度较高，市场上俗称“阿富汗玉”。其白色的品种经常用来仿白玉。

第十八节　独山玉

独山玉因产于中国河南省南阳市郊的独山而得名。从考古发现看，独山玉的使用历史也非常悠久，距今已有6000多年。在商朝遗址和墓葬中，发现过不少独山玉的玉器，说明在3000多年前，独山玉的使用已较为普遍。而据《南阳县志》记载：独山玉石矿在2000多年前的西汉时就正式开采，而独山古时称玉山。在今独山东南的山脚下，留有汉代“玉街寺”的遗址，据说是汉代制作独山玉首饰及玉器之处。在独山上，今天还存在古代采玉石的坑洞1000多个，并成为今天找玉的标志。独山玉色彩鲜艳、质地细腻、致密坚硬，与新疆和田玉、湖北郧县绿松石和辽宁岫岩县的岫玉，并称为中国四大名玉。

一、基本特征

独山玉是一种蚀变的黝帘石化斜长岩。独山玉的主要组成矿物是斜长石和黝帘石。次要矿物是角闪石、透闪石、阳起石、透辉石等。独山玉颜色丰富,有30余种色调,主要颜色有白、绿、紫、黄、黑等几种(图17-18)。微透明至不透明,呈玻璃光泽至油脂光泽。硬度为6.5～7,相对密度为2.73～3.18,折射率为1.56～1.70。

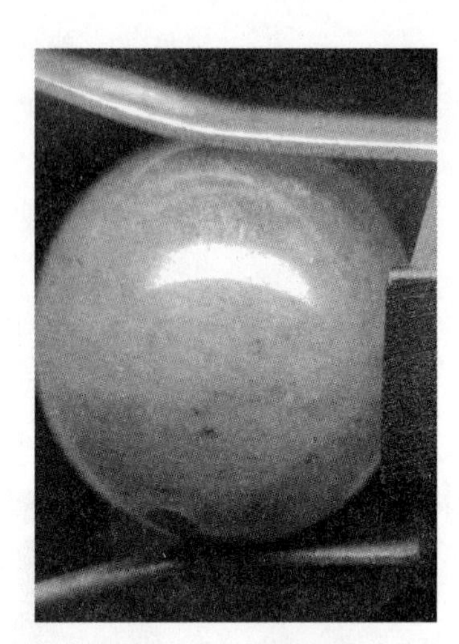
图17-18 黄色独山玉

二、品种

工艺上,独山玉主要依据颜色来划分品种,主要的品种有白独玉、绿独玉、紫独玉、黄独玉、红独玉、青独玉、黑独玉、杂色独玉等。

三、鉴别特征

独山玉的鉴别也较为容易,珠宝业内人士用肉眼就能将它区分出来。独山玉特有的杂色成为其鉴别的主要依据之一。对于一般的珠宝鉴赏者来讲,在独山玉的鉴定中最重要的是注意它与翡翠、软玉、石英质玉、岫玉和碳酸岩类玉(大理岩玉)的区别。独山玉除具特征的颜色外,还有明显的粒状结构,这也是独山玉与上述玉石相区别的主要特征。

四、质量评价

对独山玉的质量评价应从颜色、裂纹、杂质含量及质量或体积等方面进行。优质的独山玉为白色和绿色,白色者外观似软玉,绿色者外观似翡翠,深受人们喜爱。与此相对应,白色独山玉应具有油脂光泽,为微透明,质地细腻、无杂质、无裂纹、加工工艺好且有一定的体积等。绿色者要求其颜色翠绿,其他要求与白色独山玉相同。由于真正能达到上述标准的独山玉的数量十分有限,因此,其市场价格较高,如好的独山玉手镯的价格可达数万元,有时甚至达数十万元。

第十九节　绿松石

一、概述

据历史考证,古代欧洲人所用绿松石,其原产地为波斯(今伊朗),后经土耳其传入欧洲,因此,人们把绿松石称为土耳其石。

绿松石在中国的使用历史非常久远,在仰韶文化遗址中已发现绿松石制成的饰物,距今已6000多年。在商、周、春秋战国、汉、晋等时代的墓葬中,不断发现有绿松石制成的饰物和圆珠,说明在漫长的历史中,它一直为中国人所喜爱。

二、基本特征

绿松石是一种含水铜铝磷酸盐,其化学成分为$CuAl_6[PO_4]_4(OH)_8 \cdot 5H_2O$,属三斜晶系,单晶体为短柱状，但极罕见。一般所指绿松石是一种致密的隐晶质绿松石矿物集合体，要用高倍电子显微镜才能看到鳞片状小晶体。绿松石含 15%～20% 的水，以吸附水、结构水和结晶水的形式存在。它们对绿松石颜色的鲜艳程度影响极大。随着风化程度的增加，结晶水、结构水的含量逐渐降低，随着 Cu^{2+} 和水的逐渐流失，绿松石的颜色将由蔚蓝色（图 17－19）变成灰绿色乃至灰白色。

自然界绿松石集合体的外部形态有致密块状、肾状、钟乳状、皮壳状、团块状和结核状等（图 17－20）。若团块和结核外包有一层薄薄的黑皮、红皮或白皮，这种料称“籽料”，没有外皮的称“山料”。黑皮料属优质玉料。

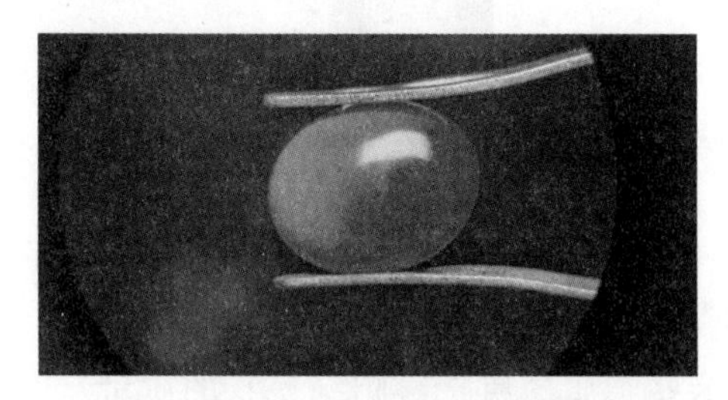

图 17－19　蔚蓝色的绿松石

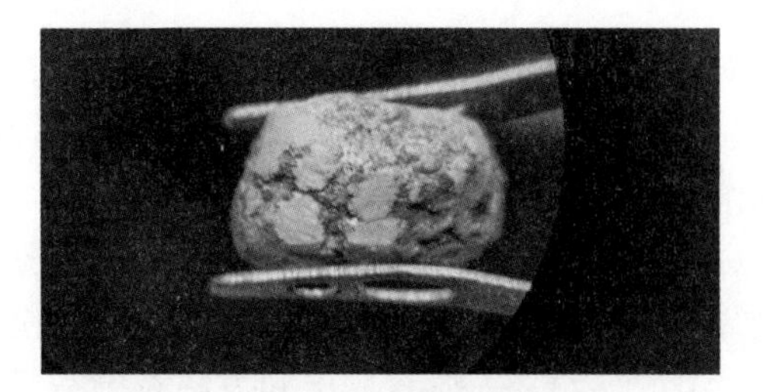

图 17－20　绿松石原石

绿松石的颜色可分为蓝色、绿色和杂色三大类。绿松石一般呈蜡状光泽，硬度为 5～6，相对密度为 2.7～2.9，多孔的绿松石其相对密度可降至 2.40。折射率为 1.60～1.65，一般无荧光或荧光很弱，其吸收光谱在 420nm 处有一条不清晰的带和 432nm 处有一条吸收线。绿松石不耐热，不耐酸，由于其孔隙发育，因而易受污染。

三、品种

绿松石按其硬度、质地等可分为以下品种：

(1)瓷绿松石或瓷松：硬度为 5.3～6，其性脆而柔，断口近贝壳状，质地细腻，经抛光后好像上了釉的瓷器，因而得名。

(2)硬绿松石：硬度为 4.5～5.3，其断口平坦，质地较细，但次于“瓷松”。

(3)面绿松石或泡绿松石：硬度在 4.5 以下，其质地松软，断口呈参差粒状，用小刀或指甲能划动。

四、鉴别特征

绿松石是相对较易鉴别的玉石品种，因为具有其他玉石所没有的天蓝色。而且绿松石经常有褐色、黑色的纹理或色斑，行内称“铁线”。它们是由褐铁矿和碳质等杂质聚集而成。在鉴别绿松石时，需要重视的有以下几个方面的内容：

(1)与三水铝石、硅孔雀石、菱镁矿的区别：鉴别时注意这些玉石的颜色很少具有绿松石的天蓝色，也无铁线，物理特征也明显不同。硅孔雀石的折射率很低，为 1.46～1.57。菱镁矿的相对密度为 3.0～3.1，比绿松石高。

(2)合成绿松石的鉴别：这种合成品在鉴别时主要考虑颜色、成分、结构构造等方面。例如天然绿松石颜色较杂，分布不均，杂质较多，而合成者则成分单一。又如天然绿松石有铁线，且变化较大,合成品一般无铁线,即使有也很生硬。

(3)压制绿松石的鉴别:压制绿松石是一种由绿松石微料、各种铜盐或其他金属盐类的蓝色粉末,在一定的温度和压力下压结而成的材料。它的鉴别一般可以根据结构、相对密度、吸收光谱和酸试验等几方面进行。

(4)处理绿松石的鉴别:市场上的绿松石成品常经过各种方法进行优化和处理,如浸泡、上蜡、染色和稳定化处理。这些绿松石的鉴别可参考其他的相关玉石鉴别的方法进行,具体可考阅有关文献。

五、质量评价

对绿松石的质量评价应从颜色、硬度和质地、净度、特殊花纹和块度等方面进行。

(1)颜色:绿松石以标准的天蓝色为最佳,其次为深蓝色、蓝绿色,且要求其颜色均匀,达到阳正浓和为上品。

(2)硬度和质地:绿松石按硬度和质地可分为瓷绿松石、硬绿松石和面绿松石等品种,以硬度较高,质地较好的瓷松石为最佳,硬绿松石次之,面绿松石最次。

(3)净度:绿松石常含黏土和方解石等杂质,这些杂质的存在影响绿松石的质量。因而杂质含量越少,品质越高。

(4)特殊花纹:绿松石可与围岩一起共同磨出玉器工艺品,且当围岩与绿松石一起构成一定的具象征意义的图案时,产品将大受欢迎。

(5)块度:主要针对绿松石的原料销售而言,块度越大,价值越高。

第二十节　石英质玉

一、基本性质

石英质玉的基本性质与单晶质石英大致相同,但由于是集合体,玉石中除石英外,还含有其他矿物,其结晶程度和颗粒排列方式也千差万别,因此,其性质与单晶质石英存在一定的差别。

(1)矿物组成:其主要矿物是隐晶质、多晶质石英,另外含少量云母、绿泥石、黏土矿物和褐铁矿等。

(2)化学成分:其主要成分为 SiO_2,另外还含少量的 Ca、Fe、Mg、Mn、Cr 等微量元素。

(3)力学性质:硬度为 6.5～7.0,相对密度为 2.55～2.65。

(4)光学性质:纯净时为无色,当含有不同的杂质元素或混入不同的矿物时,可呈不同的颜色。一般为玻璃光泽,有时显油脂光泽,呈透明—半透明—不透明。折射率一般为 1.53～1.54。

二、主要品种

石英质玉根据其结晶程度、颗粒大小和颗粒排列方式可分为隐晶质玉石、多晶质玉石和二氧化硅交代的玉石三大类。

1. 隐晶质玉石

隐晶质玉石包括玛瑙、玉髓、碧石等，均由隐晶质石英组成，显微粒状、短纤维状结构。其中，有环带、条带状构造的称玛瑙，结构均匀、无条纹和条带的称玉髓，含有粉砂及黏土矿物的多彩石称碧石。

(1)玛瑙：玛瑙是一种具有纹带状构造的玉髓(图 17－21)，呈块状、结核状或脉状产出。它色彩斑斓，纹理奇特。玛瑙为我国传统四宝(珍珠、玛瑙、水晶、玉石)之一。“千样玛瑙万种玉”，自古以来，我国对玛瑙的品种划分得很细。根据其颜色、花纹和包裹体特征，可将玛瑙划分为红玛瑙、蓝玛瑙、紫玛瑙、绿玛瑙、白玛瑙、黑玛瑙、缠丝玛瑙和水胆玛瑙等。前面 6 种均以所呈现的颜色为划分依据。对于缠丝玛瑙的划分主要依据其结构，这种玛瑙具特征的纹带状构造，这种纹带可以细如蚕丝，形态多样奇特，色彩多变，优质的雨花石就是这种玛瑙经河流冲刷磨圆而成。

图 17－21　玛瑙

在玛瑙家族中，有一种为中空含水的品种，称水胆玛瑙，这种玛瑙在玉雕工艺中较为珍贵，为玉雕良材。

(2)玉髓：隐晶质石英集合体。常见玉髓按其颜色可划分成下列几个品种。

绿玉髓(亦称澳玉)：绿玉髓颜色鲜艳均匀(图 17－22)，有苹果绿、蓝绿等色。绿玉髓的色调与 Cr 的含量有关，含量越高，绿色越深，质地越好。

图 17－22　绿玉髓

白玉髓：灰白—灰色，成分单一。微透明至半透明。

红玉髓：红—褐红色，由微量 Fe 致色(部分样品经分析，Fe_2O_3 质量分数在 1.7%左右)。微透明至半透明。

蓝玉髓：灰蓝—蓝绿色，是由所含的蓝色矿物产生颜色。台湾产蓝玉髓呈蓝色、蓝绿色，颜色均匀，由 Cu^{2+} 致色。高品质的台湾蓝玉髓的颜色与高品质的天蓝色的绿松石颜色相近。硬度接近于 7，相对密度 2.58 左右，不透明至半透明。

黄玉髓(黄龙玉)：黄龙玉最初人称黄蜡石。黄龙玉主要由细腻的隐晶质石英——玉髓组成，产自云南省保山市龙陵县，颜色以黄色为主，有黄、红、绿、白、黑之分。黄龙玉的摩氏硬度为 6.5～7，与翡翠相当，比和田玉略高；韧性略次于和田玉，略高于翡翠。

除以上几种玉髓外，还有一些含杂质较多的玉髓，杂质主要为氧化铁和黏土矿物，含量可达 20%以上，专业名称为“碧石”，在商业上俗称“碧玉”(注意与和田玉中的碧玉的区别)。它们多不透明，呈暗红色、绿色。商业中常按颜色命名，如绿碧玉、红碧玉，有时也可按特殊花纹来命名，如风景碧玉、血滴石等。

血滴石(也称血石髓、血星石)：在葱绿色玉髓上有红色小点，状如滴血者。

2. 多晶质玉石

这类玉石实质上是石英的单矿物岩石，其中的石英为他形粒状，粒度一般较大，在 10×放大镜下可见，有的用肉眼可以看出。这类玉石常以产地来命名，常见的商业品种如下。

(1)东陵玉:亦称印度玉,是一种铬云母的石英质多晶质玉石,按颜色可分为绿色东陵石、蓝色东陵石和红色东陵石。

(2)密玉:因产于河南密县而得名,是一种铁锂云母的石英质多晶质玉石,颜色只有白色至浅绿色,其工艺制品一般经染色处理。

(3)京白玉:因产于北京市郊而得名,是一种含白云母的白色石英质多晶质玉石。

(4)马来西亚玉:是一种染色的石英质多晶质玉石。

根据最新的国家标准《珠宝玉石　名称》(GB/T 16552—2017),(1)、(2)、(3)统称为石英岩玉。

3. 二氧化硅交代的玉石(木变石)

木变石亦称为硅化石棉,其原矿物为蓝色的钠闪石石棉,后期被二氧化硅交代,但仍保留其纤维状晶形外观,呈纤维状结构。高倍显微镜下观察,“纤维”细如发丝,定向排列,交代的二氧化硅已具脱玻化现象,呈非常细小的石英颗粒。由于置换程度的不同,木变石的物理性质略有差异。SiO_2 置换程度较高者,硬度接近于 7,密度相对较低,一般来讲相对密度为 2.64～2.71。微透明至不透明。呈丝绢状光泽。在商业上,根据颜色可将木变石分为虎睛石、鹰睛石等品种。

(1)虎睛石:为棕黄色、棕色至红棕色、黄褐色、褐色的木变石。黄褐色、褐色则是因含褐铁矿所致。成品表面可具丝绢光泽。当组成虎睛石的纤维较细、排列较整齐时,弧面型宝石的表面可出现猫眼效应。虎睛石的猫眼效应一般眼线较宽,左右摆动一般很少见到像金绿宝石猫眼那样的眼线的开合现象。

(2)鹰睛石:为灰蓝色、暗灰蓝色、蓝绿色的木变石。蓝色是残余的蓝色钠闪石石棉的颜色。也可具有猫眼效应。

(3)斑马虎睛石:是黄褐色、蓝色呈斑块状间杂分布的木变石。

(4)硅化木:是由 SiO_2 交代置换地质历史时期被埋入地下的树木形成,它保留了树木的年轮和个体细胞结构,并因含 Fe、Ca 等杂质元素而显各种颜色。

根据最新的国家标准《珠宝玉石　名称》(GB/T 16552—2017),(1)、(2)、(3)统称为木变石。

三、鉴别特征

石英质玉的鉴别相对较为容易,因为市场上很少存在用其他玉石来仿冒石英质玉的情况,即使存在,可能也只有玻璃一种。但用这种玉石仿冒其他珍贵玉石的情况却十分普遍,如用马来西亚玉仿翡翠,用京白玉和白玛瑙仿白玉等。

(1)与玻璃的鉴别:玻璃是石英质玉最主要的仿制品,这些玻璃制品呈完全的玻璃质或半脱玻化,可呈各种颜色,有的还可能有玛瑙的条带状构造,与天然石英质玉很相似,极具欺骗性。但由于玻璃是非晶质,在偏光镜下的消光情况与石英质玉完全不同,玻璃内有气泡,其相对密度、硬度、折射率等物理特征也存在差异。只要仔细观察,或借助于仪器,其鉴别应该是不难的。

(2)与注水水胆玛瑙的鉴别:当水胆玛瑙存在裂隙,或在加工过程中产生裂隙,水胆中的水都会溢出,直到干涸,使整个水胆玛瑙失去工艺价值,在这种情况下,注水水胆玛瑙便应运而生。鉴别玛瑙中是否有水或水是否属于注入,便成了水胆玛瑙鉴别的关键。

判断是否有水的方法是:①将玛瑙块拿在手中,靠近耳边摇晃,仔细听音,其洞大水多者可发出“咕咚”的声音，洞小水少者声音亦小，若听到石内有碎屑的碰撞声，则说明洞空无水；②凭手感及用手掂重判断是否有水；③用光照判断是否有水。

注水水胆玛瑙的鉴别方法：仔细检查有无裂纹以及是否有经过充填的痕迹，若为注水玛瑙，一般能看到其注水通道的痕迹。

(3)与优化处理品的鉴别：一些颜色不好的石英质玉经过加热和染色可形成各种颜色的品种。这类宝石可参照其他玉石的热处理和染色品特征进行鉴别。

四、质量评价

从目前市场的情况看，对石英质玉的评价主要从以下几方面进行。

(1)颜色及纹理：一般来讲，石英质玉要求有一定的颜色，且颜色越鲜艳越均匀越好。其中分布的颜色若形成一定的花纹和图案，并有特殊的表现力，则会提高它的工艺价值，有时还会成为收藏者追求的对象。

(2)质地：主要取决于组成玉石矿物颗粒的粒度大小、排列方式、裂纹、杂质种类及其含量等。质地越细腻，则价值越高。

(3)透明度：越透明越好。

(4)大小：制作工艺品的石英质玉要求有一定的块度大小，在其他条件相同的情况下，块度越大，其价值越高。

(5)特殊效应：具有特殊光学效应和美学价值的石英质玉，往往有较高的价值。如具猫眼效应及星光效应的玛瑙和风景玛瑙、水胆玛瑙等。

(6)加工工艺：如一普通的玛瑙材料，经过工艺大师独具匠心的加工设计，可能会成为国家级的精品。

第二十一节　青金石

一、基本特征

主要矿物组成是青金石，另外还含有蓝方解石、黄铁矿、方钠石和透辉石等矿物。属等轴晶系，单晶为菱形十二面体，这种晶体极罕见。青金石一般以粒状和致密块状的单矿物集合体形式出现。青金石具粒状、不平坦状断口，硬度为5～6，相对密度2.5～2.9，一般为2.75，颜色可为深蓝、青蓝、天蓝、紫蓝、翠蓝和绿蓝等，呈玻璃光泽到树脂光泽，微透明至透明，折射率为1.50(点测)，有时因含方解石，折射率可达1.67。在短波紫外线下可发绿色或白色荧光，其中方解石在长波紫外线下发褐红色荧光。

二、品种

根据其矿物成分、色泽、质地等工艺美术要求，商业上可将青金石分成如下四种。

(1)青金石：即“普通青金石”，其中青金石矿物含量大于99%。无黄铁矿，即“青金不带金”。其他杂质极少，质地纯净，呈浓艳、均匀的深蓝色，是优质的上品。

(2)青金：其中青金石矿物含量为90%～95%或更多一些，含稀疏星点状的黄铁矿(即所谓“有青必带金”)和少量的其他杂质，但无白斑。其中质地较纯，颜色为均匀的深蓝色、天蓝色、藏蓝色者,是青金石中的上品。

(3)金格浪:为含大量黄铁矿的青金石致密块体。这种玉石经抛光后像金龟子的外壳一样金光闪闪。这种玉石由于其大量黄铁矿的存在,相对密度可达4以上。

(4)催生石:指不含黄铁矿而混杂较多方解石的青金石品种。其中以方解石为主的称“雪花催生石”,颜色呈淡蓝色的称“智利催生石”。

青金石非常适用于雕琢古色古香的庄重的工艺品,例如佛像、龙、狮、怪兽、仿青铜器等。

青金石的韧性不强,抗断能力差,板状裂绺较多,加工时要注意这个特点。

三、鉴别特征

青金石的鉴别主要注意与仿冒品的区别以及与优化处理品的鉴别两个方面。

(1)与仿冒品的鉴别:青金石的仿冒品较多,主要的仿冒品有方钠石、蓝铜矿、蓝线石、石英岩、染色碧玉(瑞士青金石)、合成尖晶石、合成青金石、染色大理岩、玻璃等。其物理特征存在明显差异,所含的包裹体也明显不同。

(2)与优化处理品的鉴别:市场上常见经过上蜡、染色和黏合处理的青金岩,上蜡和染色青金石的鉴别可参照其他玉石的对应处理品进行。对于黏合青金岩,它是由一些劣质的青金石被粉碎后用塑料黏结而成。其鉴别方法是:用热针探测时,会有塑料的气味出现;经放大观察可以发现其样品具明显的碎块状结构。

四、质量评价

青金石成品的质量根据其颜色、所含方解石、黄铁矿的多少以及加工工艺而定。珍贵的青金石其颜色应为均匀的紫蓝色,其中方解石和黄铁矿的含量要少甚至没有。上述某一方面存在缺陷都将会严重影响青金石成品的价值。

第二十二节　寿山石

寿山石因主要产于中国福建省寿山而得名,是雕琢图章的重要原料,故有“图章石”之称。

一、基本特性

(1)成分组成:寿山石的主要组成矿物是迪开石,其次是珍珠陶土、高岭石、叶蜡石、滑石、石英和绢云母等矿物杂质。化学成分变化大,实测化学成分与高岭石族矿物的理论化学组成较为接近。

(2)力学特征:硬度为2.0～3.0,相对密度为2.5～2.7。由于寿山石具极致密的结构,因而其韧度较高,适于雕刻。

(3)光学特征:寿山石的颜色多种多样,主要有白、乳白、黄、淡黄等颜色,呈蜡状光泽,大多为不透明至微透明,折射率一般为1.56(点测),在长波紫外线下发乳白色荧光。

二、品种

寿山石品种繁多,有的以产地命名,有的以不同的坑命名,有的以石质命名。原生矿型称为"洞采"，而采掘于山坡或田中的次生矿型则称为"掘性"等。按产状和历史习惯，寿山石基本上可归纳为"田坑石""水坑石""山坑石"和"掘性石"四大类。

(1)田坑石：是指从水田里零星产出的寿山石，其中以黄色的品种最为珍贵，称"田黄石"，简称"田黄"。按颜色，田坑石又可划分为黄色、白色、红色和黑色四种，其中以黄色和红色为佳。按质地，田坑石还可划分为田石冻、硬田、搁溜石和溪管独石等品种。田石冻指质地温润、透明度高的品种。硬田指质地粗糙、不透明的品种。搁溜石指从地表信手可得的品种。溪管独石指沉积在寿山溪底的田黄石。

(2)水坑石：位于寿山溪坑头支流之源，其采矿坑洞深入溪涧水之下，因而称水坑石。水坑石的产地由于地下水丰富，矿石多年受水侵蚀，多呈半透明，而且石质光泽也比较强，故寿山石中的许多"冻""晶"品种多产于此。

(3)山坑石：指分布在寿山、月洋两乡方圆几十千米内山坑中的寿山石。一般质地、透明度和颜色均低于田坑石和水坑石。

(4)掘性石：指掘于水坑石和山坑石矿洞附近的松软砂土层或水田中的块状玉石。按其具体产状又可划分为掘性头石、掘性高山石、掘性都成石、掘性旗降石、寺坪石和溪蛋六类。

因寿山石的分类十分繁杂，读者可参阅有关书籍。

三、鉴定特征

在鉴别寿山石时，应高度重视的是寿山石与仿冒品、优化处理品、拼合寿山石、仿造田黄石的鉴别及其不同品种的鉴别几个方面的问题。总的来讲，寿山石的鉴别较为复杂，也较为困难，正确的鉴别需要经过专门的训练，同时还需要具有相当丰富的实践经验。

四、质量评价

寿山石以田坑石为最佳，掘性石次之，水坑石又次之，山坑石最次。而每个种的寿山石又可按质地、色泽、净度和块度等对它们的品质作出进一步评价。

(1)质地：好的寿山石要求具备细、洁、腻、温、润、凝六方面优点，否则其品质会受到影响。

(2)色泽：以色泽鲜艳纯正者为佳。

(3)净度：以纯净无瑕、无裂纹、无砂粒者为佳。

(4)块度：其块度越大越好。

第二十三节　鸡血石

鸡血石是中国特有的珍贵玉石，主要产于我国浙江省昌化(称昌化石)和内蒙古自治区的巴林(称巴林石)，是上等的雕刻材料。之所以称鸡血石是因其中的辰砂色泽艳丽，红如鸡血，因而得名。同时因它主要用于雕刻图章，与寿山石一样，也有"图章石"之称。

一、基本特征

(1)成分组成：鸡血石主要由迪开石(占85%～95%)、辰砂(占5%～15%)组成，并含有高岭石、明矾石、黄铁矿和石英等。鸡血石的"地"主要由迪开石或高岭土与迪开石的过渡矿物组成,而“血”主要由辰砂组成。其实测化学成分与高岭石族矿物的化学成分组成很相近。

(2)结构与构造:鸡血石为隐晶质—微晶质致密块状体,其外观似果冻,因而称冻石。

(3)力学特征:硬度为2~3,一般为2.5左右,由于其结构致密,因而韧度很好,含“血”较少的鸡血石相对密度为2.53~2.68。

(4)光学特征:鸡血石的颜色包括“地”的颜色和“血”的颜色两部分。“地”的颜色很多,有白、灰白、灰、黑、青、粉红、紫红、黄、绿、棕等色,其间还有许多过渡类型。“血”的颜色常呈鲜红色,主要由血中所含辰砂的颜色、含量、粒度及分布状态所决定的。呈半透明至微透明,蜡状光泽,折射率一般“地”约为1.55,“血”大于1.81。

二、品种

鸡血石品种按其产地可分为昌化鸡血石和巴林鸡血石。按“地”的性质可分为冻地、软地、刚地、硬地四种。冻地和软地的硬度为2~4,刚地和硬地的硬度为5~7。刚地鸡血石的成分由辰砂与弱或强硅化的迪开石、高岭石、明矾石、硅质成分及微细粒石英的集合体组成,硬地鸡血石的成分是由辰砂与硅化凝灰岩组成,主要含SiO_2,硬度为6以上,有的大于7,不透明,干涩少光,俗称“硬货”。质地颜色较单调,多呈灰色、白色,少量黑色和多色伴生。硬地鸡血石难以雕刻。

按“地”的颜色可分为羊脂冻、红冻、芙蓉冻、藕粉冻、杨梅冻、黄冻、水晶冻、玛瑙冻、五彩冻、鱼子冻、桃花冻、羊脑冻等。

三、鉴定特征

鸡血石的真假鉴定主要要解决以下几个问题。

(1)仿冒品的鉴别:鸡血石由于含有特征的“鸡血”,一般不易与其他玉石相混淆,但仍有少数几种玉石的外观与鸡血石存在相似之处。这几种玉石是血玉髓、朱砂玉、寿山石和染色岫玉等。血玉髓硬度明显大于鸡血石,其中血红色常呈斑点状,与鸡血石中的团块状、条带状形成明显差别,且其他物理特征也明显不同;朱砂玉是含辰砂的脉石英,由于其主体是石英,加之其中辰砂的分布主要呈星点状、丝状等,与鸡血石较易区别;寿山石中的桃花冻因散布有如同米粒大小的鲜红血点,宛如无数片艳丽的桃花花瓣漂浮在一泓清水之中而得名,但分布特征与鸡血石明显不同;染色岫玉俗称“血丝玉”,市场上常用于仿冒鸡血石,但它明显具有染色特征,加之其物理性质明显不同,因而也易于鉴别。

(2)假血鸡血石的鉴别:假血鸡血石是用无“血”或少“血”的天然鸡血石并在其上绘上红色假“血”而成。鉴别时主要从其“血”的特征、血形、硬度、辰砂矿物存在与否并借助于化学试剂等方法进行。

(3)拼合鸡血石的鉴别:一般有拼接鸡血石和镶嵌鸡血石两种。

拼接鸡血石常采用切片贴皮法制作,即采用先进的切割机器,把石章需要鸡血的平面分别切割出如纸的薄片。在需要的地方涂上硫化汞,待晾干后再热烫,然后用胶把原来切割下来的薄片按原样贴回去,把薄片与胶合处的线角磨光。这样鸡血的红色看起来像生长在石章里面,而且自然分布。但血的层次毕竟只能停留在一个平面上,因此这种方法仅适合平面鸡血石材料。

镶嵌鸡血石。采用质地较好的昌化石章,选择几面醒目的地方,分别挖出一个个深浅不一的小坑，然后用红色的硫化汞涂料嵌入，待自然阴干后，再磨光上蜡。因为嵌入的鸡血（硫化汞）没有层次，同时血与昌化石的交接处色泽生硬，没有过渡。

鉴别时，只要认真，不难找到拼合和镶嵌的痕迹。

(4)人造鸡血石的鉴别：一般是以暗色不透明的塑料为“地”，在它的上面用辰砂粉末或红色有机颜料当“血”，并在外涂一层保护树脂，俗称“工艺鸡血石”。它的鉴别主要是基于其“地”的特征，并用热针探测及借助于化学试剂等进行。

(5)不同产地鸡血石的鉴别：由于昌化鸡血石历史悠久、闻名遐迩，历来备受文人墨客青睐，因此受欢迎程度以及价值都高于巴林鸡血石，存在鸡血石产地的鉴别问题。一般来看，昌化鸡血石的血色为纯浓艳色，而巴林鸡血石的血色偏暗，多呈暗红色。昌化鸡血石的血形多呈条带状、片状和团块状，略具方向性，而巴林鸡血石的血形多呈棉絮状、云雾状，无方向性；昌化鸡血石的血浓集，而巴林鸡血石的血清散；昌化鸡血石不易褪色，而巴林鸡血石易褪色。此外，它们在质地、硬度、韧度等方面也存在差异，只要有经验，不难区别。

四、质量评价

鸡血石的质量评价主要从下列几个方面考虑：

(1)“血”：“血”的好坏由血色、血量、浓度和血形四个方面决定。质量上乘的鸡血石要求其血色艳而正，还要活，并要融于“地”之中，血量要多，越多越好，而且要浓，血形以团血状血较佳，点血次之。

(2)“地”：“地”的品质由颜色、透明度、光泽和硬度四个要素决定。要求“地”的颜色深沉而淡雅，并且要求“地”半透明，呈强蜡状光泽，硬度小。

(3)净度：以无瑕疵、无裂纹者为佳。瑕疵和裂纹的存在会影响鸡血石的品质。

第二十四节　欧泊(蛋白石)

一、基本特征

1. 矿物组成

欧泊的矿物组成主要是非晶质的贵蛋白石，另有少量的石英、黄铁矿等杂质矿物。化学成分为 $SiO_2 \cdot nH_2O$，即主要成分是二氧化硅，但含水，其含量为4%～9%，最高可达20%。

2. 力学性质

(1)解理和断口：欧泊无解理。呈贝壳状断口。

(2)硬度：5.5～6.5。

(3)相对密度：2.0～2.10。

3. 光学性质

(1)颜色：欧泊的体色有黑、白、棕、蓝、绿等色。

(2)光泽：呈玻璃—树脂光泽。

(3)透明度：呈透明至不透明。

(4)折射率:1.42～1.43。

(5)光性:光性均质体。

(6)发光性:黑色欧泊可具中强到弱的白色、浅蓝色、浅绿色和黄色荧光,并可有磷光,火欧泊可有中等强度的绿褐色荧光,可有磷光。

(7)吸收光谱:绿色欧泊具660nm和470nm的吸收线,其他颜色的欧泊不明显。

(8)光学效应:欧泊具典型的变彩效应,在光源下转动可看到五颜六色的色斑。

二、品种

欧泊的品种划分,常见的是根据其体色及变彩颜色的数目进行划分。

1.根据体色划分

根据体色欧泊分为黑欧泊、白欧泊、火欧泊、水欧泊、普通欧泊。

(1)黑欧泊:体色为黑色或深蓝、深灰、深绿、褐色的品种。以黑色最为理想,由于黑体色的背景,使欧泊的变彩显得更加鲜明、夺目,更加雍容华贵。最为有名的黑欧泊发现于澳大利亚新南威尔士。

(2)白欧泊:体色为白、乳白、灰白等色的品种,是最为常见的品种,约占欧泊总量的80%,主要产于“欧泊之都”澳大利亚的库伯迪城。其中在白色或浅灰色基底上出现变彩的欧泊,有清新宜人之感。

(3)火欧泊:体色为红色、橙红色至橙黄色的品种。无变彩或变彩很弱,呈半透明至透明,主要产于墨西哥。由于其色调热烈,有动感,所以被大多数美洲人所喜爱。

(4)水欧泊:无主体体色、极透明的欧泊。有类似咖喱的质感,变彩极弱。此种欧泊亦有“玉滴石”或“胶状欧泊”之称。

(5)普通欧泊:是不具变彩效应或变彩极弱、透明度极差的欧泊。其品质较差,又称劣质欧泊。

2.根据变彩颜色划分

根据变彩颜色的情况可分为单彩、三彩、五彩、七彩等欧泊品种。

(1)单彩欧泊:变彩较弱,呈单一颜色。

(2)三彩欧泊:有2～3种变彩,如绿、蓝或黄等色。

(3)五彩欧泊:有4～6种变彩,如红、黄、蓝、绿、褐等色。

(4)七彩欧泊:有6～7种变彩,是欧泊中较少见的珍贵品种。

除上述品种外,基于变彩的大小、色斑形状、图案等还有一些商用名称,如斑点状欧泊、彩纹欧泊、火焰状欧泊、孔雀欧泊等。但其体色和变彩数目是品种划分的主要因素。

三、鉴别特征

从目前的市场情况看,对欧泊的鉴别归纳起来主要有三个方面,一是仿制欧泊的鉴别;二是合成欧泊的鉴别;三是优化处理欧泊的鉴别。

1.仿制欧泊的鉴别

能仿冒欧泊的宝玉石较多,常见的有塑料、玻璃、拉长石和火玛瑙等。

(1)塑料。

①仿制欧泊的塑料外观与欧泊很相像，但细心观察其色斑会发现它缺少天然欧泊的典型结构，并可能存在气泡，在偏光镜下有异常干涉色，有时气泡周围还可出现应变痕迹。

②折射率高于欧泊，为1.48～1.53。

③相对密度低于欧泊，为1.20。

④用热针探测塑料有辛辣味。

(2)玻璃。

①折射率高于欧泊，为1.49～1.52。

②相对密度高于欧泊，为2.4～2.5。

(3)拉长石和火玛瑙。

拉长石中的包裹体是特有的，并发育成解理，火玛瑙属隐晶质，无欧泊的色斑。拉长石和火玛瑙的折射率和相对密度均高于欧泊。通过上述特征可将它们区分开来。

2.合成欧泊的鉴别

1972年，法国人吉尔森宣布合成欧泊获得成功，但作为首饰用的合成欧泊直到1974年才在市场上出现。随之合成欧泊不断地充斥市场，并有许多不法商人将欧泊作为天然品出售。虽然合成品具天然品一样的变彩效应，但仔细观察仍可将两者区分开来：

(1)天然欧泊的色斑排列是板状的，具典型的二维结构，合成欧泊的色斑是柱状的，具典型的三维结构。

(2)在紫外灯下天然者具淡白色荧光，且具磷光。合成者荧光很弱，一般无磷光。

(3)合成欧泊其相对密度比天然者低，为2.06。

(4)红外光谱测定，合成欧泊的水分子与天然欧泊具明显差异。

3.优化处理欧泊的鉴别

由于质量好的天然欧泊十分稀少，而市场对优质的天然欧泊的需求量不断增加，于是人们试图用各种方法对天然存在缺陷的欧泊进行优化处理，并得到各种经优化处理的欧泊品种。比较常见的品种有拼合欧泊、糖处理欧泊、烟处理欧泊、注塑处理欧泊和注油处理欧泊等。正确地鉴别这些处理品也是欧泊鉴别的重要内容。

(1)拼合欧泊：通过放大观察其结合面和结合缝，以及观察黏合胶中的气泡等可将两者区别开来。同时，拼合欧泊与天然欧泊在物理性质上存在较大差异。

(2)糖处理欧泊：其处理方法是将欧泊在糖水中浸泡数天，再在碳酸盐溶液中快速漂洗，洗去氢和氧，留下碳质，使欧泊呈黑色。对这种欧泊的鉴别方法是：通过放大观察，其色斑呈破碎的小块状局限在欧泊的表面，结构为粒状，并可见小黑点状碳质染剂在其裂隙中聚集的现象。

(3)烟处理欧泊：处理方法是用纸将欧泊包裹好，然后加热，直到纸冒烟为止，这样可产生黑色背景。这种黑色仅限于表面，同时，用于这种方法处理的欧泊往往多孔，相对密度较低，为1.38～1.39，用针头触碰，烟处理的欧泊可有黑色物质剥落，有黏感。

(4)注塑处理欧泊：其处理方法是往天然欧泊中注入塑料，使它产生暗色背景。注塑欧泊相对密度较低，约为1.90，通过观察，可见其有黑色集中的小块，且比天然欧泊的透明度高。在红外线光谱中将显示有机质吸收峰。

(5)注油处理欧泊：其处理方法是用注油和上蜡的方法来掩饰欧泊的裂隙。这种欧泊可能显示蜡状光泽，当用热针检查时有油或蜡珠渗出。

四、质量评价

评价欧泊的品质好坏主要从欧泊的品种、体色类型、变彩强弱及数目、粒度大小、裂隙程度和切工的工艺优劣这几个方面考虑,其中体色和变彩是评价其品质好坏最重要的因素。

1. 欧泊的体色及品种

在各种品种的欧泊中,市场上以黑色欧泊最为昂贵,其次是白欧泊,再次是火欧泊,其他颜色的欧泊价值相对较低。在黑色欧泊中又以纯黑体色者为上品,蓝色、绿色次之。白欧泊以纯白色为佳,灰白色、乳白色较差。火欧泊中以樱桃红色的火欧泊为最佳,其他颜色较次。

2. 变彩效应

一般来讲,欧泊的变彩数目越多,变彩强度越大,其价值越高。价值高的欧泊应该是出现了可见光谱中各种颜色的欧泊,即七彩欧泊,这种欧泊会产生令人赏心悦目的红色、紫色、橙色、黄色、蓝色和绿色,而且转动玉石时其色斑变化强烈并且有层次感。除七彩欧泊外,其次是五彩欧泊,再次是三彩欧泊。无变彩效应的欧泊一般无太高价值。

3. 粒度

和翡翠、软玉不同,欧泊的价格以克拉计价,因此要求欧泊越大越好。质量一般超过 2ct 的欧泊就比较珍贵了。

4. 瑕疵

欧泊的脆性大,韧性差,易产生裂隙,因此会对其品质产生严重影响。欧泊一般要求其内部和表面均无明显的裂痕和瑕疵,若存在裂痕和瑕疵,其价格将大受影响。

5. 切工

欧泊以椭圆弧面型琢型最受人欢迎。弧面必须均匀,抛光良好,并且其外形轮廓具有良好的对称性。弧面的高低要适宜,太高会减少其变彩且浪费材料,太薄则容易破裂。其中,大块优质的收藏品往往只需经过抛光即可。

第二十五节　珍　珠

一、概述

我国是世界上最早发现、采捕和使用珍珠的国家之一。据《海史·后记》记载,禹帝定珍珠为向宫廷进贡的贡品。北方以牡丹江流域所产的淡水珍珠为代表,称为北珠(古称东珠),南方以广西合浦县产的海水珍珠为代表,称为南珠。由于历代皇朝的滥采酷捕,至明清两代珍珠的开采达到顶峰,采珠业逐渐衰落。中华民族不仅是世界上有珍珠文字记载最早的国家,也是世界上最早发明人工养殖珍珠的国家。

自改革开放以来,我国沿海地区的珍珠业可谓是日新月异,尤其是人工养殖珍珠业的发展更为迅速,1981 年我国有 12 个省、市发展了珍珠养殖业,其中淡水养殖以江苏、浙江、安徽、江西、湖北等省发展最快。海水养殖则以广东、广西、海南等省发展迅速。我国淡水养珠的规模更是十分惊人,据调查,目前全世界人工淡水养珠年产量大约为1300t,而我国的年产量约为1200t,占全球珍珠产量的90%以上。目前我国养殖珍珠的产量已居世界第一位。

二、珍珠的形成

1. 形成机理

珍珠生长于河蚌或珍珠贝这种软体动物的体内,其形成起源于珠核,珠核可能是一个微小的海洋生物、一个寄生虫或一粒细砂,甚至是软体动物体内的不良组织硬节。一般情况下,正常生活的软体动物是不会形成珍珠的,只有在下面几种情况下,才可能形成珍珠:

(1)当软体动物生长环境中的异物(如砂粒、寄生虫等)侵入到其体内的外套膜组织中时,外套膜的结缔组织和表皮细胞受到刺激并分泌出珍珠质将异物一层层地包裹起来并形成同心球状珍珠,随着时间的推移珍珠慢慢长大。

(2)若侵入软体动物的外来异物紧靠或黏于壳壁上,通常不能形成游离于结缔组织中的珍珠囊,其外表皮细胞不断向外来异物分泌珍珠质后逐渐长大,并附着在壳壁上,因此形成了附壳珍珠,这种情况十分普遍。

(3)软体动物体内并没有外来异物的侵入,而是因外套膜的表皮本身发生病变使细胞增殖,或因受伤而使细胞脱落,其部分外表皮细胞由于某种原因进入外套膜结缔组织中,形成一个小的珍珠囊,珍珠囊中的表皮细胞会腐败气化,形成不规则的空洞。随着珍珠质的不断分泌,就形成天然无核珍珠。

珍珠在生长过程中不但受外界自然条件的影响,而且受珠母贝的种类、大小和珍珠在软体动物中的生长环境等影响。珍珠的外形多种多样,其尺寸变化也很大,从几乎看不见的尘状小珍珠到一颗几十克拉重的大珍珠都有。其形状除圆形外,还有椭圆形、梨形、水滴形、扁平形、纽扣形、圆柱形、畸形等。规则形状的珍珠一般在结缔组织和内表皮层中形成,不规则形状的珍珠一般在外表皮层中形成,疤状、纽扣状的异形珍珠一般附于壳壁上。

三、基本特征

(一) 化学组成

珍珠的化学成分主要由三个部分组成,即无机质占91%~96%,有机质占2.5%~7.0%,水占2%左右,不同种类的珍珠在含量上略有差别。珍珠中的无机成分主要是碳酸钙和碳酸镁,碳酸钙以文石或方解石结构形式存在;其次为SiO_2、$Ca_3(PO_4)_2$、Al_2O_3、Fe_2O_3等。有机质成分主要为壳角蛋白。除此之外,珍珠中还含有10多种微量元素,如Na、Mg、Mn、Sr、Cu、Al、Fe、Zn、Ba、Cr、Co、Ti等。

(二)物理特征

1. 力学特征

(1)硬度:一般为2.5~4.5,主要与其晶体结构有关,文石型晶体的硬度为3.5~4.5,略高于方解石晶体的硬度(3.0~3.5)。

(2)韧性和弹性:珍珠的韧性很好,表现为抗磨、抗摔力较强,即不易破碎和摔坏,但遭脱水或其有机质被破坏或经漂白处理的珍珠韧性较差,其表层容易破裂剥落。珍珠的弹性较好,优质珍珠在1m高自由落下可反弹0.4~0.5m高。

(3)相对密度:珍珠的相对密度一般为2.6～2.8。

2.光学性质

(1)颜色:珍珠的颜色包括体色和伴色。体色指珍珠本体所具有的颜色,亦称背景色,它取决于珍珠所含的微量致色元素和各种色素,珍珠本身的色彩最常见的为白色,还有粉红色、杏黄色、紫红色、蓝灰色和黑色等。伴色是加在本体颜色之上的,是由珍珠表面透明层状结构对光的衍射和干涉等作用形成的。伴色是指珍珠表层和次表层细片状碳酸钙互层结构对可见光的反射和干涉综合作用而形成的一种既高雅又具朦胧美的略带彩虹的色彩。这种伴色叠加在其体色之上并与体色构成了珍珠所特有的珍珠色彩。珍珠的伴色常有玫瑰色、蓝色、绿色和五彩缤纷的多色彩(晕彩)。

(2)光泽:珍珠具有的独特的光泽叫珍珠光泽,珍珠的高雅和庄重美,很大程度上归功于其特殊的光泽。

(3)透明度:呈半透明至不透明。

(4)折射率:1.53～1.68。

(5)发光性:珍珠在长波紫外线下发蓝白色、淡黄色、浅绿色或粉红色荧光,有时无荧光。

四、产地

1.天然珍珠

(1)淡水珍珠:世界上天然淡水珍珠的产地主要有苏格兰、英格兰、威尔士、爱尔兰、法国、德国、奥地利、密西西比河及其支流、亚马孙河流域、孟加拉国和中国等。

(2)海水珍珠:世界上天然海水珍珠的产地主要有波斯湾诸国、马纳尔湾、委内瑞拉、墨西哥、红海、日本和中国等。中国的天然海水珍珠主要产于北部湾及广东沿海,中越交界的北仑河以东防城县白龙尾岛、钦州湾龙门港、合浦县营盘、山口镇、北海、广东海康、海南岛陵水县及三亚一带海域。

2.人工养殖珍珠

(1)淡水养殖珍珠:世界上淡水养殖珍珠主要产于日本列岛中部琵琶湖和霞浦湖、塔希提岛、澳大利亚、印度尼西亚、菲律宾、泰国和缅甸等。我国的淡水养殖珍珠主要分布在江浙一带,以浙江诸暨的养殖珍珠质量为最好,产量占全国一半以上。

(2)海水养殖珍珠:世界上的海水养殖珍珠主要分布于日本的长崎、广岛、高知、神户、三重、熊本等,其中三重县为世界优质海水养殖珍珠的著名产地,珠径可达9～10mm。我国则主要分布于南海及北部湾海域,如历史悠久的广西合浦珍珠,色泽艳丽,质地优良,在国际市场上销路甚佳。

五、品种及分类

珍珠的品种多种多样,分类原则也各不相同。

1.按成因分类

珍珠按成因可分为天然珍珠和人工养殖珍珠两类。

(1)天然珍珠:是指在贝壳类或河蚌类体内自然形成的淡水或海水珍珠。

(2)人工养殖珍珠:是指在珠母贝体内人为植入形成珠核的物质,并进行人工养殖的海水珍珠或淡水珍珠。人工养殖珍珠又可分为:无核养殖珍珠和有核养殖珍珠两大类。无核养殖珍珠的体内没有以蚌壳或其他材料制成的珠核,珍珠中心部位有时会留下一不规则的空洞。有核珍珠的体内有以蚌壳、塑料或玻璃等材料制成的球形核,其表面珍珠层厚度一般只有0.5～2mm。

此外还有人工仿造珠,它是为仿造珍珠表面光泽而生产的非珍珠质的球型珠,根据珠子的材料可分为镀膜实心玻璃珠、镀膜充蜡玻璃珠、镀膜塑料珠、镀膜贝壳珠等。

2.按生长环境分类

珍珠按其生长的水域环境可分为海水珍珠、淡水珍珠两类。

(1)海水珍珠:凡是在海湾、海洋等咸水域的贝壳类软体动物中形成的天然珍珠和人工养殖珍珠统称为海水珍珠,如日本珠、南海珠。

(2)淡水珍珠:凡是在淡水域的蚌类软体动物中天然形成或人工养殖的珍珠均称为淡水珍珠。根据淡水水域的不同,又可分为河水珍珠、湖水珍珠和江水珍珠等。

3.按颜色分类

按珍珠的颜色可将珍珠分为以下三个系列:

(1)彩色系列:包括粉红色珍珠、橙红色珍珠、黄色珍珠、金黄色珍珠、浅褐色珍珠、淡绿色珍珠等。

(2)浅色系列:包括白色珍珠、奶白色珍珠、灰白色珍珠、浅黄色珍珠等。

(3)深色系列:包括黑色珍珠、银灰色珍珠、古铜色珍珠、深灰色珍珠等。

4.按形态分类

珍珠的形态千姿百态,多种多样,包括圆型、椭圆型、梨型、水滴型、异型等,不同形态的珍珠价值相差极大。虽然异型珍珠不大受人们喜爱,但经过工艺师精心设计制作的异型珠工艺品也具有很高的欣赏价值。

5.按产地或产地方位和商业习惯分类

世界上有许多地方出产珍珠,不同产地的珍珠品质相差悬殊,如产于波斯湾的珍珠,世界闻名,质量上佳。特别是伊朗、阿曼、沙特阿拉伯海岸已有2000多年的产珠历史。因此,商业习惯上就把优质珍珠称为波斯珠。

(1)东珠:原指采自波斯湾的天然珍珠,这个名词有时被用于指天然海水珍珠或亚洲西边之海出产的珍珠,如红海、锡兰海等。珍珠研究专家Koji Wada认为,东方珍珠只指波斯湾的软体动物翼贝生产的天然珍珠。但现在有时指产于日本的珍珠。

(2)西珠:指西欧海域所产的珍珠。

(3)南珠:指中国南海北部湾海域(合浦、雷州半岛、海南三亚、北海等)所产的珍珠。

(4)北珠:指我国黑龙江塞北出产的珍珠。北珠匀圆莹洁,大者半寸。由于滥捕乱采,清朝初年北珠就已绝种。

(5)南洋珠(南海珠):指产于南太平洋海域沿岸国家的天然或养殖的海水珍珠,主要出产国包括澳大利亚、缅甸、泰国、菲律宾等,其产珠贝主要为大珠母贝或马氏贝。

(6)澳洲珠:指产于澳大利亚淡水湖的一种珍珠,具有很强的白色光泽,负有盛名。

(7)塔希提黑珍珠:塔希提是法属波利尼西亚群岛中的最大一个岛,产珠贝为黑蝶贝,该贝所生产的珍珠主要为黑色。另外还有绿色、铜紫色、棕色等。

(8)日本珠(Akoya):Akoya是一种贝类的名称,主要产于日本,因此市面上将这种贝类产出的珍珠叫日本珠。除日本外,韩国、中国、斯里兰卡都有由这种软体动物产出的珍珠。日本珠的特点是呈圆形,颜色为白色,常见的珍珠大小为2~9mm,大都不超过10mm。

六、鉴别特征

目前,在珠宝市场上,珍珠的品种很多,其中人造仿制品达到了以假乱真、难以分辨的程度。

1.仿珍珠和真珍珠的区别方法

(1)直观法:是最简便易行的方法,直接用肉眼观察,如果是串珠,其颜色、形状、大小、光泽都一致的话,极有可能是人造的。因为真珍珠是从不同的动物个体中取出,绝不可能完全一致。

(2)感觉法:用手或舌去触摸珍珠,真珍珠有凉感,仿珍珠则无。用手或牙轻磨珍珠,感觉光滑者是仿珍珠,有粗糙感的为真珍珠。

(3)放大镜观察法:用10×放大镜仔细观察,真珍珠表面能见到生长纹理,仿珍珠则表面光滑,其钻孔处明显粗糙,或常见到薄层剥落的现象。真珍珠很少有这种现象。

(4)弹跳法:让珍珠从60cm左右高处掉落到玻璃板上,真珍珠反弹高度为20~25cm,最高可达30cm,而仿珍珠的反弹高度在15cm以下。

(5)盐酸反应法:用少许稀盐酸滴在珍珠表面,真珍珠立即起泡,而仿珍珠则无反应。此方法对珍珠表面有损害作用,应谨慎使用。

(6)紫外线荧光法:真珍珠在紫外线下产生淡黄或淡白的荧光,这是由于珍珠层中含有蛋白质所致,而仿珍珠则不产生荧光。

2.天然珍珠和养殖珍珠的区别方法

天然珍珠和养殖珍珠的最大差别是其内部结构不同,天然珍珠无核,而养殖珍珠内部有核。根据这种结构差别可以区分天然珍珠与养殖珍珠。

(1)强光照明法:此法最好在暗室内进行。检查时先在珍珠上方放一不透明的挡板,上有1mm的小孔,将珍珠在光束中缓缓转动,养殖珍珠的珠核内可见到平行线纹以及珠核和外面珍珠层的分界线。而天然珍珠则可见到透射强光从珍珠边缘向中心减弱,另外,在强光下转动养殖珍珠时,偶尔可见到由珠核的平行层引起的反光现象,转动一周闪动两次。

(2)X射线照相法:可清楚地显示养殖珍珠的结构特征。由于介壳质比碳酸钙晶体更易透过X射线,因而在底片上表现为一强线,天然珍珠在底片上显示一系列直达中心的同心线,有核养殖珍珠的外层可见同心线,但核部见不到同心线,环绕核有一强线。

(3)紫外线摄影法:从不同的角度对珍珠进行多次照射摄影。养殖珍珠在珠核层与光线垂直时,光线难以透过,因而产生较深的阴影。而天然珍珠由于能很好地透过光线,因此阴影颜色浅且均匀。

(4)X射线荧光法:有核养殖珍珠因有贝壳制成的珠核,这种珠核含镁,在X射线下而产生荧光。天然珍珠无内核,故不产生荧光。

(5)重液法:养殖珍珠因有珠核,其相对密度较大,因此,在相对密度为2.71的重液中,天然珍珠大都上浮,而养殖珍珠普遍下沉。

3. 淡水珍珠和海水珍珠的鉴别

淡水珍珠和海水珍珠不论在外形、颜色和光泽等方面都比较相似，用途也一样，但是在市场上的价格却相差很大，要鉴别它们，目前有一定难度。如果用珍珠中所含微量元素这一指标进行鉴别，值得考虑。其根据是珍珠的生长受环境的影响，海水和淡水中所含的微量元素不同，海水中钾、钠的含量较高，锶和钡的含量也是海水中高，淡水中低。

4. 天然有色珍珠和处理有色珍珠的鉴别

有色珍珠（尤以粉红色和黑色）因其量少色美而受人们钟爱，价格较昂贵。因此，有人常用天然珍珠染色后高价出售。常用的染色方法有染色和辐照两种，两种方法主要用来产生黑色珍珠。鉴别时可从下列几个方面进行：

(1)看颜色的分布：天然色在外观上很柔和，天然黑珍珠其实不是纯黑色，而是带有蓝或紫色的伴色，所以每粒珠的颜色虽一致，但仍有区别。处理的有色珍珠其颜色一般较均匀，在串珠中，如每粒珍珠颜色都一样，这可能是染色的，且在钻孔和有裂纹的地方，会发现有染色剂的堆积。

(2)看晕彩：与天然的黑色珍珠相比，经过辐照处理的黑色珍珠其晕彩浓艳，同时伴有强的金属光泽。

(3)紫外线照射法：虽然人工养殖的黑珍珠一般不发荧光，但在短波紫外线下，在小凹陷中仍能发出淡黄色或白色的荧光，而在长波紫外线下则发出粉红色或红色的荧光。染色黑珍珠在任何情况下都不发荧光。

(4)粉末法：染色黑珍珠的粉末为黑色，而天然黑珍珠其粉末为白色，此法对珍珠有破坏作用，不能轻易使用。

(5)稀酸法：在某些情况下，可用蘸有稀硝酸的棉签擦拭珍珠的不显眼处，染色珍珠可使棉签呈黑色，天然珍珠则无此情况。此法应尽量少用。

七、质量评价

珍珠的质量评价是一项十分复杂且难度较大的工作，因为目前还没有珍珠的质量评价统一标准。目前，珍珠的质量评价一般根据下列几个方面进行。

1. 光泽

又称皮光或珠光。光泽的强弱与珍珠层厚度、组合及文石型晶体排列的有序度相关。一般而言，珍珠层越厚，文石型晶体排列的有序度越高，则光泽越强，珍珠表面更显圆润，其价格更高。珍珠的光泽以能照见周围物体者为上品。

2. 颜色

又称皮色，珍珠的颜色评价目前尚无统一的分类标准，而且不同地区、不同民族对颜色有不同的爱好。按照中国人的喜好，珍珠颜色最好的是粉红色，其下依次是银白、淡粉红、黑、蓝、金、淡黄、青等色。另外，产于南太平洋的塔希提黑珍珠，其体色为黑色、深灰色，同时它的伴色和晕彩丰富多彩，也广受世界各国珍珠爱好者喜爱。这种天然珍珠主要产于波利利亚海域，在那里曾采到一颗重达 48g 的黑色珍珠，目前存在梵蒂冈。

3. 形状

珍珠市场上，一般根据形状将珍珠分为正圆珠（长与短之差小于 1%）、圆形珠（长与短之差为1%～10%)、非正圆珠(长与短之差大于10%)、艺术珠(各种奇形怪状的珍珠)等。一般来讲,正圆珠价格最高,圆珠次之,其他则根据具体情况而定。

4. 大小

珍珠的大小以直径来表征,一般直径大于7mm者才能称得上是大珠,古人说的七珍八宝,意味着大珍珠是十分难得的。珍珠市场上,不同大小的珍珠价格相差极大。一般来讲,小珠的价格以千克计,中珠(质量好)的价格以克计,大珠的价格以颗计,有时一颗就可达数万美元,可交换数十至数百千克的小珠。

5. 瑕疵

珍珠的瑕疵严重影响其光洁度与坚实度。一般而言,珍珠的瑕疵越少越好,大颗的珍珠最好无瑕疵。

6. 加工

珍珠成品的加工要求为:加工精细、款式新颖、造型美观。除了单纯的珍珠产品外,在与其他宝石群镶时,要求搭配得当,工艺美观。

第二十六节　珊　瑚

珊瑚自古就是深受中外人士普遍喜爱的有机宝石品种。我国汉代称之为"烽火树",取其形如树、色如火的特征。大致说来,珊瑚被分为两类,一类是我们常见的珊瑚礁体,其质地疏松,无法加工成为美丽的饰品,只能作为观赏之用;另一类则是贵重的珊瑚,生长极为缓慢,其色泽丰富美丽、质地致密,是宝石级的珊瑚,是海中珍宝。

目前,珊瑚最广的用途是用来制作项链、手镯、胸针和雕刻摆设饰物。

一、成因及产地

珊瑚是由一种低等腔肠动物珊瑚虫的骨骼沉积形成。无数微小的珊瑚虫在其未成虫时可以在水中自由游动,当其成虫时就寄生在先辈的遗骨之上,它的触手白天缩进其体内,夜里便伸出来捕捉浮游生物充饥。它的身体呈圆管状,体内由两层细胞和一层胶质组成,体外则由其自身分泌出来的石灰质和角质包裹着。珊瑚虫有雄性和雌性之分,但其主要是依赖无性生殖-分裂增生方法迅速繁殖,其母体不断生出芽体,形成树枝状,枝芽再生出芽体,每个芽体即是一个珊瑚虫。这种分裂增生使珊瑚丛像枝叶茂盛的树木,因此人们长期以来误认为珊瑚是植物,直到18世纪20年代人们才发现它是海底动物。群体栖居的珊瑚虫不停地繁殖和死亡,形成各种奇形怪状的珊瑚,甚至形成了珊瑚礁、珊瑚岛。珊瑚虫的生长环境一般要求在热带海域,水温不低于18℃,不高于35℃,以23.5～28℃最为适宜,而且是浅海海域,水深为80～100m。对水底要求为岩礁底或其他硬质海底,水质清洁,透明度好,阳光照射充足,水中含氧、饵料丰富,而且盐度较高。只有满足了上述条件,珊瑚虫才能很好地生存繁衍。经过漫长时间,珊瑚骨骼越积越多,终于形成庞大的珊瑚礁和珊瑚岛。

珊瑚主要产于太平洋海区、大西洋海区和夏威夷西北部中途岛附近的海区。中国台湾、意大利、阿尔及利亚、突尼斯、西班牙和法国是红珊瑚的主要产区,其中中国台湾是当代红珊瑚最重要的产地之一，年产量约为200t，占世界总产量的60％。非洲的阿尔及利亚与突尼斯及欧洲的西班牙沿海是最佳红珊瑚的产地。意大利的那不勒斯则是红珊瑚著名的加工区。日本、琉球、中国台湾东岸、澎湖及南沙群岛则盛产白珊瑚。

二、基本特征

(1)化学成分：珊瑚的化学成分取决于珊瑚的品种。其中，钙质型珊瑚主要由碳酸钙(约占95％)、碳酸镁(2％～3％)、有机质(1.5％～4％)和水组成，壳质型珊瑚几乎全部由有机质组成且几乎不含碳酸钙。可作为宝石材料的珊瑚主要为钙质型珊瑚。

(2)硬度：3.5～4.0。

(3)相对密度：2.6～2.7。

(4)颜色：珊瑚多为白色、红色、粉红色和黑色，也有黄色、绿色、紫色。

(5)折射率：1.48。

(6)其他特征：珊瑚遇酸起泡，在紫外灯下钙质型珊瑚无荧光或具弱的白色荧光。

三、鉴别特征

珊瑚的真假鉴别重点在于其与仿冒品的鉴别以及与染色珊瑚的鉴别。

(1)仿冒品的鉴别：珊瑚的仿冒品常见的有塑料、玻璃、染色大理石、吉尔森仿制珊瑚和染色骨制品等。其区别在于珊瑚具有独特的外观形态及特殊结构。珊瑚表面具颜色深浅不同和透明度稍有差别的平行条带，横截面上可见明显的同心圆状和放射状条纹，珊瑚的枝体上有寄生虫的巢穴(凹坑)，仔细观察上述特征便可将珊瑚与上述仿冒品区分开来。

(2)染色珊瑚的鉴别：由于红色珊瑚的价格较高，因而市场上存在许多用无色珊瑚染成的红色珊瑚。天然的珊瑚其颜色自然，染色珊瑚的颜色不自然，且在裂隙、孔洞等地方相对集中。

四、质量评价

珊瑚的质量评价从其颜色、块度、质地和加工精细程度四个方面来考虑，其中颜色是最为重要的因素。

(1)颜色：对于钙质型珊瑚来说，珊瑚的颜色以红色为最佳，次为蓝色、黑色、白色。红色中以红色鲜艳、纯正美丽、色调均匀者为好，排列顺序(由好到差)为鲜色、红色、暗红色、玫瑰红色、橙红色等。白珊瑚的颜色以纯白色为佳，依次是瓷白色和灰白色。壳质型珊瑚中的黑色珊瑚和金色珊瑚也是较为名贵的品种。

(2)块度：珊瑚的块度越大、越完整者，其价值越高。

(3)质地：珊瑚的质地以致密坚韧、寄生虫巢穴少、表面纹理细者为好，以有白斑、多孔、多裂者为差。

(4)工艺：以雕工精细、设计新颖、造型美观者好。

第二十七节　琥　珀

琥珀是石化的天然植物树脂，是一种棕黄色的透明至不透明的有机物，可发出芬芳的香味,其中常含有小昆虫或植物等包裹体,其形态栩栩如生,十分可爱,自古至今一直是人们喜爱的吉祥物和装饰品。优质的琥珀,至今仍是很珍贵的宝石,特别是虫珀、金珀、血珀、香珀尤为珍贵。同时,琥珀还是一种名贵的药材,有安神镇惊、活血化瘀、化痰利尿等功效,尤其是可作为甲状腺肿大的镇痛剂。

一、成因及产地

现代科学研究表明,琥珀是中生代白垩纪至新生代第三纪(古近纪+新近纪)松柏科植物的树脂,经地质作用后而成的一种有机化合物的混合物。目前发现的最古老的琥珀是形成于1亿多年前(中生代)的蜘蛛琥珀,而绝大部分的琥珀则形成于几千万年前,常产于煤层中。

世界著名的琥珀产地在波罗的海沿岸,包括德国、波兰、丹麦、爱沙尼亚和立陶宛等国。目前,在罗马尼亚、捷克、意大利、挪威、英国、新西兰、缅甸、美国、加拿大、智利也有产出。

我国的琥珀主要产于辽宁省抚顺的煤层中,且有大量优质的虫珀产出。另外在黑龙江、吉林、辽宁、新疆、河南西峡、湖南、四川等地也都有琥珀产出。

二、基本特征

琥珀是由碳、氢、氧组成的一种有机化合物。其化学式可表示为$C_{10}H_{16}O$,其主要化学元素的组成比例平均为:碳79%,氢10.5%,氧10.5%,还含有少量的硫化物。琥珀是一种非晶质体,常呈块状。颜色为蜡黄色到红褐色,蓝色、浅绿色和浅紫色罕见。透明到半透明,呈树脂光泽,硬度为2~2.5,性脆。贝壳状断口。相对密度为1.08左右,在饱和盐水中飘浮。琥珀加热到150℃时变软,加热到250℃时开始熔化。琥珀是良绝缘体,摩擦可产生静电,可吸引纸屑等小物体。琥珀内部常可见小昆虫、植物碎屑或气泡等包裹体。

三、分类与品种

在国家标准中没有对琥珀进行分类,但在商业习惯中常根据琥珀的成因、产地及不同特征来命名,结合商业习惯,琥珀可分为以下两大类。

1.按琥珀颜色、透明度、气味、包裹体、纹饰特征分类

(1)血珀:色红如血,透明,为琥珀之上品。

(2)金珀:透明,金黄色、明黄色属名贵品种。

(3)香珀:具挥发芬芳香味的琥珀。

(4)虫珀:透明,包裹有动物遗体的琥珀,具完整动物或植物包裹体的琥珀最为珍贵。

(5)石珀:具一定石化程度的琥珀,硬度大于其他琥珀。

(6)金绞蜜:透明的金珀与半透明的蜜蜡黄琥珀互相缠绞在一起,形成具花纹状的琥珀。

2.按琥珀产地分类

(1)波罗的海琥珀:产于波罗的海沿岸的琥珀,包括淡黄色琥珀及脂状琥珀,其特点是不含琥珀酸。

(2)西西里琥珀:产于意大利的西西里岛的琥珀,其颜色为红色至橙黄色,色调较暗。

(3)中国琥珀或缅甸琥珀:产于中国抚顺或缅甸的琥珀,其色呈微褐黄色至暗色,有时近于无色至淡黄色或橙黄色,但老化后呈红色。

(4)罗马尼亚琥珀:其色呈微褐黄色到褐色,其含硫量高于波罗的海琥珀。

四、鉴别特征

1.仿制琥珀的鉴别

琥珀的真假鉴别重点主要在于与仿制品的区别,琥珀的仿制品主要有压制琥珀、合成琥珀(由琥珀粉加上聚苯乙烯等制成)、硬树脂、特殊树脂甚至是便宜的塑胶制品等。以下几种简要的方法可将琥珀与其仿制品区分开来。

(1)水火法。天然琥珀本身的相对密度约为1.08,在饱和盐水中则会上浮,不过,上浮者未必都是真琥珀,硬树脂、塑胶、压制琥珀等的相对密度有的也小于饱和盐水相对密度。在上浮的制品中若再用火烧或热针探测,闻气味可将琥珀与树脂、塑料等区分开来,琥珀有淡淡的松香味,而塑胶类则有异味。

(2)乙醚测试法。硬树脂是一种未经石化作用或地质年代很近的树脂,与琥珀最为相似。在硬树脂表面滴一小滴乙醚并用手指揉搓,硬树脂会软化并发黏,而琥珀则没有这种现象。

(3)内含物判断法。昆虫琥珀是琥珀中的珍品。天然琥珀中的昆虫是活活被树脂卷获,有挣扎的痕迹或漩涡纹,而人造琥珀中的昆虫是在死后放入的,故显得十分呆板。

2.处理琥珀的鉴别

(1)热处理琥珀。为增加琥珀的透明度,处理方法就是将不透明或云雾状琥珀放入植物油中加热,使它变得更加透明。但处理过程中,会产生叶状裂纹,俗称“睡莲状”叶纹,这是由于琥珀内部原来含有许多小气泡受热膨胀爆裂而成。天然琥珀也会因地热而发生爆裂,但在自然条件下受热不均匀,气泡不可能全部爆裂,而热处理后的琥珀,气泡则全部爆裂,故不存在气泡。

(2)再造琥珀。再造琥珀又称压制琥珀,是目前最易与天然琥珀相混淆的仿制品。压制琥珀是指将小块的琥珀碎片加热200℃至300℃使其软化,再经压制成可供加工或雕刻的大块琥珀。压制琥珀与天然琥珀的物理性质相似,它们的主要区别在于内部特征有所不同,在强光源照射下,早期的压制琥珀常含有定向排列的扁平拉长状气泡及明显的流动构造,呈现出清澈的与云雾状相间的条带,并可见原有琥珀的颗粒结构,其颗粒边界呈现较深的表面氧化层。近期的压制琥珀的透明度较高,不存在云雾状区域和流动构造。

五、质量评价

琥珀的质量评价因素可从颜色、透明度、块度和内含物四个方面衡量。但现在,只有内含昆虫的琥珀才较珍贵,一般琥珀价值不高。因此,内含物是评价琥珀最重要的因素。在这类琥珀中,以内含体型完整、清晰可见的动物昆虫为珍品;内含造型美观、具观赏价值的植物,也很珍贵。除内含物外,其颜色、透明度和块度也是重要的评价要素。

(1)颜色:以红色、桃红色最好。

(2)透明度:以晶莹剔透、洁净无裂纹者为上品,半透明至不透明者为次品。

(3)块度:要求有一定块度,块度愈大愈好。可加工成工艺品摆件或首饰品,颜色和透明度均匀的是佳品。

第二十八节 煤 精

煤精又称煤玉、黑炭石,是一种光泽强、质密体轻、坚韧耐磨的黑色有机岩石。煤精早在古罗马时代就十分流行,称为黑宝石。中国将煤精用作工艺品、首饰的历史源远流长,从1973年在沈阳市新乐新石器文化遗址中就出土有煤精工艺品,为光滑的球形耳铛和煤精球。它距今已有6800～7200年的历史。煤精作为工艺品原料,则要求其色黑、无裂纹、光泽强及致密无杂质。

一、成因及产地

煤精是褐煤的一个变种,是古代的树木被埋置于地下后,在长期地质作用过程中受压力和温度的联合作用而成。国外优质煤精的主要产地有英国的约克郡费特比附近的沿岸地区;法国的郎格多克省以及西班牙的阿拉贡、加利西亚和阿斯图里亚。美国的科罗拉多州的煤精可进行精细的抛光。其他如美国的犹他州及新墨西哥州、德国、加拿大等出产的煤精品质较差。中国的煤精产出地以辽宁抚顺为主,其次为鄂尔多斯盆地。山西浑源、大同和山东兖州、枣庄等地的煤矿中出产属于烛煤的煤精。

二、基本特征

煤精的化学成分以碳质为主,并含有机质。颜色为黑及褐黑色。树脂光泽,抛光的表面为玻璃光泽。不透明,质地致密细腻。硬度为2.5～4,折射率为1.66(点测),相对密度为1.30～1.35。像琥珀一样摩擦时可产生静电。具可燃性,用热针测试时,煤精发出煤炭燃烧时的气味。

三、鉴别特征

煤精的真假鉴别重点主要在于与相似仿制品的区别。与煤精相类似的仿制品主要有染色黑玉髓、黑色电气石、黑曜岩、黑玻璃和黑珊瑚等。除黑珊瑚外,其他宝石及仿制品的导热性均高于煤精,因此,手感较凉,热针测试时无燃煤的气味。黑珊瑚的原料呈树枝状,横截面具同心圆状生长结构,纵截面具平行条纹。

四、质量评价

煤精的质量评价因素可从颜色、光泽、质地、瑕疵和块体五个方面进行。其颜色越黑越好,纯黑色者为佳品,如带褐色则较差。光泽以明亮的树脂光泽或沥青光泽为好,光泽弱者为次。质地致密细腻者是上品,无裂纹杂斑者品质好,块体越大越好。

第二十九节 象 牙

一、概述

自古以来,象牙就被用来装饰精美的物品或制作为美丽的工艺品。由于象牙所具有的温润柔和、洁净纯白、圆滑细腻的质地和美感，使它成为统治阶级和帝王将相所喜爱的高贵饰物，历代高官显贵都将象牙制品视作奇珍异宝和地位、身份的象征。根据人们的习惯，象牙一般专指大象的前门牙，即狭义的象牙概念。而广义的象牙概念指除大象的前门牙外，还包括猛犸牙、河马牙、海象牙、公野猪牙和鲸鱼的牙齿等。为了保护大象，1991 年，国际有关组织已颁布严格的法律条文，在世界范围内严禁买卖象牙，大象被列为一级保护动物。

二、基本特征

1. 结构构造

象牙的外形一般呈牛角状微弯或弯曲成半圆形(非洲象)，其中大致占总长度一半的基部是空的。其横切面形状为浑圆形等，具分层构造。象牙的外层由珐琅质组成，内层由磷酸钙和硬蛋白质组成，里面有很多很细的管子，从牙髓空腔向外辐射，细管由一种硬蛋白质组成，使细孔封闭，形成很致密的物质，并使象牙具有优美的光泽，润滑而具有韧性。象牙的横截面可见由两组呈十字交叉状的纹理线以大于 115°或小于 65°角相交组成的菱形图案，因与旋转引擎相似，亦称旋转引擎状纹理线，又称勒兹纹理线，是象牙特有的构造特征。纵切面具近于平行的细密波状纹。

2. 化学组成

象牙的化学成分主要包含无机和有机两大部分。无机成分中主要组分有钙、磷、镁、钠等氧化物和铁、锰、锌、铝等微量元素。有机成分主要为蛋白质和多种氨基酸。

3. 物理性质

(1)颜色：新鲜象牙呈白色、奶白色、瓷白色，陈旧后多为浅黄白色、浅褐黄色等。史前象牙常呈蓝色，偶呈绿色。

(2)光泽、透明度：具美丽柔和的油脂光泽或蜡状光泽，呈半透明至不透明。

(3)硬度、韧性：硬度为 2.5～2.75，可被铜针刻划；象牙的韧性极好，可镂雕为各种工艺品。

(4)相对密度：1.70～1.90。

(5)热塑性：遇热会引起收缩。

4. 主要产地

象牙主要产于非洲，如坦桑尼亚、塞内加尔、埃塞俄比亚、加蓬等国，其次是产于亚洲的泰国、缅甸、斯里兰卡、印度、巴基斯坦和中国云南省等地。

三、鉴别特征

象牙的真假鉴别其重点主要在于与其他牙类以及相似仿制品鉴别。

1. 与其他牙类制品的鉴别

(1)河马牙：具有圆形、方形或三角形的牙截面，中间完全实心，具有密集略呈波纹状的细同心线，纵切面上有较短的波纹，牙的外部有一层厚的珐琅质。

(2)公野猪牙：截面为三角形，并且部分是中空的，纵切面具有平缓而短的波状纹理。

(3)抹香鲸牙：横截面具明显的内外两层结构，可见规则的年轮状环线，纵切面具随牙齿形状弯曲的平行线,内层的平行线呈"V"字形态。

(4)独角鲸牙:横截面具中空和略带棱角的同心环,纵截面可见粗糙的近于平行且逐渐收敛的波状条带。

(5)海象牙:横截面呈明显的两层结构,并有中心管状空洞,无珐琅质外层。内部因细管较粗而呈瘤状,纵截面为平缓的波状起伏。

2. 与仿制品的鉴别

(1)植物象牙:植物象牙实际上是热带森林中生长的低矮棕榈树的Corozo坚果,其颜色为蛋白色或白色,质地致密坚硬,成分为植物纤维,纵切面有鱼雷状植物细胞,横切面有细小的同心环构造。

(2)骨制品:骨制品是由各种动物的骨骼经雕刻而成,其结构与象牙完全不同,骨制品中含有许多"哈弗氏系统"形成的圆管,中间由骨质细胞充填,形成细小的孔道或小圆点,没有象牙光滑和油润,这是骨制品的特点。

(3)塑料:用特别的白胶或加些骨粉压制而成,塑料制品往往给人一种比较均匀的感觉,结构上缺乏"勒兹线"特征。

四、质量评价

象牙的质量评价因素可从以下五个方面衡量:

(1)颜色:象牙以颜色罕见或是纯白色为优质品。

(2)质量块度:质量越重、块度完整者为好。

(3)质地:质地致密、坚韧,表面光滑和油润,纹理线细密者为上品。

(4)透明度:以微透明至半透明为好。

(5)工艺水平:雕琢精湛、造型精美、技艺高超的象牙制品则品质高、价值大。

第三十节　龟　甲

龟甲是海龟的壳,狭义的龟甲常指玳瑁龟的壳。龟甲具有美丽的斑纹,半透明至微透明,有很好的韧性和加工性能,所以很早就被用来制成手镯、戒指、手链、发饰、服饰和首饰盒、扇、梳篦、刀柄等实用精美的工艺品。玳瑁龟一般长60～80cm,体大者可达100cm,体重50kg左右。背甲共有13块,作覆瓦状排列,重约3kg。

由于历年来过量捕捉,现在玳瑁龟已被列为国家二级保护动物,成为珍稀的海洋动物。

一、基本性质

1. 化学成分

几乎全部由有机质组成。

2. 光学性质

(1)颜色:底色为黄褐色,上有暗褐色和黑色斑点。

(2)光泽:油脂光泽。

(3)透明度:微透明。
(4)折射率:1.55。
(5)光性:非晶质,各向同性。
(6)发光性:龟甲中的黄色部分可有蓝白色荧光。

3. 力学性质

(1)解理和断口:无解理,不平坦断口。
(2)硬度:2.5。
(3)相对密度:1.29。

4. 显微特征

放大观察,龟甲的色斑由微小的红色圆形色素小点构成。

5. 其他重要特征

(1)酸腐性:易与硝酸反应。
(2)热学特征:高温时颜色会变暗,受热变软。

二、鉴别特征与质量评价

1. 鉴别特征

龟甲鉴别的关键在于与仿制品的鉴别。龟甲的仿制品主要是塑料,其鉴别特征如下。

(1)显微特征:龟甲的色斑是由许多球状颗粒组成的,而塑料呈条带状,色带间有明显的界线,且有铸模的痕迹。

(2)龟甲的折射率一般大于塑料,而密度小于塑料。

(3)热针探测:龟甲会发出头发烧焦的味道,而塑料具辛辣味。

2. 质量评价

龟甲质量主要从透明度、颜色、厚度等方面进行综合评价。以透明度高、颜色好、厚度适中为佳。

三、重要产地

龟甲主要栖息在热带和亚热带地区,主要产地有印度洋、太平洋和加勒比海。中国海南省也产优质的龟甲。

综合思考题

1. 阐述钻石的基本性质。

2. 何谓钻石的“4C”评价?具体包括哪些内容?

3. 钻石的鉴别主要需要解决哪些问题?

4. 钻石的仿制品有哪些?如何鉴别它们?

5. 简述红宝石和蓝宝石的物理性质。

6. 红宝石和蓝宝石常见的优化处理方法有哪些?各种方法处理的红宝石和蓝宝石如何鉴别?

7. 红宝石和蓝宝石的质量评价主要考虑哪些因素?具体如何评价?

8. 绿柱石族宝石主要有哪些品种?分别简述它们的鉴别特征。

9. 如何区分天然祖母绿与合成祖母绿?

10. 简述金绿宝石的基本性质。

11. 列表说明锆石、水晶、尖晶石、橄榄石、托帕石、长石和碧玺的基本性质。

12. 水晶有哪些品种?水晶如何鉴别?如何评价?

13. 尖晶石有哪些品种?如何鉴别尖晶石及其仿制宝石?

14. 橄榄石的相似宝石有哪些?如何鉴别和评价它们?

15. 托帕石的主要品种有哪些?如何鉴别?

16. 长石族宝石的主要品种有哪些?分别简述其鉴别特征。

17. 碧玺有哪些品种?如何鉴别和评价碧玺?

18. 石榴石族宝石根据化学成分可分为哪两个主要的类质同象系列?该族宝石有哪些主要的宝石种?如何鉴别和评价这些宝石种?

19. 简述按颜色分别为红色、蓝色、黄色、绿色和无色宝石的名称,以及将它们区分的简便而有效的方法。

20. 简述翡翠的化学成分和物理性质。

21. 什么是翡翠 A 货、B 货、C 货、B+C 货?如何鉴别它们?

22. 与翡翠相似的宝玉石有哪些?如何鉴别它们?

23. 简述翡翠颜色、透明度、结构、净度之间的关系。

24. 简述软玉的化学成分、物理性质和结构构造特征。

25. 与软玉外貌相似的玉石有哪些?如何鉴别它们?

26. 简述蛇纹石的主要品种及其鉴别特征。

27. 简述独山玉的主要品种,并说明其鉴别和评价方法。

28. 如何鉴别和评价绿松石?

29. 简述欧泊的主要品种以及鉴别和评价的方法。

30. 如何优化处理欧泊?如何鉴别这些处理品?

31. 说明以 SiO_2 为主要成分的玉石名称,简述这些石英质玉石的主要鉴别特征。

32. 何谓玛瑙?何谓木变石?何谓硅化木?它们的主要区别是什么?

33. 简述青金石的主要品种和鉴别方法。

34. 何谓鸡血石?何谓“地”?何谓“血”?简述鸡血石的品种划分。

35. 简述寿山石的主要品种、鉴别和评价方法。
36. 简述碳酸盐类玉石的鉴别特征。
37. 什么是珍珠？简述珍珠的基本性质。
38. 简述天然珍珠与养殖珍珠的鉴别方法。
39. 简述海水珍珠与淡水珍珠的区别。
40. 简述处理珍珠的鉴别方法。
41. 列表说明珊瑚、琥珀、煤玉、象牙和龟甲的化学成分和物理性质。
42. 如何划分珊瑚品种？如何鉴别和评价珊瑚？
43. 何谓琥珀？琥珀的主要品种有哪些？如何鉴别琥珀？
44. 煤玉是如何形成的？如何鉴别和评价煤玉？
45. 何谓象牙的“勒兹线”？象牙有哪些相似仿制品？如何鉴别象牙？
46. 何谓龟甲？如何鉴别龟甲？

主要参考文献

董振信,1999. 宝玉石鉴定[M]. 北京:地震出版社.

国家珠宝玉石质量监督检验中心, 2017. 珠宝玉石　鉴定:GB/T 16553—2017[S]. 北京:中国标准出版社.

国家珠宝玉石质量监督检验中心, 2017. 珠宝玉石　名称:GB/T 16552—2017[S]. 北京:中国标准出版社.

国家珠宝玉石质量监督检验中心, 2017. 钻石分级:GB/T 16554—2017[S]. 北京:中国标准出版社.

何雪梅,李玮,1999. 宝石鉴定实验教程[M]. 北京:航空工业出版社.

李娅莉,薛秦芳,李立平,等,2011. 宝石学教程[M]. 2 版. 武汉:中国地质大学出版社.

李兆聪,1991. 宝石鉴定法[M]. 北京:地质出版社.

廖宗廷,周祖翼,2009. 宝石学概论[M]. 3 版. 上海:同济大学出版社.

罗谷风,1993. 基础结晶学与矿物学[M]. 南京:南京大学出版社.

美国珠宝学院,2005. GIA 宝石实验室鉴定手册[M]. 地质矿产部北京宝石研究所,译. 武汉:中国地质大学出版社.

孟祥振,赵梅芳,2004. 宝石学与宝石鉴定[M]. 上海:上海大学出版社.

丘志力, 李立平, 陈炳辉, 等, 2003. 珠宝首饰系统评估导论[M]. 武汉:中国地质大学出版社.

汪相,2003. 晶体光学[M]. 南京:南京大学出版社.

王曙, 1993. 怎样识别珠宝玉石[M]. 北京:地质出版社.

吴瑞华,王春生,袁晓江,1994. 天然宝石的改善及鉴定方法[M]. 北京:地质出版社.

英国宝石协会,1992. 宝石学教程[M]. 陈钟惠,译. 武汉:中国地质大学出版社.

张蓓莉, 2006. 系统宝石学[M]. 2 版. 北京:地质出版社.

周国平,1989. 宝石学[M]. 武汉:中国地质大学出版社.

文中彩图

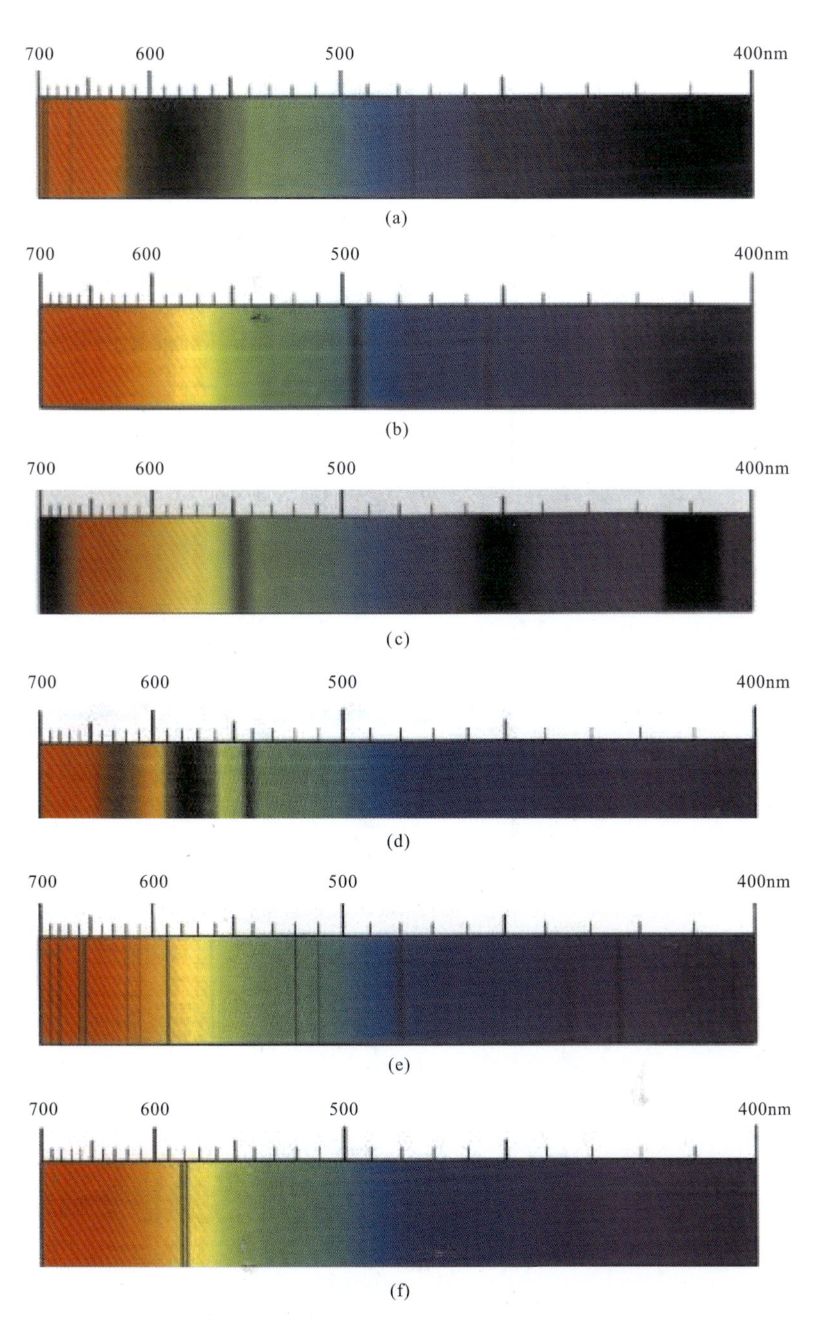

图7-8　主要致色元素的彩色吸收光谱

(a)铬元素的吸收光谱(合成红宝石)；(b)铁元素的吸收光谱(橄榄石)；
(c)锰元素的吸收光谱(菱锰矿)；(d)钴元素的吸收光谱(Co致色的蓝色合成尖晶石)；
(e)铀的吸收光谱(锆石)；(f)钕和镨的吸收光谱(磷灰石)

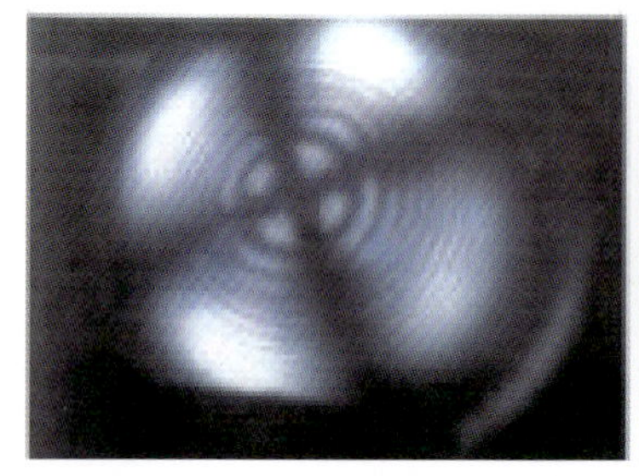

图8-4　一轴晶垂直光轴干涉图

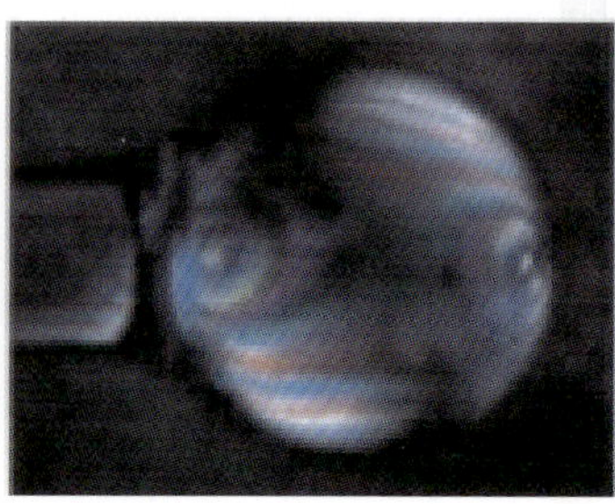

图8-5　二轴晶双光轴干涉图

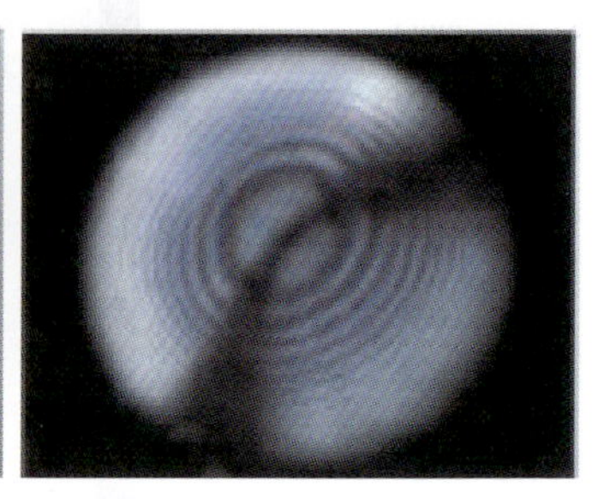

图8-6　二轴晶单光轴方向干涉图

图17-1　钻石的阶梯状断口

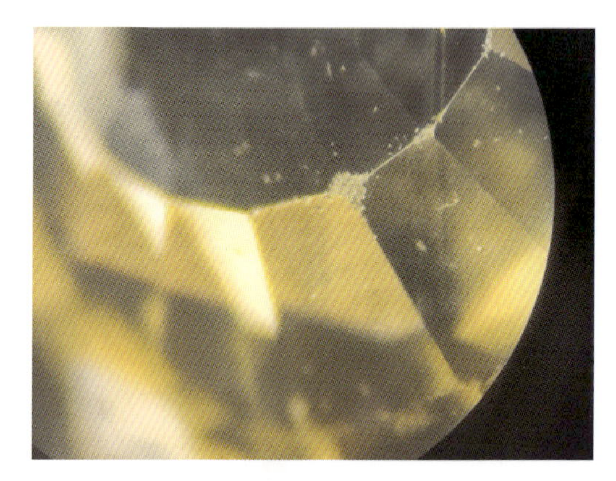

图17-6　锆石的“纸蚀”现象

图17-9　锰铝榴石

图17-10　蓝色托帕石

图17-12　黄绿色的橄榄石

图17-13　月光石的晕彩

图17-14　天然翡翠

图17-16　白玉

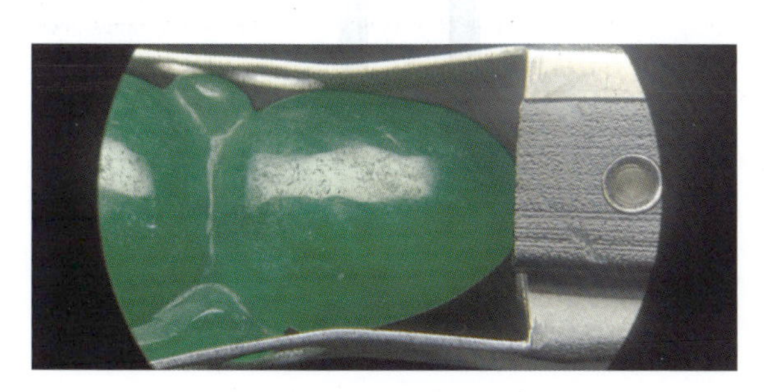

图17-15　B货翡翠的表面现象

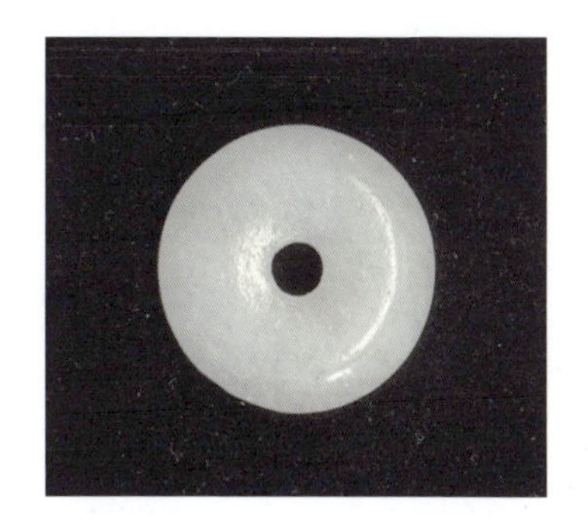

图17-17　白色大理石

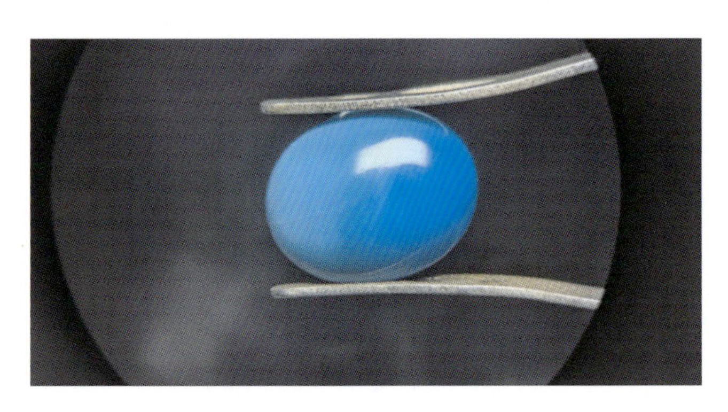

图17-19　蔚蓝色的绿松石

图17-18　黄色独山玉

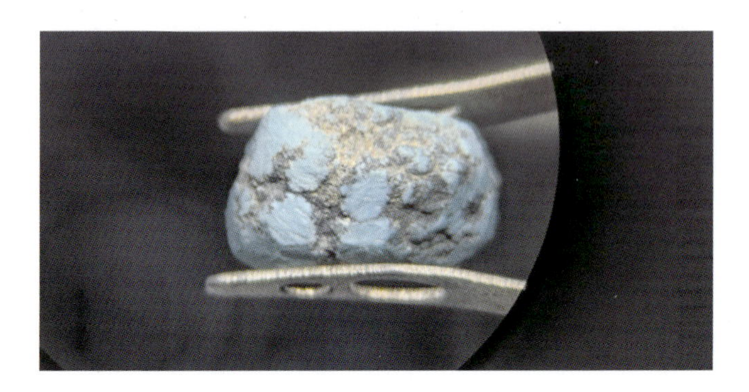

图17-20　绿松石原石

图17-21　玛瑙

图17-22　绿玉髓